머리말

   기계일반은 기계계열의 계통에 취업하려는 수험생들에게는 필수적인 과목입니다.
특히 기계직 공무원이나 군무원을 준비하는 수험생에는 더욱 그렇습니다.
그러나 그 과목이 너무 방대하므로 수험 준비를 하는데 많은 시간과 노력이 소요됩니다.
역시 본인이 출간 한 기계일반(도서출판 한필) 도서도 역시 마찬가지로
많은 시간과 노력을 필요로 한다.

   시험일이 얼마남지 않으며 새로이 시험을 준비하는 수험생들에게는 많은 부담이되므로
<u>단기완성 기계일반</u>에서는 출제빈도가 낮은 과목은 제외하고 출제빈도가 높은 과목을 내용
위주로 편집을하여 수험공부에 시간을 단축시키고 합격점수를 단기간에 성취 할 수 있도록
교재를 편성하였습니다.

본 교재의 특징

1. 기계일반의 개념파악에 주안을 두어 편성하였다.
2. 출제빈도가 높은 과목위주로 편성하였다.
3. 자주 출제되는 내용을 위주로하여 시험에 대비하도록 하였다.

"단기완성 기계일반"으로 수험준비를 하여 합격하시기를 바라며
질문사항은 저자메일(hongkirl@naver.com)로 질문해 주시면 성실히 답하겠습니다.

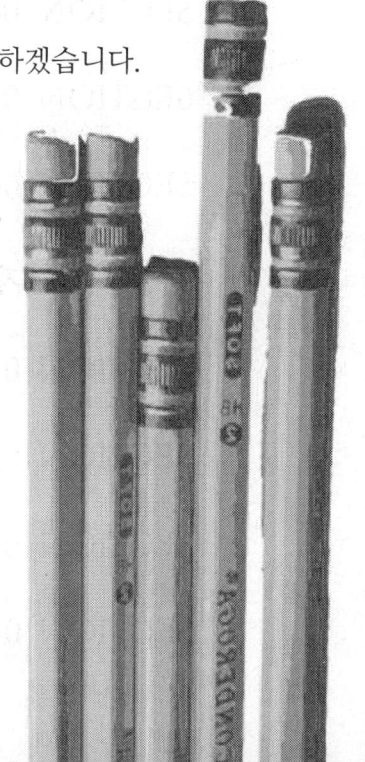

제 1 장 기구학 및 유·공압, 유체기계 ·· 1

SECTION 01 기계와 기구 ··· 3
SECTION 02 기구학 용어 ··· 4
SECTION 03 기계운동과 자유도 ······································· 7
SECTION 04 순간중심(Instant Center) ································ 13
SECTION 05 유압·공압기기 ·· 15
SECTION 06 수력기계 ·· 44

제 2 장 기계제도 및 CNC 공작기계 ·· 49

SECTION 01 제도의 기본 ··· 51
SECTION 02 기초제도 ·· 57
SECTION 03 기계제도의 실제 ·· 76
SECTION 04 끼워맞춤 공차 ·· 83
SECTION 05 기계 요소 제도 ··· 91
SECTION 06 CAD/CAM 시스템과 CNC 공작기계 ············ 112

제 3 장 기계재료 ·· 129

SECTION 01 금속의 성질 ·· 131
SECTION 02 철과 강 ··· 156
SECTION 03 비철금속재료 ·· 179
SECTION 04 비금속재료 ··· 185

제 4 장 기계공작법 ··· 191

SECTION 01 주조(Casting) ··· 193

SECTION 02 소성 가공법 ·· 214

SECTION 03 측 정 ·· 231

SECTION 04 용 접 ·· 241

SECTION 05 절삭이론 ·· 257

SECTION 06 선 반 ·· 262

SECTION 07 밀 링 ·· 270

SECTION 08 드릴링 · 보링 ·· 278

SECTION 09 세이퍼, 슬로터, 플레이너 ································ 282

SECTION 10 연 삭 ·· 285

SECTION 11 정밀입자 및 특수가공 ···································· 292

SECTION 12 기어절삭 ·· 296

SECTION 13 수기가공 및 브로우칭 ···································· 298

제 5 장 자동차공학 ··· 303

SECTION 01 자동차의 정의 ··· 305

SECTION 02 열기관 ·· 311

SECTION 03 각 기관의 연소 ·· 319

SECTION 04 윤 활 ·· 324

SECTION 05 　흡기 · 배기 계통과 소기 · 과급 ····················· 327

SECTION 06 　가솔린 기관 ································· 328

SECTION 07 　디젤 기관 ·································· 329

제 1 장
기구학 및
유·공압, 수력기계

SECTION 01　기계와 기구

SECTION 02　기구학 용어

SECTION 03　기계운동과 자유도

SECTION 04　순간중심(Instant Center)

SECTION 05　유압 · 공압기기

SECTION 06　수력기계

Section 01 기계와 기구

(1) 기계(Machine)의 정의
① 물체의 조합체
② 저항력을 가질 것
③ 한정된 구속된 운동
④ 유용한 일을 해야 한다.

(2) 구조물(Structure)
상호운동이 없는 단일 물체(철교, 철탑)

(3) 공구(Tool)
톱, 줄 등과 같은 단일물체로 도니 것은 기계가 아니고 공구이다.

(4) 기기(Instrument)
저울과 같은 소요의 일을 하기 위하여 에너지의 변환 또는 전달을 하지 않으므로 기계는 아니고 기기이다. 즉 유용한 일을 생성하지 못한다.

(5) 기구(Mechanism)
① 기계의 중요 부분으로서 구동력으로부터 운동과 힘을 출력부에 전달하는 기능을 한다.
② 임의의 원하는 운동을 하도록 조합 및 연결된 강체들로 구성된다.
  (예 연필깎이, 카메라 셔터, 아날로그시계, 접는 의자, 높이 조절용 탁상램프, 우산 등)

Section 02 기구학 용어

(1) 기소와 대우

1) 기소(Machine Element)
기계를 구성하는 각각의 부품(볼트, 너트, 축, 베어링…)

2) 대우(Pair)
2개의 기소가 서로 접촉하여 한정운동을 하는 것

① 한정대우 :

　한 가지 운동으로 구속 (Closed Pair)

② 비한정대우 :

　2가지 이상의 자유운동(Unclosed Pair)

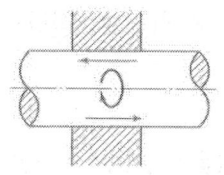 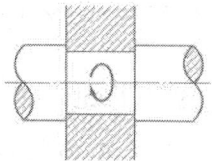

(2) 한정대우의 종류

1) 저차대우(Lower Pair) : 면 접촉

① 회전대우(Turning Pair) : 회전표면접촉

② 미끄럼대우(Sliding Pair) : 축방향으로 왕복직선 운동

③ 나사대우(Screw Pair) : 회전하면서 일정한 비율로 직선 운동

④ 구면대우(Spherical Pair) : 접촉면이 구면으로 구성, 마모가 적고 큰 힘을 전달

⑤ 선대우 : 한 쌍의 기어

⑥ 점대우 : Ball Bearing

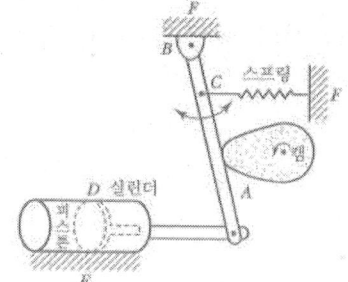

A: 점대우
B: 회전대우
D: 미끄럼대우

2) 고차대우(Higher Pair)

선, 점 접촉이 복잡한 운동의 전달, 미끄럼 대우를 이룰 때이며 마모가 심하다.
⇒ 고차 포인트 : 두 링크 간의 회전과 미끄럼이 동시에 발생

(a) Cam joint   (b) Gear Joint

[Higher order joints]

(3) 연쇄와 링크

1) 연쇄(Chain)

기소가 서로 대우를 이루고 차례차례 연결되어 최후의 기소가 처음의 기소와 대우가 되도록 환상으로 연결된 것을 연쇄라 한다. 고정연쇄 한정연쇄, 불한정연쇄가 있다.

① **고정연쇄(Locked Chain)**

각 링크 사이의 상호운동이 불가능한 연쇄

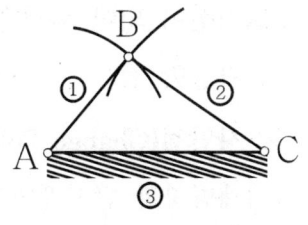

② **한정연쇄(Constrained Chain)** :

한 개의 링크에 운동을 주었을 때 다른 링크도 한정된 운동요소가 서로 짝을 이루어 차례로 연결되어 고리모양의 폐합형을 이룬 것

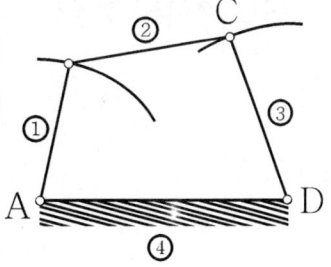

③ 불한정연쇄(Unconstrained Chain)

한 개의 링크에 운동을 주었을 때,
다른 링크가 2가지 이상의 운동

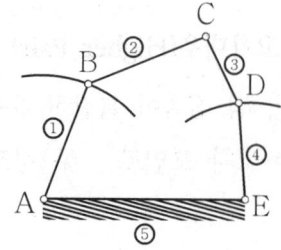

2) 절(Link)

연쇄 하나하나의 기소를 연쇄의 일부인 절이라 한다. 연쇄는 환상을 이루고
있기 때문에 링크에는 반드시 2개 또는 그 이상의 대우가 있으며,
이 대우의 대부분은 한정면대우로 되어 있다.

① **단링크(Simple Link)** : 하나의 링크에 2개의 대우를 갖는 것

② **복링크(Compound Link)** : 일반적으로 3개 이상의 대우를 갖는 것

③ **강성링크(Rigid Link)** : 변형이 매우 작아 여러 가지 다른 링크의 운동을 결정할
　　　　　　　　　　　때 변형을 무시할 수 있는 링크

3) 사점과 사안점

① **사점(Dead Point)**

크랭크와 커넥팅로드가
일직선이 되어 회전운동이
불가능한 점

② **사안점(Change Point)**

시계방향과 반시계방향 중
어느 쪽이든 회전할 수 있는 점

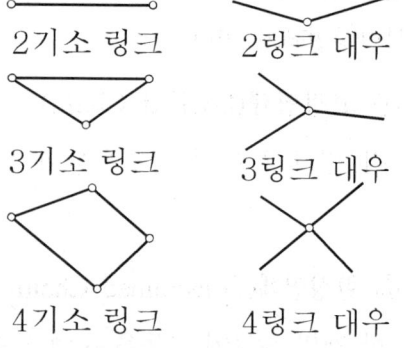

Section 03 기계운동과 자유도

기구를 구성하는 모든 링크가 동일평면, 또는 그것에 평행한 평면에 구속되어 운동하는 기구를 평면운동기구라 하고, 이러한 조건을 만족시키지 못하는 운동기구를 공간운동기구라 한다.

3-1 기계운동

1) 평면운동(Plane Motion)

한 물체의 모든 점이 평행한 평면 위에서 운동을 할 때 그 운동을 말함 (병진과 회전의 조합 형태)

1. 병진운동(Translation)

물체 내의 모든 직선이 평행한 위치로 움직이도록 운동할 때 그 운동을 말함
㉠ 직선 병진 운동 : 피스톤
㉡ 곡선 병진 운동 : 평행 크랭크 기구

2. 회전 운동(Rotation)

물체 내의 모든 점을 운동평면에 수직한 한 선(회전 축)으로부터 일정한 거리를 유지하며 운동할 때 그 운동을 말함

2) 나선운동(Helical Motion)

회전축으로부터 일정한 거리에 있는 한 점이 회전하면서 축에 평행하게 움직이면 이 점은 나선을 그리게 되는데 이 운동을 말함(나사의 운동)

3) 구면운동(Spherical Motion)

한 점이 3차원 공간에서 움직이고, 이때 어떤 고정점으로부터 일정한 거리를 유지할 때 이 운동을 말함(볼 소켓 조인트)

(2) 운동전달방법

기구에 있어서 최초의 에너지를 받아서 작용하는 링크를 원동절(Driver)이라고 하고 원동절에 의해서 움직이는 링크를 종동절(Follower)이라 한다.

1) 접촉에 의한 운동전달
　① 구름접촉
　② 미끄럼접촉
　③ 구름과 미끄럼

2) 매개링크에 의한 운동전달
　① 강성링크에 의한 것 : 링크 기구
　② 가요성 링크(비강성 링크(Flexible connector))에 의한 것 : Belt, Chain, Rope 전동장치
　③ 직접접촉기구 사용(Direct-contact Mechanism) : 기어장치
　④ 유성링크에 의한 것 : 수압기

3) 공간전달에 의한 운동전달
전자기를 이용한 전달장치

3-2 자유도(DOF; Degree Of Freedom)

(1) 대우의 자유도
① 한쪽의 기소를 고정하고 대우의 구속조건에 따라서 다른 쪽의 기소를 움직일 때의　자유도
② 상대운동이 한 종류이며, 자유도는 1이다.

(2) 평면운동 기구의 자유도

일반적인 평면에서 기계의 자유도는 먼저 기구 운동으로서 실제로 작용하고 있는 것은 생각하는 점이 하나의 선 위에 구속되어 이동하는 자유도(Degree of Freedom)가 1인 운동이 주가 되고 이를 분류하면 다음과 같다.

1) 저차대우의 자유도

   1. 핀이음
      ㉠ 회전대우(회전운동)
      ㉡ 자유도 1
      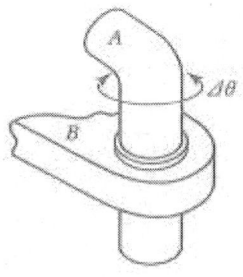

   2. 프리즘
      ㉠ 미끄럼대우(병진운동)
      ㉡ 자유도 1
      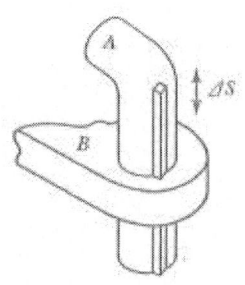

   3. 나사
      ㉠ 나사대우(나선운동)
      ㉡ 자유도 1
      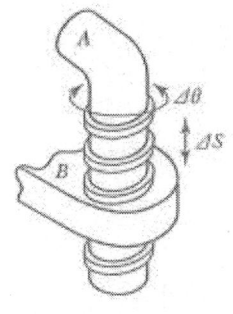

   4. 실린더
      ㉠ 면대우(실린더운동)
      ㉡ 자유도 2
      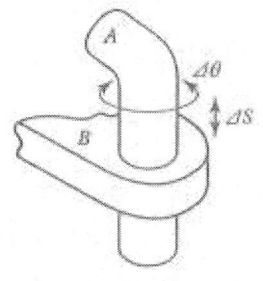

5. 구
㉠ 구면대우(구면운동)
㉡ 자유도 3

6. 평판
㉠ 면대우(평면운동)
㉡ 자유도 3

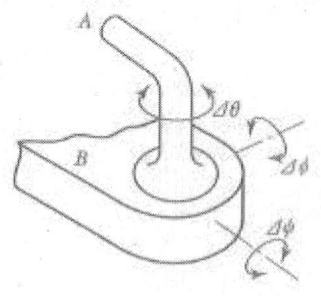
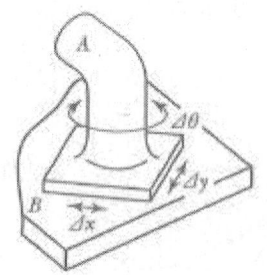

(3) 평면 운동기구의 자유도 계산

1) 그루블로(Grüebler) 방정식

평면운동을 하고 있는 기구의 자유도의 수를 F라 하면,

$$F = 3(N-1) - \sum_{f=1}^{f=2} P_f(3-f)$$

$$= 3(N-1) - [P_1(3-1) + P_2(3-2)]$$

$$= 3(N-1) - 2P_1 - P_2$$

여기서, N : 링크의 수
P_f : 자유도가 f인 대우의 수
P_1 : 자유도가 1인 대우(회전대우, 미끄럼대우 등)의 수
P_2 : 자유도가 2인 대우의 수

2) 그루블러의 연쇄 판별식

[평면 운동기우의 자유도와 인쇄의 판별]

F의 값	기구의 상태
0 이하	운동기구는 움직이지 않음 → 고정 연쇄
1	운동기구는 움직임, 결정적 기구(한정연쇄)
2 이상	운동기구는 움직임, 준결정적 기구(불한정연쇄)
무한대	운동기구는 움직임, 비결정적 기구(불한정연쇄)

(4) 평면운동기구의 자유도 계산 예제

1)

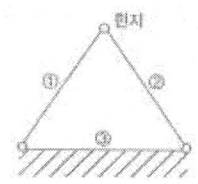

$N = 3(①②③)$ $F = 3(N-1) - 2P_1 - P_2$
$P_1 = 3(힌지 (핀) 지점)$ $= 3(3-1) - 2 \times 3 - 0$
$P_2 = 0$ $= 0$(운동기구는 움직이지 않는다.)

2)

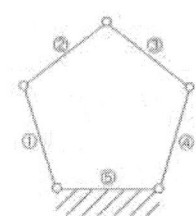

$N = 5$ $F = 3(5-1) - 2 \times 5$
$P_1 = 5(힌지 (핀) 지점)$ $= 12 - 10$
$P_2 = 0$ $= 2$(불한정연쇄)

3)

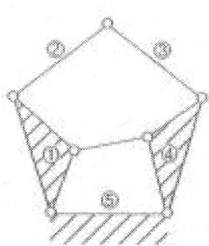

$N = 6$(▷→$N=1$로 봄) $F = 3(6-1) - 2 \times 7$
$P_1 = 5(힌지 (핀) 지점)$ $= 1$(한정연쇄)
$P_2 = 0$

4) 링크 수(N)=6

자유도 1인 절점 수=7

자유도 2 이상인 절점 수=0

$F = 3(N-1) - 2P_1 - P_2 = 3(6-1) - 2 \times 7 - 0$

$\qquad = 1$(한정연쇄)

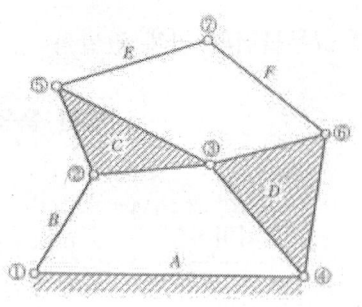

(5) 3링크 대우의 자유도

세 개의 링크가 한 개의 조인트로 연결된 경우는 동일한 회전 중심을 갖는 두 개의 별개의 대우로 취급하므로 이러한 연결부는 두 개의 조인트로 계산한다.

1) $F = 3(N-1) - 2P_1 - P_2$
$\quad = 3(5-1) - 2 \times 6 = 0$(고정연쇄)

2) $F = 3(N-1) - 2P_1 - P_2$
$\quad = 3(6-1) - 2 \times 8 = -1$(고정연쇄)

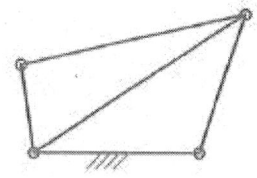

3) $F = 3(N-1) - 2P_1 - P_2$
$\quad = 3(3-1) - 2 \times 2 - 1$
$\quad = 1$(한정연쇄)

4) $F = 3(N-1) - 2P_1 - P_2$
$\quad = 3(4-1) - 2 \times 3 - 1$
$\quad = 9 - 6 - 1$
$\quad = 2$(불한정연쇄)

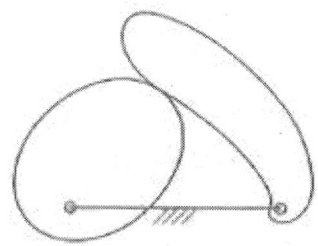

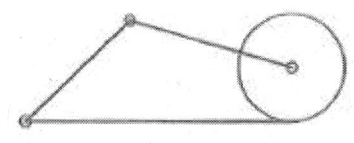

Section 04 순간중심(Instant Center)

(1) 순간중심의 정의
 1) 임의 순간에 임의 순간의 점을 중심으로 하여 회전한다고 생각할 때 그 점
 2) 어떤 물체가 다른 물체와 선점 대우를 이루고 구름접촉을 하는 경우의 접촉점

(2) 3순간 중심의 원리(케네디 정리)
상대적 평면운동을 하는 3개 기소의 순간중심은 항상 일직선상에 있음

(3) 순간중심의 수(Number of instant centers for a mechanism)

$$S = {}_nC_2 = \frac{{}_nP_2}{2!} = \frac{n!}{2(n-2)!} = \frac{n(n-1)}{2}$$

(2) 운동전달방법
기구에 있어서 최초의 에너지를 받아서 작용하는 링크를 원동절(Driver)이라고 하고 원동절에 의해서 움직이는 링크를 종동절(Follower)이라 한다.

1) 접촉에 의한 운동전달
① 구름접촉

② 미끄럼접촉

③ 구름과 미끄럼

2) 매개링크에 의한 운동전달
① 강성링크에 의한 것 : 링크 기구

② 가요성 링크(비강성 링크(Flexible connector))에 의한 것 : Belt, Chain, Rope 전동장치

③ 직접접촉기구 사용(Direct-contact Mechanism) : 기어장치

④ 유성링크에 의한 것 : 수압기

3) 공간전달에 의한 운동전달

전자기를 이용한 전달장치

Section 05 유압·공압기기

5-1 유압기기의 개요

(1) 유압이란

유압은 알맞은 성질을 가진 작동 유체(Working Fluid)를 매개체로 하여 동력원(Power Unit)으로부터 출력된 동력을 작동유체의 압력에너지로 변환시키고 작동유체의 적절한 제어와 흐름을 통하여 기계적으로 변환시켜서 필요한 일(Work)을 수행하는 결합체이다. 즉, 유압이란 유체역학에서 언급하는 힘과 운동량을 제어하여 동력을 전달하는 것으로서 유압을 이용한 구성품을 유압기기라고 한다.

(2) 유압시스템의 구성요소(Components of Hydraulic System)

① 동력원(Power Unit) : 전기에너지를 기계적 에너지로 변화시켜서 유압펌프를 구동시키는 전동기와 유압유에 압력에너지를 공급하는 유압펌프로 구성된다.

② 유압제어 밸브(Hydraulic Control Valves) : 유압제어 밸브에는 펌프에서 나오는 유체의 압력을 제어하는 압력제어, 밸브유량을 제어하는 유량제어 밸브와 방향을 제어하는 방향제어 밸브가 있다. 즉 제어 밸브에는 압력제어 밸브, 유량제어 밸브, 방향제어 밸브의 3가지가 있다.

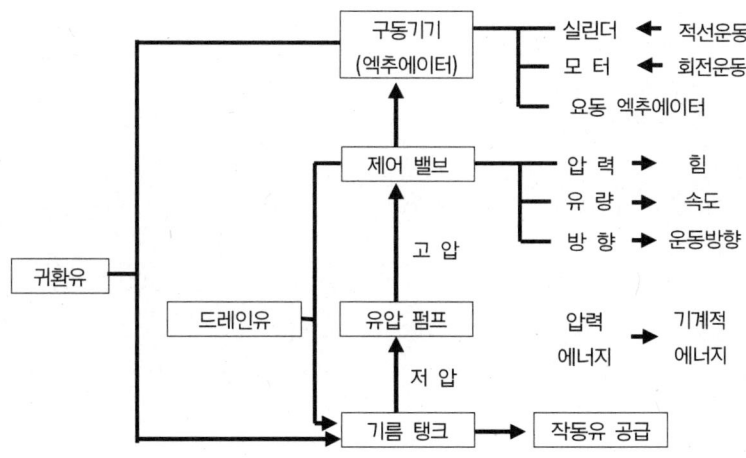

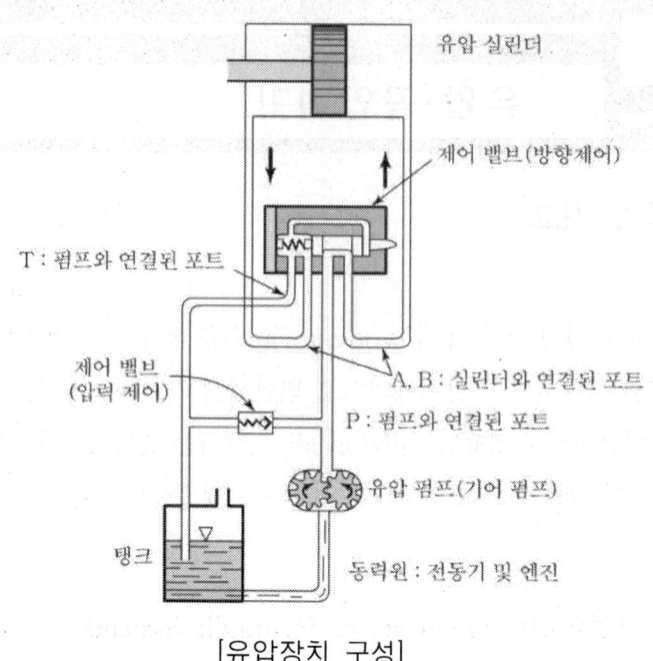

[유압장치 구성]

③ 유압구동기기(Hydraulic Actuator) : 유압유의 압력에너지를 기계적 에너지로 변화시켜서 필요한 일을 하는 것으로 유압모터, 유압실린더, 요동액추에이터가 있다.

④ 부속기기(Accessories) : 유압유를 저장하는 오일탱크(Oil Tank)와 작동유체를 순환시키기 위한 배관, 압력게이지, 축압기, 냉각기, 피트 등의 부속기기가 있다.

5-2 유압시스템의 특징

동력전달 방식에는 유압, 전기, 공압 등의 여러 가지 방식이 있지만 각 방식마다 장단점을 충분 히 고려하여 가장 적합한 방식을 선택해야 한다. 유압방식은 이들 방법 중 대동력의 전달에 적합하므로 주로 유압방식과 전기방식 혹은 공압을 조합하여 사용한다.

〈장점〉

① 소형으로 대동력의 전달이 가능하며 전달의 응답이 빠르다.
② 출력의 크기와 속도를 무단으로 간단히 제어할 수 있다.
③ 자동제어, 원격제어가 가능하다.
④ 여러 가지 움직임을 동시에 일어나게 하거나 연속운동이 가능하다.
⑤ 과부하 안전장치가 간단하다.
⑥ 가동 시의 관성이 작아 가동, 정지를 빠르게 할 수 있다.
⑦ 동력의 축척이 가능하다(어큐레이터).

〈단점〉

① 기름의 점도 변화 시 출력부의 속도가 변하기 쉽다.
② 동력전달 효율이 나빠 손실동력이 크다.
③ 배관 시 주의를 요한다.
④ 소음, 진동이 발생하기 쉽다.
⑤ 작동유의 선정 시 주의해야 한다.

(1) 유압유

1) 유압유의 역할

① 다양한 사용조건에서 동력을 정확하게 전달하여야 한다 (동력전달작용).

② 요소의 운동부분에 대한 윤활작용이 좋아야 한다 (윤활작용).

③ 유압장치에서 발생된 열을 방출하여야 한다 (냉각작용).

④ 압력을 유지하도록 유압류는 쉽게 누설되지 않아야 한다 (밀봉작용).

⑤ 유압시스템 요소에 대한 방청성, 방식성이 좋아야 한다.

2) 유압유의 조건

① 동력을 정확하게 전달하고 유압시스템의 성능이 최적인 상태로 운전될 수 있도록 적당한 점성(Viscosity)을 갖추어야 한다.

② 온도의 변화에 따른 점성의 변화가 작아야 한다. (점도지수가 커야 한다.)

③ 유동점(Pour Point)이 낮아야 한다.

④ 요소의 운동을 원활하게 하기 위하여 윤활성(Lubricity)이 좋아야 한다.

⑤ 동력의 전달이 정확하고 제어계에서 응답성을 좋게 하기 위해서 압축성(Compressibility)이 작아야 한다. (체적 탄성계수가 커야 한다.)

⑥ 장시간의 사용에 대하여 물리적·화학적 변화가 작아야 한다. 즉, 열안정성(Thermal Stability), 전단안정성(Shear Stability), 산화안정성(Oxidation Stability) 등이 좋아야 한다.

⑦ 수분 등의 불순물과 분리성이 좋고 소포성이 좋아야 한다.

⑧ 방청·방식성이 좋아야 한다.

⑨ 화기에 쉽게 연소되지 않도록 내화성(耐火性)이 좋아야 한다.
(인화점, 연소점이 높아야 한다.)

⑩ 발생된 열이 쉽게 방출될 수 있도록 열전달률이 높아야 한다.

⑪ 열에 의한 유압유의 체적변화가 크지 않도록 열팽창계수가 작아야 한다.

⑫ 값이 싸고 이용도가 높아야 한다. 즉, 다시 말해서 유압유(작동유)로서 고려해야 할 사항은 밀도, 압축률, 점도, 유동점, 인화 점, 소포성, 산가, 내유화성 등이다.

3) 유압유의 종류

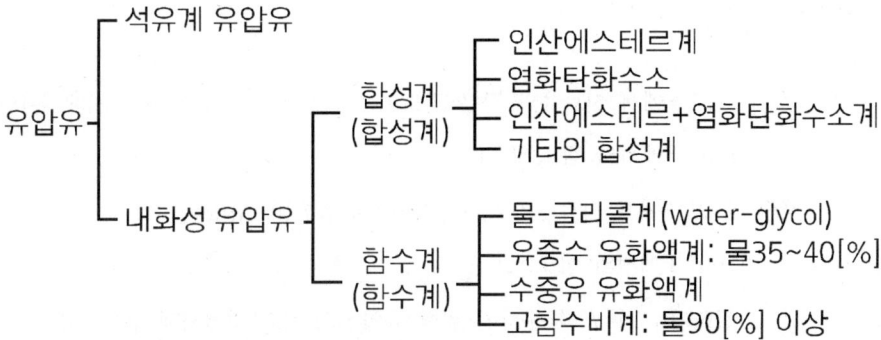

4) 유압유의 성질

① 점도

㉮ 점도가 너무 높은 경우

㉠ 유압유의 내부 마찰이 증대하고 온도가 상승한다.
㉡ 에너지의 손실이 증대한다.
㉢ 관내 유동저항에 의한 압력이 상승한다.
㉣ 유압유의 유동성이 저하된다.
㉤ 기계효율이 저하한다.

㉯ 점도가 너무 낮은 경우

㉠ 유압유의 누설이 증가한다.
㉡ 윤활성능의 저하에 따라 마찰부분의 마모가 심해진다.
㉢ 유압펌프의 체적효율이 저하한다.
㉣ 필요한 압력의 발생이 곤란하므로 정확한 작동과 정밀한 제어가 어려워진다.

㉰ 점도는 온도에 따른 영향이 크기 때문에 작동유의 적정온도는 30~55°C이다.

② 점도지수 유압유의 온도 변화에 대한 점도변화의 관계를 나타내는 값을 점도지수(VI)라 한다. 점도지수가 높다는 것은 온도 변화에 따른 점도 변화의 값이 작다는 것이다.

$$VI = \frac{L-U}{L-H} \times 100$$

    L : 210°F에서 시료유와 같은 점도인 VI=0인 유압유(Naphthen계 유)의 100°F에서의 점도(SSU)

    H : 210°F에서 시료유와 같은 점도인 유압유(Paraffin계 유)의 100°F에서의 점도(SSU)

    U : 점도지수 VI를 구하기 위한 유압유의 100°F에서의 점도(SSU)

③ **첨가제**
  ㉮ 점도지수 향상제 : 고분자 중합체
  ㉯ 마찰방지제 : 에스테르류의 극성화합물
  ㉰ 산화방지제 : 이온화합물, 인산화합물, 아민 및 페놀화합물
  ㉱ 방청제 : 유기산에스테르, 지방산염, 유기인화합물
  ㉲ 소포제 : 실리콘유, 실리콘의 유기화합물
  ㉳ 유동점 강하제 : 파라핀, 유동점 강하제(결정의 성장방지)

5) 점도의 측정방법 점성계수를 측정하는 점도계로는 스토크스 법칙을 기초로 한 낙구식 점도계, 하겐-포아젤의 법칙을 기초로 한 Ostwald 점도계와 세이볼트 점도계, 뉴턴의 점성법칙을 기초로 한 MacMichael 점도계와 Stomer 점도계 등이 있다.

6) **윤활유**

① **윤활유의 종류**
  ㉮ S.A.E 분류법 미국 자동차 공학협회(Society of Automotive Engineer)의 분류방법으로 분류번호가 클수록 점도가 커진다.

> **TIP**
>
> ■ S.A.E(Society of Automotive Engineer) 분류 점도에 따른 분류
> 10, 20 ·· 점도가 묽은 오일(동계용)
> 30 ·· 춘추용
> 40 ·· 점도가 높은 오일(하계용)

② A.P.I 분류법과 S.A.E 신분류법

㉮ 미국석유협회(American Petroleum Gas Institite)

구분	S.A.E 신분류	A.P.I 구분류	사용도
가솔린	SA	ML	경화중, 보통 운전조건
	SB	MM	중하중
	SC, SD	MS	가장 가혹한 조건 시(중화중 고속회전)
디젤기관	CA	DG	경부하 조건에 사용(유화분이 적은 연료)
	CB, CC	DM	중간부하
	CD	DS	가장 가혹한 조건 시 사용 (고온, 고부하, 장시간)

API 신분류

(가솔린) SJ 〉 SK 〉 SL 〉 SM 〉 SN(최신)

(디 젤) CH-4 〉 CL-4 〉 CJ-4(최신)

    4 = 4 cycle

(2) 유압펌프(Hydraulic Pump)

1) 유압펌프란 전동기나 내연기관 등의 원동기로부터 공급받은 기계적 에너지(축토크)를 밀폐된 케이싱(Casing) 내에서 회전차(Rotor)의 회전이나 실린더(Cylinder) 내에서 피스톤의 왕복운동에 의해 기계적 에너지를 유압유의 압력에너지로 변환시키는 기능을 한다.

2) 성능상의 분류

① 용적형 펌프(Hydrostatics Pump : 정적펌프) 입구부와 출구부가 분리되어 토출량이 일정하고 기계 제어에 이용된다. 즉, Pump의 구동회전수에 결정하는 토출량이 부하 압력에 관계없이 일정하기 때문에 동력원으로 이용된다.

② 비용적형 펌프(Hydrodynamics Pump : 동적펌프) 입구부와 출구부가 통해 있어 토출량이 변화하는 펌프로서 유체수송용으로 이용된다. 즉, 펌프의 구동회전수에 결정되는 토출량이 부하 압력에 따라 변한다

③ 펌프의 종류 구분

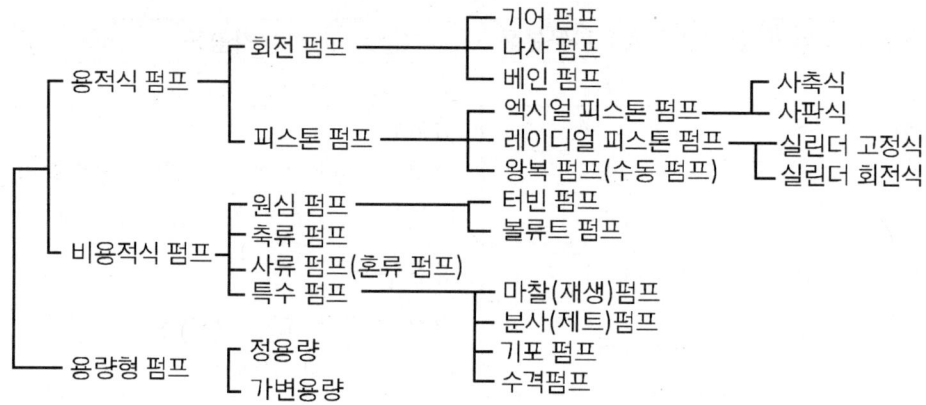

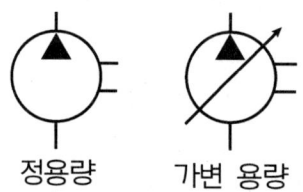

정용량   가변 용량

3) 용적식 펌프

① 기어펌프:

케이싱 안에서 물리는 두 개 이상의 기어에 의하여 액체를 흡입쪽으로부터 토출쪽으로 밀 어내는 형식의 펌프이다.

㉮ 장단점

　　㉠ 장점 : 구조가 간단하고 운전보수가 용이하며 가격이 저렴하다.
　　㉡ 단점 : 정토출량이며 저압·소토출량이다.

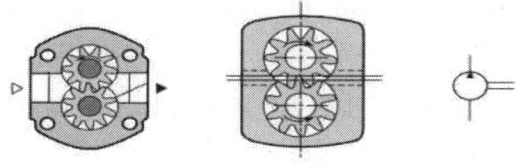

[기어펌프]

㉯ 폐입현상 두 개의 이가 동시에 접촉하는 경우에 두 점 사이의 밀폐공간에 유체가 유입되고 밀폐 된 공간은 흡입구나 송출구로 통하지 않으며 폐입된 유체의 압력이 밀폐용적의 변화에 의하여 변화하는데, 이러한 현상을 폐입현상(Trapping)이라 한다. 폐입용적의 변화를 그대로 두면 유체의 압축, 팽창이 반복되고 압력의 변화에 의하여 베어링의 하중의 증 대, 기어의 진동, 소음 등의 원인이 된다. 제거방법은 케이싱 측벽이나 측판에 릴리프 토출용 홈을 만들거나 전위기어를 사용한다.

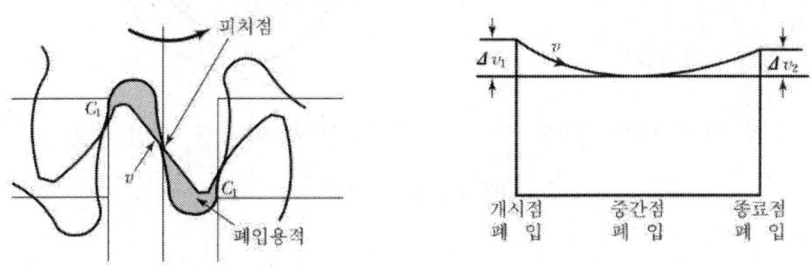

[폐입현상과 용적변화]

② 베인펌프:

베인을 사용하여 체적의 증감을 이용하여 액체를 송출하는 펌프

㉮ 장점 및 단점

　㉠ 장점
- 적당한 입력포트, 캠링을 사용하므로 송출 압력에 맥동이 작다.
- 펌프의 구동동력에 비하여 형상이 소형이다.
- 베인의 선단이 마모되어도 압력저하가 일어나지 않는다.
- 비교적 고장이 적고 보수가 용이하다.
- 가변 토출량형으로 제작이 가능하다.

　㉡ 단점
- 베인, 로더, 캠링 등이 접촉 활동을 하므로 공작 정도를 높게 해야 하고 좋은 재료를 선택할 필요가 있다.
- 사용 유압유의 점성계수, 청결도 등에 세심한 주의가 필요하다.
- 부품수가 많고 가공도가 높아서 고가이다.
- 베인과 캠링의 접촉으로 가공 정도를 높게 하고, 양질의 재료를 선택해야 한다.

㉯ 분류

　㉠ 로터 주위의 압력분포에 의한 분류 압력 평형형과 압력 비평형형으로 나뉜다.

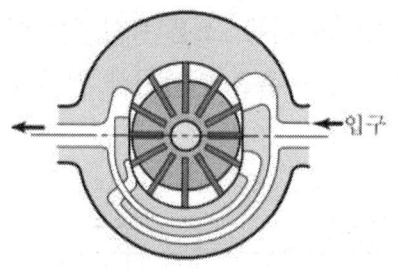 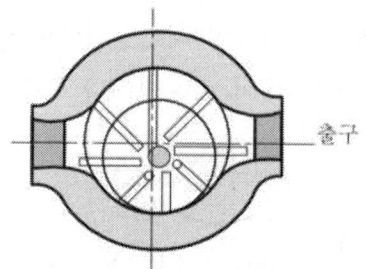

　(a) 압력 평형 베인 펌프　　　(b) 압력 비평형 베인 펌프

[베인펌프]

4) 펌프의 연결방식

㉮ 다단 펌프 동일축상에 2개 펌프 작용 요소를 가지며, 제각기 독립하여 펌프작용을 하는 형식의 펌프로서 2개 이상의 펌프를 직렬로 연결하는 것으로 부하를 균일하게 할 때 사용한다.

㉯ 다연 펌프 2개 이상의 펌프를 동일축으로 구동시키며 각각이 독립된 펌프 작용을 하는 펌프에서 고압과 저압을 동시에 사용하고자 할 때 사용한다. 고압축에 R형 펌프 저압축에 기어 펌프를 조합시킨 고저압 2연 펌프이다.

㉰ 복합 펌프 동일 케이싱 속에 2개 이상의 펌프의 작용 요소를 가지며, 부하의 상태에 따라서 각 요소의 운전을 상호 관련시켜 제어하는 기능을 가지는 펌프로서 부하의 상태에 따라 펌프를 운전한다.

5-3 유압제어 밸브(Hydraulic Control Valve)

(1) 개요(Introduction)

유압작동기가 필요한 일을 정확하게 하기 위해서는 유압유의 유량, 압력, 흐름의 방향을 제어해야 한다. 이와 같이 유압을 필요한 목적에 맞도록 제어하기 위하여 사용되는 기기를 유압제어 밸브라 한다.

(2) 유압제어 밸브의 분류(Types of Hydraulic Control Valve)

1) 기능상 분류

① 압력제어 밸브(Pressure Control Valve) : 압력 일정 유지. 최고압력을 제한한다.
② 방향제어 밸브(Directional Control Valve) : 유로차단, 연결 그리고 변환한다.
③ 유량제어 밸브(Flow Control Valve) : 유압 작동기의 운동속도를 제어한다.

2) 구조상의 분류

① 시트밸브 ┬ 볼밸브 : 볼의 방향을 제어하여 흐름방향 전환
　　　　　 └ 포펫밸브 : 볼을 이용하여 흐름의 방향 및 양을 조절

② 슬라이드밸브 ┬ 스풀밸브 : 스풀이 왕복 이동하여 유로를 개폐
　　　　　　　 └ 회전밸브 : 스풀이 회전 이동하여 유로를 개폐

3) 밸브의 제어방법에 따른 분류

① 밸브에 레버를 부착하여 작동시키는 수동적인 방법

② 전기·전자적인 신호에 의한 전자력에 의한 방법

③ 유·공압을 이용한 자동적인 방법

4) 조작방식상의 분류

① 수동조작 밸브(Manually Operated Valve) 스풀(Spool) 끝단에 레버, 페달 등을 접속하여 인력에 의하여 스풀 등을 이동시켜서 조작하는 형식의 밸브이다.

② 기계조작 밸브(Mechanical Operated Valve) 기계조작 밸브는 캠(Cam), 링크(Link)와 같은 기계적인 조작기구로서 밸브를 조작하는 밸브이다.

③ 파일럿조작 밸브(Pilot Operated Valve) 유압의 힘을 이용하여 파일럿라인에 유압을 공급하여 스풀이 이동함으로써 밸브를 제어하는 방법으로서 큰 조작력이 얻어지는 점에서 대용량의 밸브에 적합하다.

④ 전자조작 밸브(Solenoid Operated Valve) 유압제어 밸브에 전기적인 신호를 입력하여 전자입력으로 솔레노이드(Solenoid)를 움직여서 밸브의 스풀을 조작하는 전자변환 밸브이다.

5) 복합 조작기구와 기기의 관계

① 1방향 조작의 조작기호는 조작하는 기호요소에 인접해서 쓴다.

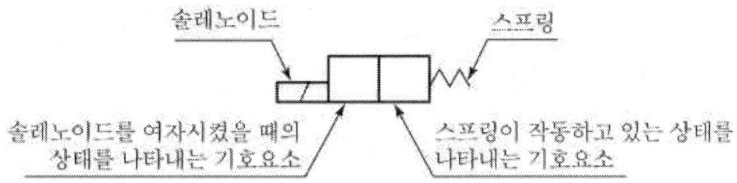

② 3개 이상 스풀의 위치를 갖는 밸브의 중립위치의 조작은, 중립위치를 나타내는 직4각형의 경계선을 위 또는 아래로 연장하고, 여기에 적절한 조작기호를 기입함으로써, 명확히 할 수가 있다.

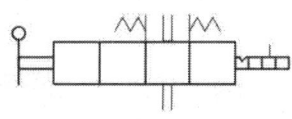

③ 3위치 밸브의 중앙위치 조작기호는, 외측 직4각형의 양쪽 끝 면에 기입해도 좋다.

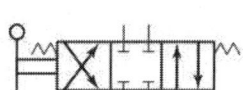

④ 프레셔센터의 중앙위치의 조작기호는, 기능요소의 정3각형을 사용하여 나타내고, 외측의 직4각형 양쪽 끝 면에 3각형의 정점이 접하도록 그린다.

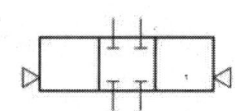

⑤ 간접 파일럿 조작기기의 내부 파일럿과 내부 드레인 관로의 표시는, 간략기호에서 생략한다.

⑥ 간접 파일럿 조작기기에 1개의 외부 파일럿 포트와 1개의 외부 드레인포트가 있는 경우의 관로 표시는 간략기호에서는 한쪽 끝에만 표시한다. 단, 이외에 다른 외부 파일럿과 외부 드레인포트가 있는 경우에는 이것을 다른 끝에 표시한다. 또한, 기기에 표시하는 기호는 모든 외부 접속구를 표시할 필요가 있다.

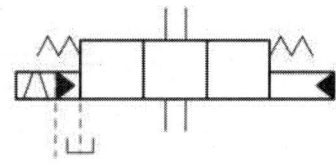

㉠ 선택 조작의 조작기호는 나란히 병렬로 표시하거나, 필요에 따라 직사각형의 경계선을 연장하여 표시하여도 좋다.

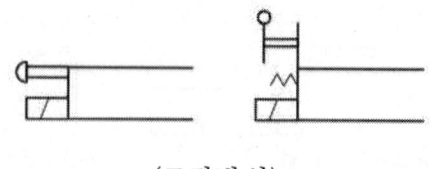

〈조작방식〉

명칭	기호	비고
인력조작		조작방법을 지시하지 않은 경우 또는 조작 방향의 수를 특별히 지정하지 않은 경우의 일반 기호
누름조작		1방향 조작
당김버튼		1방향 조작
누름당김버튼		2방향 조작
레버		2방향 조작(회전운동을 포함)
페달		1방향 조작(회전운동을 포함)
2방향 페달		2방향 조작(회전운동을 포함)
기계조작		화살표는 유효조작 방향을 나타낸다. 기입을 생략하여도 좋다.

명칭	기호	비고
플런저		1방향 조작
가변행정 제한기구		2방향 조작
스프링		1방향 조작
롤러		2방향 조작
편측작동 롤러		1방향 조작
전기조작		솔레노이드, 토크모터 등
직선형 전기 액추에이터		
단동 솔레노이드		1방향 조작 사선은 우측으로 비스듬히 그려도 좋다.
복동 솔레노이드		2방향 조작 사선은 위로 넓어져도 좋다.
단동 가변식 전자 액추에이터		1방향 조작 비례식 솔레노이드, 포스모터 등
복동 가변식 전자 액추에이터		2방향 조작 토크모터
회전형 전기 액추에이터		2방향 조작 전동기

기계일반 29

방식	기호	설명
파일럿 조작 압력을 가하여 조작하는 방식		· 수압면적이 상이한 경우 필요에 따라 면적비를 나타내는 숫자를 직4각형 속에 기입한다.
직접 파일럿 조작		
내부 파일럿		· 조작유로는 기기의 내부에 있음
외부 파일럿		
간접 파일럿 조작		· 조작유로는 기기의 내부에 있음
		· 조작유로는 기기의 외부에 있음
공기압 파일럿		· 내부 파일럿 · 1차 조작 없음
유압 파일럿		· 외부 파일럿 · 1차 조작 없음
유압 2단 파일럿		· 내부 파일럿, 내부 드레인 · 1차 조작 없음

(3) 유체 조정기기 및 기타 기기

〈유체조정기기〉

명칭	기호	
필터	(1) 일반 기호	
	(2) 자석 붙이	
	(3) 눈막힘 표시기 붙이	
드레인 배출기	(1) 수동 배출	
	(2) 자동 배출	
드레인 배출기 붙이 필터	(1) 수동 배출	
	(2) 자동 배출	
기름분무 분리기	(1) 수동 배출	
	(2) 자동 배출	
에어드라이어		
루브리케이터		
열교환기 냉각기	(1) 냉각액용 관로를 표시하지 않는 경우	
	(2) 냉각액용 관로를 표시하는 경우	
가열기		
온도 조절기	가열 및 냉각	

〈보조기기〉

명칭	기호	비고
압력 계측기 압력 표시기	※⊗	계측은 되지 않고 단지 지시만 하는 표시기
압력계	※ (압력계 기호)	
차압계	※ (차압계 기호)	
유면계	※ (유면계 기호)	평행선은 수평으로 표시
온도계	(온도계 기호)	
유량 계측기 검류기	※ (검류기 기호)	
유량계	※ (유량계 기호)	
적산 유량계	※ (적산유량계 기호)	
회전 속도계	※ (회전속도계 기호)	
토크계	※ (토크계 기호)	
압력 스위치	(압력 스위치 기호) (오해의 염려가 없는 경우에는 다음과 같이 표시하여도 좋다.) ※ (간이 기호)	
리밋 스위치	(리밋 스위치 기호) (오해의 염려가 없는 경우에는 다음과 같이 표시하여도 좋다.) (간이 기호)	
아날로그 변환기	(· 공기압) (기호)	
소음기	(· 공기압) ※ (기호)	
경음기	(· 공기압용) ※ (기호)	
마그넷 세퍼레이터	※ (기호)	

(4) 압력제어 밸브 (Pressure Control Valve)

- 회로 내의 압력을 설정압력 이하로 유지하는 밸브 릴리프 밸브(Relief Valve), 감압 밸브(Reducing Valve)
- 회로 내의 압력이 설정치에 달하면 회로를 전환시키는 밸브 순차작동 밸브(Sequence Valve), 무부하 밸브(Unloading Valve), 카운터밸런스 밸브(Counter Balance Valve), 압력스위치(Pressure Switch)

1) 릴리프 밸브(Relief Valve)

유압펌프에서 작동유의 압력이 규정압력보다 높아지는 경우에 유압기기에 무리가 따르는데 이것을 보호하기 위하여 유압회로 내의 압력을 설정된 압력 이하로 제한시켜주는 밸브이다.

① 릴리프 밸브의 구조

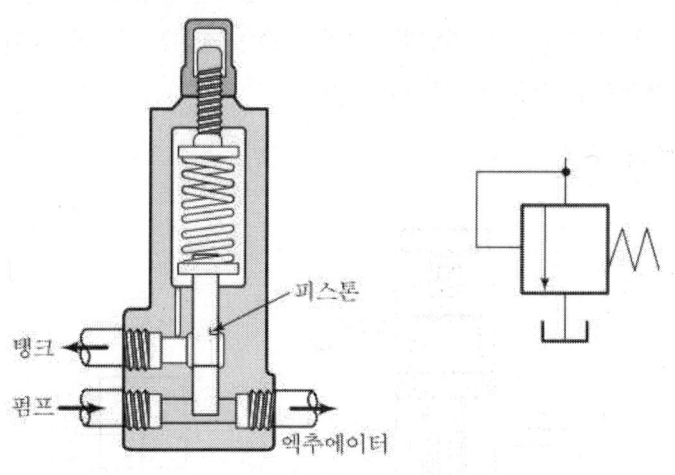

[직동형 릴리프 밸브]

② 채터링 현상(Chattering)

피스톤이 회로압력에 의하여 열리기 시작하면 피스톤 하부의 압력이 갑자기 저하되므로 피스톤은 급속히 스프링의 힘에 의하여 닫히게 된다. 그러면 회로압력이 상승되어 피스톤은 다시 열리고 또 닫히는 작동이 연속적으로 반복되면서 심한 진동과 소음이 발생하는데, 이러한 현상을 채터링 현상(Chattering)이라 한다.

- **크래킹 압력(Cracking Pressure)**

  배출구를 통하여 오일이 탱크로 귀환되기 시작할 때의 압력

- **전 유량(全開) 압력(Full Flow Pressure)**

  최대 허용유량으로 귀환될 때의 압력

- **오버라이드 압력(Override Pressure)**

  전 유량 압력 - 크래킹 압력으로서 오버라이드 압력이 클수록 릴리프 밸브의 성능이 나빠지고 포핏의 진동은 심해진다.

2) 감압밸브(Pressure Reducing Valve)

유압회로의 일부를 유압시스템의 주릴리프 밸브의 설정압력보다 저압으로 사용하고자 할 때 사용하는 밸브로서 상시 개방되어 있어서 흡입구의 1차 측 주회로에서 토출구의 2차 측 유압회로에 유압유가 흐른다. 2차 측의 압력이 감압밸브의 설정압력보다 높아지면 밸브는 유압유의 유로가 닫히도록 작동한다. 감압밸브에서 스풀(Spool)은 흡입구측 압력의 영향을 받지 않고 토출구측 압력만으로 작동하도록 되어 있다.

① 감압밸브의 구조

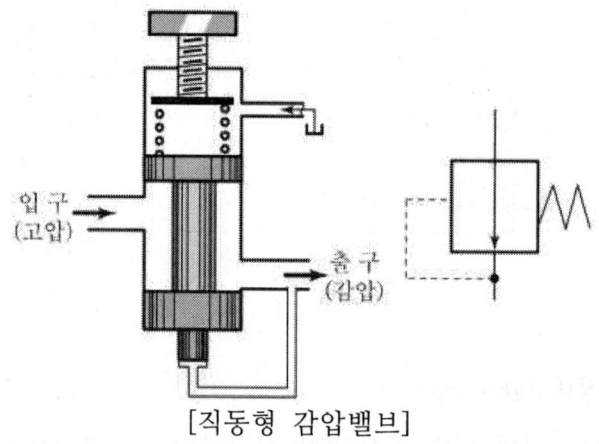

[직동형 감압밸브]

3) 무부하 밸브(Unloading Valve)

유압회로 내에서는 항상 릴리프 밸브에서 설정된 압력이 필요한 것은 아니므로 회로 내의 압력이 일정한 압력에 달하면 유압유를 유압펌프로부터 직접 오일탱크로 귀환시키면서 펌프를 무부하 상태로 만들고 회로압력이 일정한 압력까지 낮아지면 다시 회로에 압력을 형성시켜주는 것이 바람직하며, 이러한 역할을 하는 밸브가 무부하밸브(Unloading Valve)이다.

① 무부하 밸브의 설치목적
동력의 절감과 유압유의 온도 상승을 막기 위한 것이 주목적이다.

② 무부하 밸브의 구조

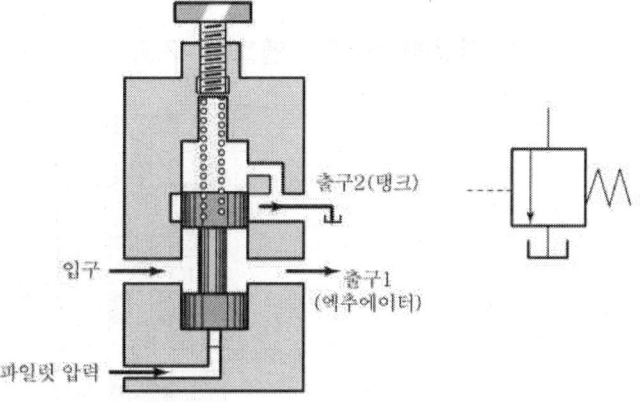

4) 순차작동 밸브(Sequence Valve)

주회로의 압력을 일정하게 유지하면서 분기회로의 압력을 조절하여 2개 이상의 작동기를 순차적으로 작동시키기 위하여 사용되는 밸브이다.

① 순차작동 밸브의 구조

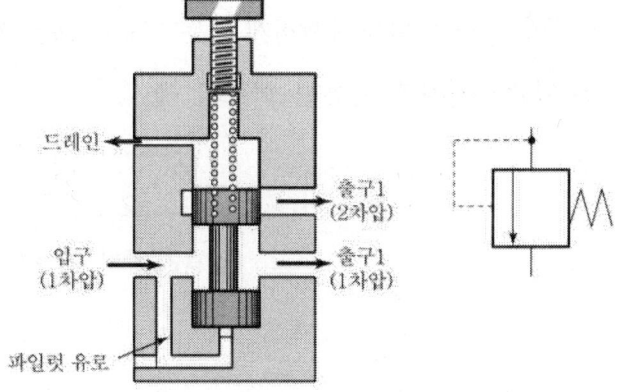

5) 카운터 밸런스 밸브(Counter Balance Valve)

유압회로의 한 방향의 흐름에 대해서는 설정된 배압이 형성되고 다른 방향의 흐름은 체크밸브를 설치하여 만든 밸브이며 유압작동기와 탱크로 가는 귀환 유로 사이에 설치한다. 이 구조와 작동원리는 순차작동밸브와 유사하다. 카운터 밸런스 밸브의 특징은 유압작동기에 걸려 있는 부하가 급격히 제거되었을 때 그 자중이나 관성력으로 인하여 작동기의 제어가 불가능한 상태가 되는 것을 방지하기 위하여 시스템 내에 배압을 형성하여 작동기의 운동속도를 제어하는 역할을 한다.

① 카운터 밸런스 밸브의 구조

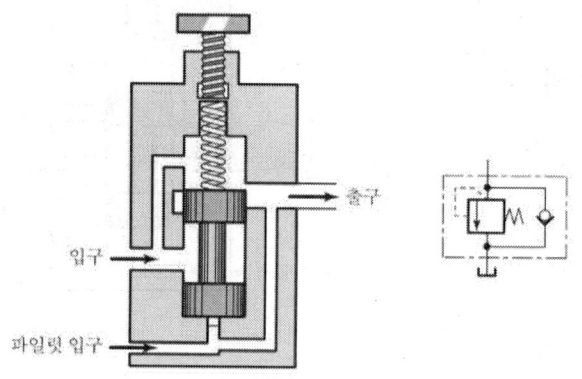

6) 압력스위치(Pressure Switch)

유압시스템의 압력이 설정압력에 도달하였을 때 시스템의 전기회로에 신호를 보내서 전기적인 신호가 다음 일을 수행하게 하는 역할을 하는 전환 스위치이다.

① 압력스위치를 이용한 회로의 예

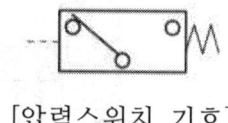

[압력스위치 기호]

(5) 유량제어 밸브(Flow Control Valve)

유압 작동기의 작동속도를 제어하기 위해서는 유량을 조절해야 하며 유량의 조절을 목적으로 하 는 밸브를 유량제어 밸브(Flow Control Valve)라 한다.

- **유량 조절 방법**

    ① 가변용량 펌프를 이용하는 직접제어 방법

    ② 유량제어 밸브를 이용한 간접제어 방법: 정용량 펌프와 유량제어 밸브 및 릴리프 밸브를 사용하여 회로를 구성한다.

1) 교축 밸브(Throttling Valve)

유동의 유로 단면적을 변화시켜서 유량을 제어하는 밸브로서 구조에 따라서 오리피스 밸브(Orifice Valve)와 니들밸브(Needle Valve), 볼밸브(Ball Valve)로 나눈다.

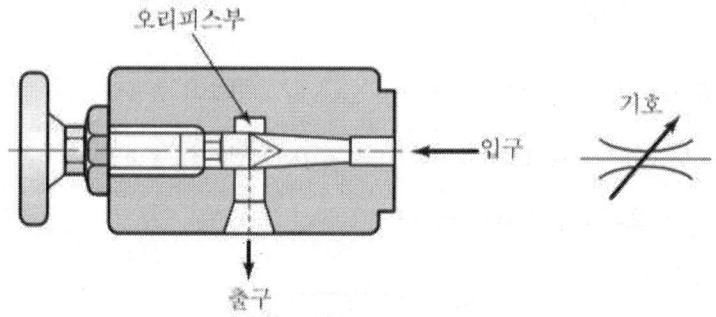

2) 압력보상형 유량조정 밸브(Pressure Compensated Flow Control Valve)

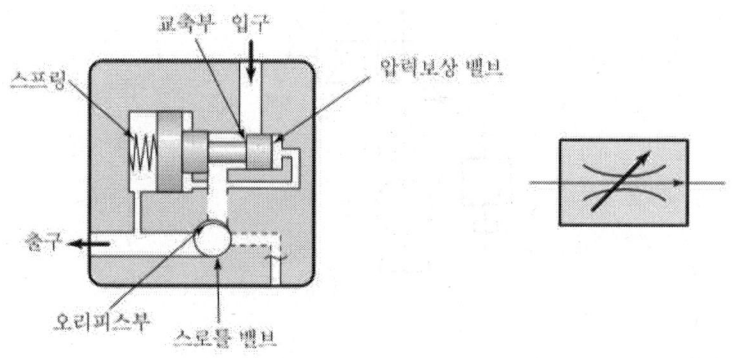

3) 유량제어 밸브의 회로

① 미터인 회로(Meterin Circuit)

유량조정 밸브를 유압실린더와 방향제어밸브 사이에 설치하여 실린더 피스톤의 속도를 제 어하는 회로로서 피스톤의 이동방향과 부하의 작용방향이 서로 반대되는 경우에 사용한다. 유압펌프로부터 항상 유압작동에서 요구되는 유량 이상을 송출하여야 하고 유량의 나머지 는 릴리프 밸브를 통하여 오일탱크로 귀환시킨다. 그러므로 동력손실을 줄이기 위해서는 릴리프 밸브의 설정압력을 실린더의 요구압력보다 유량 밸브의 교축 저항만큼 크게 설정한다. 그리고 미터인 회로는 동작 중 부하가 항상 정부하일 때만 사용되며 구동기기 근처 에 설치해야 한다. (예 연삭테이블 이송)

$$\eta_{MI} = \frac{(Q-Q_R)p_2}{p_1 Q}$$

η_{MI} : 미터인 회로의 효율 Q : 펌프의 송출량

Q_R : 릴리프를 통한 유출량 p_1 : 펌프의 송출압력

p_2 : 실린더 입구 측의 압력

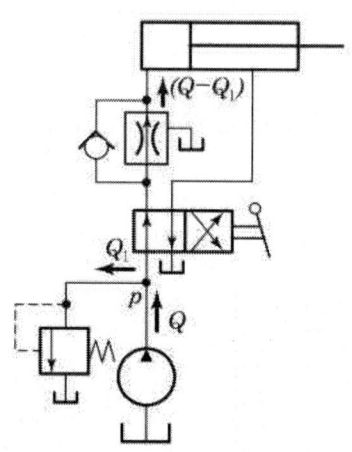

② 미터아웃 회로(MeterOut Circuit)

유량조정 밸브를 유압유의 귀환 측인, 유압실린더와 유압탱크 사이에 설치하여 실린더로부 터 유출되어 귀환하는 유량을 제어하는 회로로서 실린더는 항상 배압을 받게 된다. 항상 실린더에 배압이 작용하고 있으므로 유압실린더 내의 피스톤이 역부하를 받는 회로에서 사용하여 갑작스런 후진을 막는 역할을 한다. (예 드릴링 머신, 프레스)

$$\eta_{MO} = \frac{(p_1 - p_2)(Q - Q_R)}{p_1 Q}$$

Q : 펌프의 송출량

Q_R : 릴리프를 통한 유출량

p_1 : 펌프의 송출압력

p_2 : 펌프의 배압

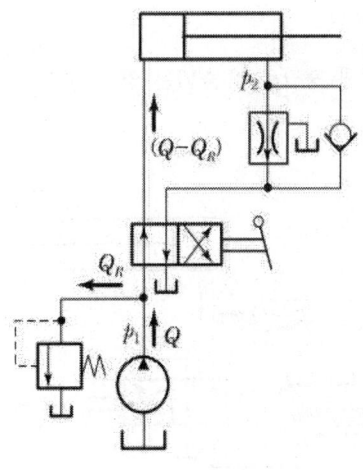

③ 블리드오프 회로(Bleed Off Circuit)

실린더와 병렬로 유량조정밸브를 설치하여 펌프의 송출량의 일부를 기름탱크로 귀환(Bypass)시키고 나머지 유량을 실린더로 유입시켜 유량을 제어함과 동시에 실린더의 속도 를 제어한다. 즉 펌프에서 송출되는 일정유량 중에서 탱크로 일부를 유출시키고 나머지를 실린더에 보냄으로써 유량을 조정하는 것이다. 이 회로는 피스톤의 이동방향과 부하의 작 용 방향이 서로 반대인 경우에 사용이 적합하나 부하변동이 크면 정확한 속도 제어는 곤란하다. 여분의 기름이 릴리프 밸브로 통하지 않고 유량조정 밸브를 통하여 흐르므로 동력손실이 다른 회로보다 적고 효율이 높다. 그러나 펌프의 송출압력이 실린더의 부하압력과 같으므 로 실린더의 부하변동이 크면 송출량이 변동된다. 따라서 실린더의 부하변동이 심한 경우 에는 정확한 유량제어가 곤란해진다. (예 호닝 머신, 윈치)

$$\eta_{BO} = \frac{(Q-Q_1)}{Q}$$

Q : 펌프의 송출량

Q_1 : 밸브를 통해 탱크로 유출되는 양

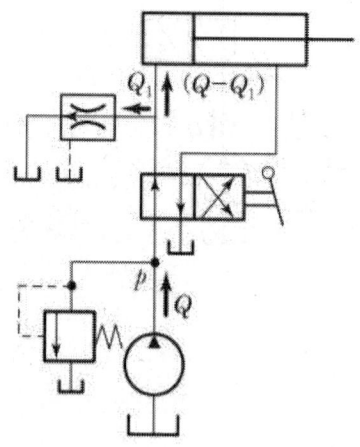

(6) 방향제어 밸브(Directional Control Valve)

유압 작동기(Hydraulic Actuator)의 운동방향을 제어하는 밸브로서 유압유의 흐름 방향을 바꾸어서 유압 작동기의 왕복운동과 회전운동 시에 시동, 정지, 방향을 제어하는 밸브이다.

■ 기능상의 분류

① 방향전환 밸브(Directional Control Valve, Selector Valve) : 흐름의 방향을 변화시키거나 흐름을 정지시키는 밸브이다.
② 역지(止) 밸브(Check Valve) : 한 방향의 흐름은 가능하지만 역방향의 흐름은 저지하는 역할을 하는 밸브이다.
③ 감속 밸브(Deceleration Valve) : 작동기의 시동, 정지, 속도변환 시에 움직임을 감속 또는 가속하기 위해 유량제어 밸브와 함께 사용된다.
④ 셔틀 밸브(Shuttle Valve) : 2개의 입구측 포트 중에서 한쪽 포트를 막아서 고압우선형 셔틀 밸브와 저압우선형 셔틀 밸브로 선택적으로 한쪽으로만 유압유를 통과시킨다.

5-4 구동기기(엑추에이터)

유압유의 압력에너지로 기계적인 일을 하는 기기이다.

(1) 구동기기 분류

1) 구조상의 분류

직선운동으로 변환하는 기기를 유압 실린더, 연속회전 운동을 하는 기기를 유압 모터, 회전운동의 각도가 제한되어 있는 요동 엑추에이터로 분류한다.

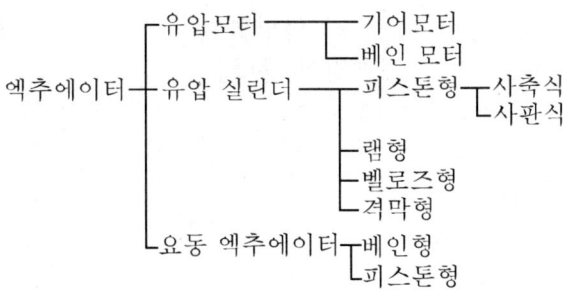

(2) 피스톤에 사용되는 밀봉장치

1) 피스톤 링(Piston Ring)

피스톤링을 사용한 피스톤은 끼워 맞춤을 적절하게 하면 누유를 최소한으로 줄일 수는 있으나 완벽하게 누유를 막을 수 없는 단점이 있다.

2) 컵 패킹(Cup Packing)

피스톤의 양측 면에 합성고무나 피혁으로 만든 L형 패킹을 붙인 구조이다.

3) V 패킹(V Packing)

합성고무나 피혁재질의 V형 패킹을 여러 개 겹쳐서 리테이너링(Retainer Ring)으로 고정시켜 놓은 피스톤 형태이다.

4) O링(O-ring)

피스톤 외주에 설치한 O링 한 개만으로 양면의 압력에 견딜 수 있으므로 피스톤의 두께가 얇아질 수 있다.

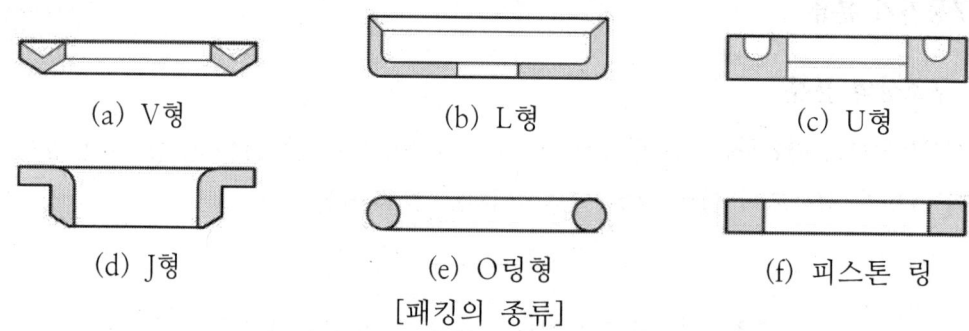

(a) V형   (b) L형   (c) U형
(d) J형   (e) O링형   (f) 피스톤 링

[패킹의 종류]

5-5 부속기기(Accessories)

유압시스템에서 중요한 구성요소는 유압 펌프, 유압제어 밸브, 유압 엑추에이터를 들 수 있지만, 이외에도 여러 가지의 부속기기들이 필요하다. 일반적으로 유압시스템에 필요한 부속기기로는 다음의 것들이 있다.

- 기름탱크(Oil Tank, Reservoir)
- 증압기(Booster)
- 열교환기(Heat Exchanger)
- 축압기(Accumulator)
- 여과기(Filter and Strainer)
- 배관(Piping)

Section 06 수력기계

6-1 정의 및 분류

(1) 정의

유체를 작동 물질로 취급하여 이 유체에 대하여 에너지를 이루는 기계

(2) 유체기계 분류

유체기계를 분류하면 다음과 같다.

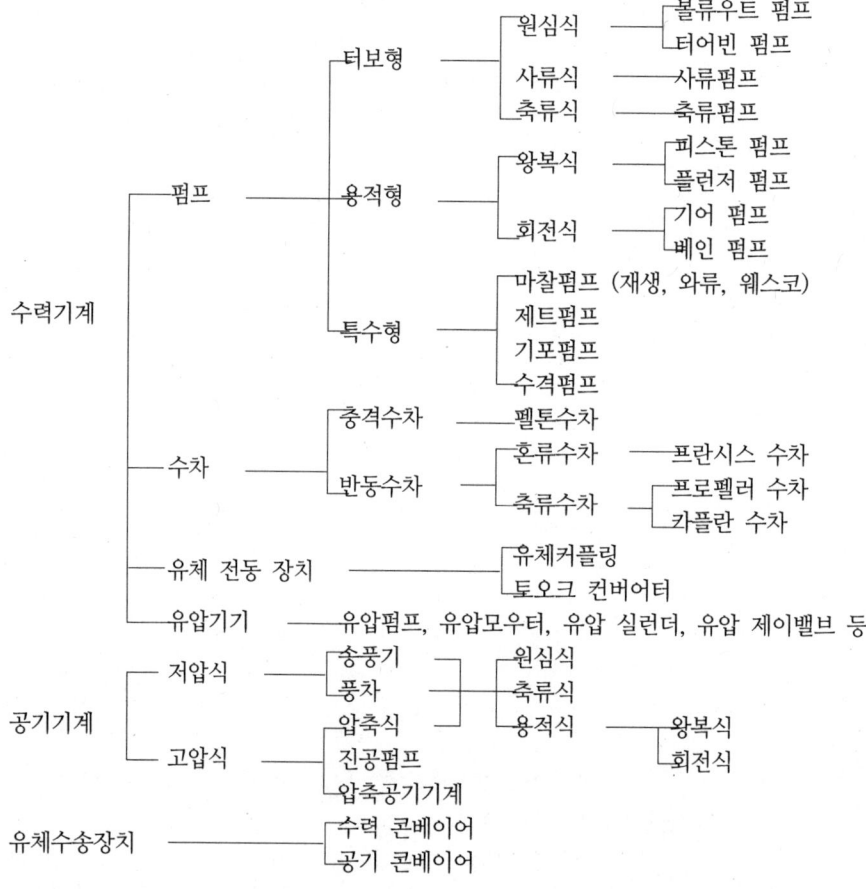

1) 취급유체의 분류
   ① 수력 기계 : 취급유체가 액상(주로 물)
   ② 공기 기계 : 취급유체가 기상(주로 공기)

2) 에너지 변환 방식에 의한 분류
   ① 원동기와 펌프 : 원동기는 열에너지를 기계적 에너지로 전환하는 장치이며 펌프는 기계적 에너지를 유체에너지로 전환시키는 장치이다.
   ② 토오크 변환기 : 토크(torque)변화없이 속도만을 변하게 하는 유체커플링(hydraulic coupling)과 토크가 변화는 토크컨버터(torque converter)가 있다.

3) 작동원리상의 분류
   ① 터어보기계(turbo machine) : 회전하는 깃(vane)에 의하여 연속적으로 에너지의 전환이 이루어진다(대동력용).
   ② 용적식기계 : 피스톤 또는 플런지에 의해 정압으로 에너지 정압을 이용한다.
   ③ 특수유체기계 : 터어보기계나 용적식기계가 아닌 경우(큰 압력 필요시)

4) 유체 유동방향에 의한 분류
   ① 반경류형(radial flow type)
   ② 축류형(axially flow type)
   ③ 사류형(mixed flow type)

> **TIP**
>
> **매끈한 원관에서 층류와 난류를 구분하는 척도**
> - 층류 : $Re < 2100$ (하임계)
> - 천이구역 : $2100 < Re < 4000$
> - 난류 : $Re > 4000$ (상임계)

6-2 유동방향 분류

수력 기계 속에서 에너지 변환이 이루어지는 부분에서의 유동방향을 기준으로 분류하면 반경류형과 축류형, 사류형으로 구분된다. 반경류형은 외향 반경류형(radially outward flow)인 펌프와 송풍기, 내향 반경류형(radially inward flow)인 프란시스 터어빈으로 구분된다. 축류형은 축과 평행하게 흐르는 형식이며, 사류형은 반경류형과 축류형의 중간형식으로 흐르는 형식이다. 출구에서의 흐름형식으로 혼류형과 사류형으로 구분한다. 혼류형은 회전차 출구에서의 유동방향이 반경류 성분만을 갖는 형으로 프란시스 형이라고도 한다. 사류형은 회전차 출구에서의 유동방향이 입구와 같이 반경류와 축류성분을 함께 갖는 형이다.

- 원심펌프 : 회전차가 밀폐된 케이싱 내에서 회전할 때 발생하는 원심력을 이용
- 사류펌프 : 회전차가 밀폐된 케이싱 내에서 회전할 때 발생하는 원심력 및 양력을 이용
- 축류펌프 : 회전차가 밀폐된 케이싱 내에서 회전할 때 발생하는 양력을 이용하여 액체에 압력 및 속도 energy를 주어 액체를 저압부에서 고압부로 이송하는 기계

(1) 원심 펌프

1) 계통도 및 기본 구조

   1. 양수 장치의 구성 : 흡입관, 송출관, 푸트 밸브, 게이트 밸브
   2. 구성 요소 : 회전차(임펠러), 펌프 본체, 안내날개, 와류실, 주축, 축이음, 베어링

   원심펌프의 계통도

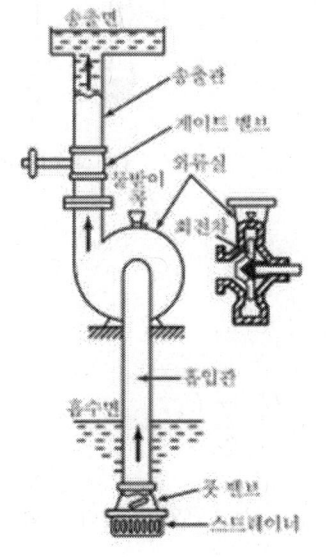

   [펌프 계통도]   [원심펌프의 구성요소]

2) 원심 펌프의 분류

   1. **안내날개 유무에 따른 분류**

   ① 볼류트 펌프 : 안내날개 없음, 대유량

   ② 터빈 펌프 : 안내날개 있음, 고압력

   2. **흡입구에 의한 분류**

   ① 단흡입 펌프 : 흡입구가 한쪽만 설치된 것(소용량)

   ② 양흡입 펌프 : 양쪽에 흡입구를 설치한 것(대용량)

3. 단(段)수에 의한 분류

① 단단 펌프 : 펌프 한 대에 회전차 한 개를 단 것(저양정)

② 다단 펌프 : 한 개의 축에 여러 개의 회전차를 설치한 것(고양정)

3) 펌프의 전양정

1. 실양정

$$H_a = H_s + H_d$$

H_s : 흡입 실양정 H_d : 송출 실양정

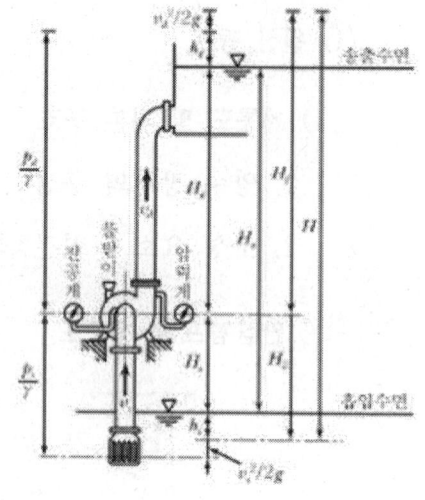

[펌프의 양정]

2. 전양정

① 펌프 자체에 대한 양정

$$H = H_a + h_l = (H_s + H_a) + H_l = \frac{P_d - P_s}{r} + y\frac{U_d^2 - U_s^2}{2g}$$

P_d : 송출 노즐의 압력, P_s : 흡입 노즐의 압력

y : 압력계와 진공계의 압력차, U_d, U_s : 송출·흡입관의 유속,

h_l : 손실 수두

② 펌프의 전관로를 고려한 양정

$$H_r = H_a + h_l + \frac{P_2 - P_1}{r} + \frac{U_d^2 - U_s^2}{2g}$$

제 2 장
기계제도 및 CNC 공작기계

SECTION 01   제도의 기본
SECTION 02   기초제도
SECTION 03   기계제도의 실제
SECTION 04   끼워맞춤 공차
SECTION 05   기계 요소 제도
SECTION 06   CAD/CAM 시스템과 CNC 공작기계

단기완성   기계일반

Section 01 제도의 기본

> **TIP**
> 공차의 문제가 1~2 문제 출제되는 경향이므로 제도의 이론을 처음부터 정리했습니다.
> 제도를 처음하시는 수험생은 반드시 익히셔야 합니다.

개요

(1) 정의
기계 또는 구조물의 모양 그리고 크기를 일정한 규격에 따라 점, 선, 문자, 숫자, 기호 등을 사용하여 도면으로 작성하는 과정

(2) 목적
설계자의 의도를 사용자에게 모양, 치수, 재료, 표면 정도로 정확하게 표시하여 전달하는 데 있다.

(3) 규격
① 국제표준화 규격 : ISO(International Organization for Standardization)
② KS의 분류

A : 기본(통칙)	B : 기계	C : 전기
D : 금속	E : 광산	I : 환경
G : 일용품	H : 식료품	K : 섬유
Q : 품질경영	M : 화학	P : 의료
R : 수송기계	V : 조선	W : 항공우주

도면의 크기

(1) 도면의 크기

제도 용지의 세로와 가로의 비는 $1:\sqrt{2}$ 이고, A열 A0의 넓이는 $1m^2$이다. 큰 도면을 접을 때에는 A4의 크기로 접는 것을 원칙으로 한다.

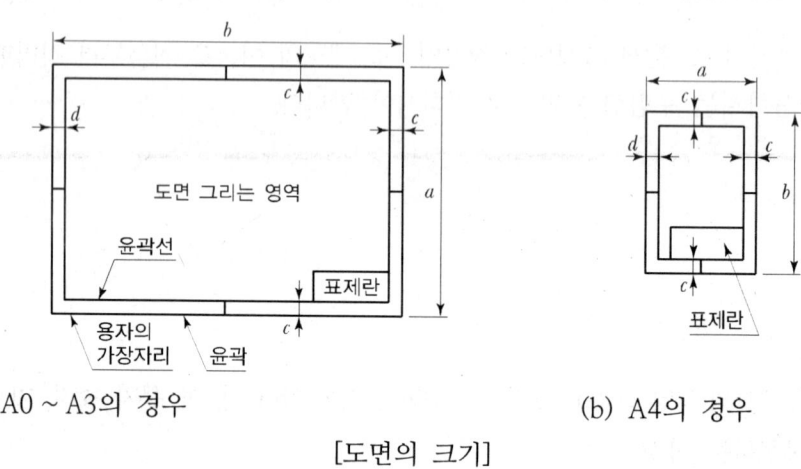

(a) A0 ~ A3의 경우   (b) A4의 경우

[도면의 크기]

[도면의 윤곽 치수]

크기의 호칭		A0	A1	A2	A3	A4
도면의 윤곽	a×b	841×1189	594×841	420×594	297×420	210×297
	c(최소)	20	20	10	10	10
	d (최소) 철하지 않을 때	20	20	10	10	10
	d (최소) 철할 때	25	25	25	25	25

※ 비고 : d 부분은 도면을 철하기 위하여 접었을 때로, 표제란의 왼쪽이 되는 곳에 마련한다.

(2) 도면에 기입하는 내용

① 윤곽선 : 테두리선

② 표제란 : 도면 관리에 필요한 사항을 기입하는 것으로 도면의 우측 하단에 기입

③ 부품란 : 각 부품의 특징을 기입하는 사항으로 표제란과 연결(상단)하여 기입

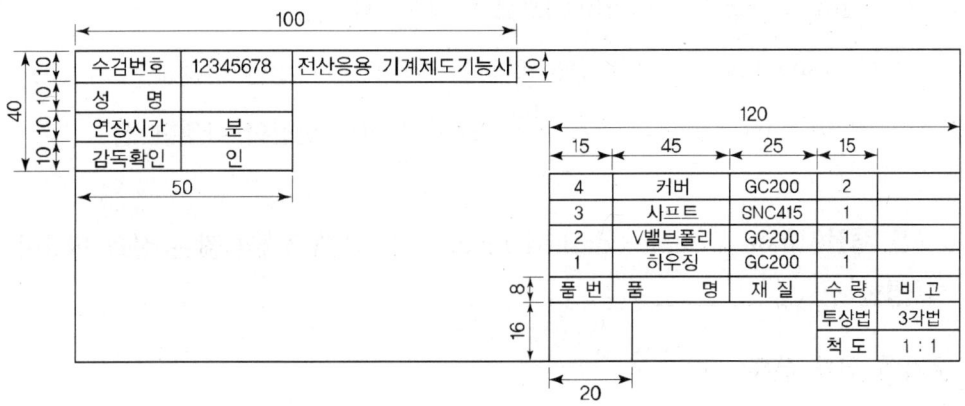

[기사/산업기사 자격증 시험 시 적용되는 도면 양식]

척도

(1) 종류

① 현척 : 도형을 실물과 같은 크기(1 : 1)로 그릴 경우

② 축척 : 도형을 실물보다 작게 그릴 경우

③ 배척 : 도형을 실물보다 크게 그릴 경우

(2) 표시방법

① A : B (A : 도면에서의 치수, B : 실물의 실제 치수)

② NS(No Scale) : 비례척이 아님

※ 척도 표시는 표제란에 기입을 원칙으로 하고 특별한 경우 부품도에 기입하는 경우도 있다.

📝 문자와 선

(1) 선의 종류(KSA0109, KSB0001)

1) 모양에 따른 선의 종류

① 실선(Continuous Line) : 연속적으로 이어진 선(_____)

② 파선(Dashed Line) : 짧은 선을 일정한 간격으로 나열한 선(………………)

③ 1점 쇄선(Chain Line) : 길고 짧은 2종류의 선을 번갈아 나열한 선
(_._._._)

④ 2점 쇄선(Chain Double-dashed Line) : 긴 선과 2개의 짧은 선을 번갈아 나열한 선 (_.._.._..)

2) 굵기에 의한 분류

① 굵은 선 : 굵기는 0.4~0.8mm로서 주로 물체의 외형선에 사용된다.

② 중간 굵기 선 : 같은 도면에서 사용되는 굵은 선과 가는 선의 중간 굵기의 선으로 은선에 사용된다.

③ 가는 선 : 굵기는 0.2~0.3mm 이하로서 물체의 실형이 아닌 부분을 나타낼 때 사용된다.

3) 용도에 의한 선의 분류

용도에 따른 명칭	선의 종류	용도
외형선	굵은 실선	물체의 보이는 부분의 형상을 나타내는 선
은선	중간 굵기의 파선	물체의 보이지 않는 부분의 형상을 표시하는 선
중심선	가는 1점 쇄선 또는 가는 실선	도형의 중심을 표시하는 선
치수보조선	가는 실선	치수를 기입하기 위하여 쓰는 선
치수선	가는 실선	치수를 기입하기 위하여 쓰는 선
지시선	가는 실선	지시하기 위하여 쓰는 선

용도에 따른 명칭	선의 종류	용도
절단선	가는 1점 쇄선으로 하고 그 양끝 및 굴곡에는 굵은 선으로 한다.	단면을 그리는 경우, 그 절단 위치를 표시하는 선
파단선	가는 실선	물품 일부의 파단한 곳을 표시하는 선 또는 끊어낸 부분을 표시하는 선
가상선	가는 2점 쇄선	• 도시된 물체의 앞면을 표시하는 선 • 인접부분을 참고로 표시하는 선 • 가공 전이나 후의 모양을 표시하는 선 • 이동하는 부분의 이동위치를 표시하는 선 • 공구, 지그 등의 위치를 참고로 표시하는 선 • 반복을 표시하는 선 • 도면 내에 그 부분의 단면형을 회전하여 나타내는 선
중심선 기준선 피치선	가는 1점 쇄선	• 도형의 중심을 표시하는 선 • 기준이 되는 선 • 기어나 스프로킷 등의 이 부분에 기입하는 피치원의 피치선
해칭선	가는 실선	절단면 등을 명시하기 위하여 쓰는 선
특수한 용도의 선	가는 실선	• 외형선과 은선의 연장선 • 평면이라는 것을 표시하는 선
	굵은 1점 쇄선	• 특수한 가공을 실시하는 부분을 표시하는 선 • 기준선 중 특히 강조하는 부분의 선

(2) 겹치는 선의 우선 순위

외형선 → 숨은 선 → 절단선 → 중심선 → 무게중심선 → 치수보조선 → 해칭선
(굵은 선)　(파선)

도면 작성 시 주의사항

(1) 일반 부품도
① 척도는 가능한 한 현척을 사용한다.
② 치수는 알기 쉽고 완전하게 기입한다.
③ 부품은 동일한 척도로 그린다.
④ 부품도는 조립순서대로 배치한다.
⑤ 관련부품은 같은 용지에 그린다.
⑥ 작은 부품은 그룹별로 정리한다.
⑦ 표준품(규격품)은 부품 명세서에 기입한다.(키, 핀, 볼트, 너트)

(2) 부품번호 기입방법
① 조립순서대로 기입
② 부품의 중요도에 따라 기입
③ 기타 크기에 따라 기입

Section 02 기초제도

투상법

공간에 있는 입체물의 위치, 크기, 모양 등을 평면 위에 나타내는 것을 투상법이라고 하고, 투상된 면에서 투상된 물체의 모양을 투상도(Projection)라고 한다.

(1) 정투상법

대상물의 주요 면을 투상면에 평행한 상태로 놓고 투상하므로 투상선은 서로 나란하게, 투상면에 수직으로 닿게 한 것을 말한다. 다시 말해, 정투상법에 의하여 물체의 형상 및 특징이 가장 잘 나타나는 부분을 정면도로 선정하고 정면도를 기준으로 위에는 평면도, 우측에는 우측면도를 그린다. 이러한 3개의 그림을 조합하면 입체적인 물체의 형태를 완전히 평면적인 도면으로 나타낼 수 있다. 이것을 정투상도라 한다.

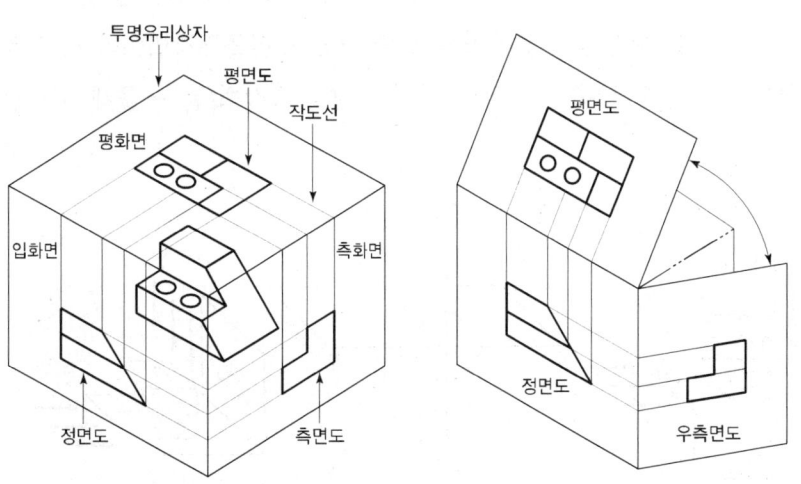

[정투상도]

(2) 투상법

다음 그림은 투상도의 명칭을 말한다.

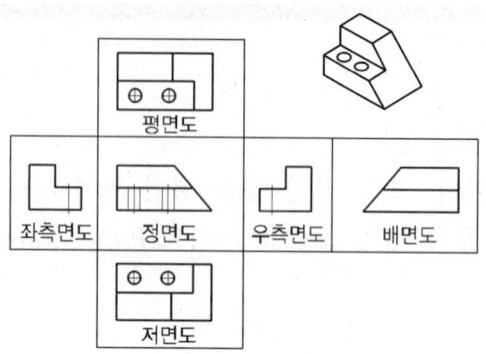

[투상도의 명칭]

1) 제1각법과 제3각법

다음과 같이 수직, 수평의 두 개의 평면이 직교할 때 한 공간을 4개로 구분한다. 오른쪽 수평한 면의 위쪽의 공간을 1상한이라 한다. 1상한을 기준으로 반시계방향으로 2상한, 3상한, 4상한이 된다. 이때 수직한 면과 수평한 면이 이루는 각을 투상각이라 한다.

1상한, 즉 대상물을 투상면의 앞쪽에 놓고 투상한 도면을 3각법이라 하고(눈 → 투상면 → 물체), 대상물을 투상면 뒤쪽에 놓고 투상한 도면을 1각법(눈 → 물체 → 투상면)이라 한다.

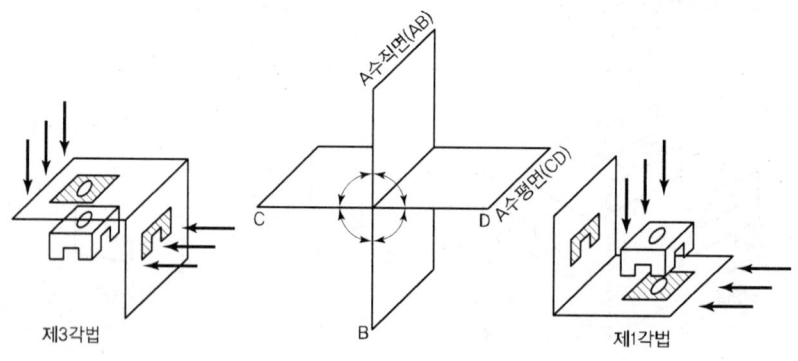

[제1각법과 제3각법]

다음 그림은 이러한 방법들을 투상면에 정투상하여 그리는 방법을 말한다.

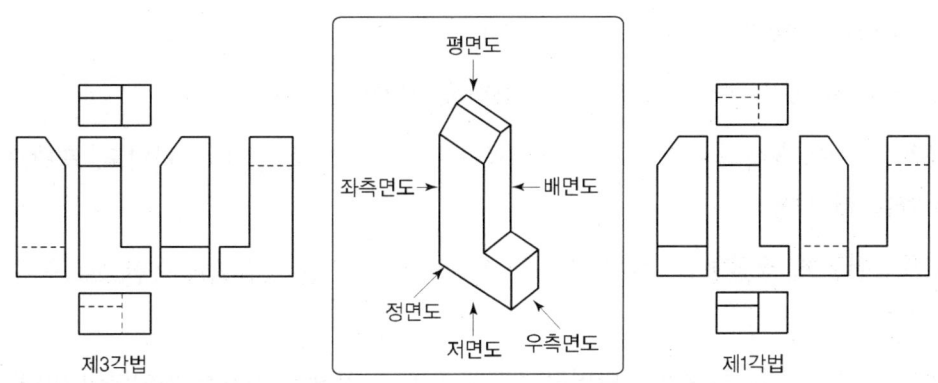

[투상면에 정투상하여 그리는 방법]

다음 표와 그림은 제도에 사용되는 투상법과 투상법의 기호이다.

투상법의 종류	사용하는 그림의 종류	특성	용도
정투상	정투상도	도형의 모양을 엄밀하고, 정확히 표현할 수 있다.(일반도면)	일반 도면
등각투상	등각도	세 면을 주된 면으로 선정해 그려진 도면의 세 면의 정도가 같다.	설명용 도면
사투상	캐비닛도	하나의 면을 중점적으로 선정해 엄밀하고, 정확히 표현할 수 있다.	

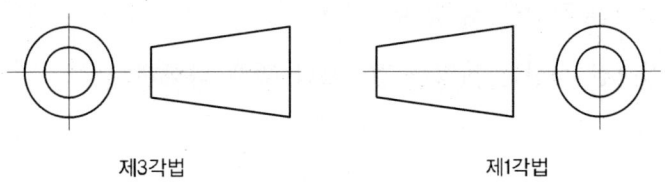

[투상법의 기호]

도형의 표시방법

(1) 투상도의 표시방법

외형선, 숨은선, 중심선의 3개의 선을 사용함을 원칙으로 한다.

① 3면도 : 3개의 투상도로 완전하게 표시할 수 있는 것으로 정면도, 평면도, 측면도로 도시할 수 있을 때 사용

② 2면도 : 원통형, 평면형인 간단한 물체는 정면도와 평면도, 정면도와 측면도로 도시할 수 있을 때 사용

③ 1면도 : 원통, 각주, 평판처럼 단면형이 똑같은 형의 물체는 기호를 기입하여 정면도 1면으로 충분히 도시할 수 있을 때 사용

(2) 투상도 그리는 방법

① 주 투상도(정면도)는 대상물의 모양, 기능을 가장 명확하게 표시하는 면을 선택하여 그린다.

② 조립도와 같이 기능을 표시하는 물체는 물체가 움직임을 확실하게 알 수 있는 상태를 선택하여 그린다.

③ 가공하기 위한 부품도에서는 가장 많이 이용하는 공정을 대상으로 선택한다.

④ 특별한 이유가 없는 한 대상물을 가로길이로 놓은 상태를 선택한다.

(3) 선과 면의 투상법칙

1) 직선

① 투상면에 평행한 직선은 진정한 길이로 나타낸다.

② 투상면에 수직인 직선은 점(點)이 된다.

③ 투상면에 경사진 직선은 진정한 길이보다 짧게 나타낸다.

2) 평면

① 투상면에 평행한 평면은 진정한 형태를 나타낸다.

② 투상면에 수직인 평면은 직선이 된다.

③ 투상면에 경사진 평면은 단축되어 나타낸다.

(4) 특수 투상법

도면을 알기 쉽게 하고 제도능률을 높이기 위해 간략한 약도로 그리거나 불필요한 선 또는 정규 투상법에 의하지 아니하고 특수하게 도시하여 도면을 쉽게 이해할 수 있도록 그리는 투상방법

1) 보조 투상도

물체의 평면이 투상면에 평행할 경우 길이가 실제길이로 나타나고 면의 형상은 실제형상으로 나타나지만 사면(斜面)일 경우에는 면이 단축되거나 변형되어 나타나므로 도면을 이해하기 곤란하여 사면에 수직으로 필요한 부분만을 투상하여 실제 형상과 실제길이로 나타내는 투상도

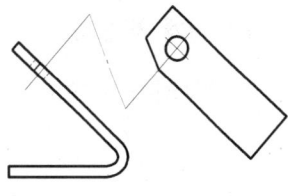

[보조 투상도]

2) 부분 투상도

그림의 일부 중 필요 부분만을 투상도로 표시하는 것으로 국부 투상도, 부분 확대도, 상세도 등이 있다.

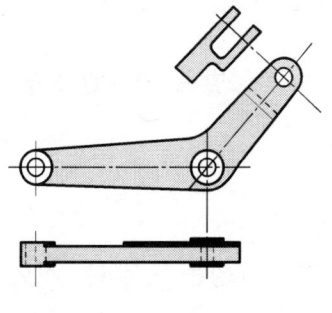

[부분 투상도]

3) 회전 투상도

일정한 각도를 가지고 있는 물체의 실제 형태를 표시하지 못할 때 물체의 일부를 회전시켜 투상하는 방법(작도선을 남긴다.)

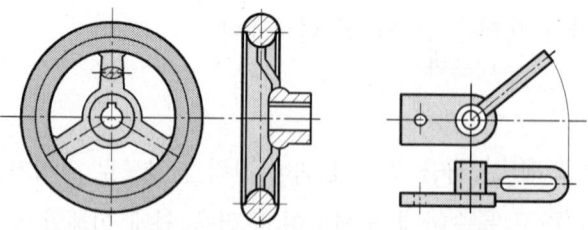

[회전 투상도]

4) 전개 투상도

구부러진 판재의 실물을 정면도에 그리고 평면도에 펼쳐놓은(전개도) 투상도

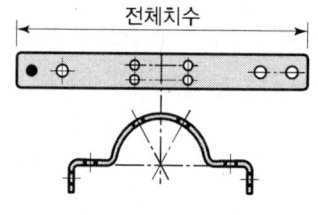

[전개 투상도]

5) 가상 투상도

도시된 물체의 인접부, 연결부, 운동범위, 가공변화 등을 도면에 가상선을 사용하여 그리는 투상도

6) 국부 투상도

대상물의 구멍, 홈 등 한 부분만의 모양을 도시하는 것으로 충분한 경우에는 그 필요 부분만을 그리는 투상도

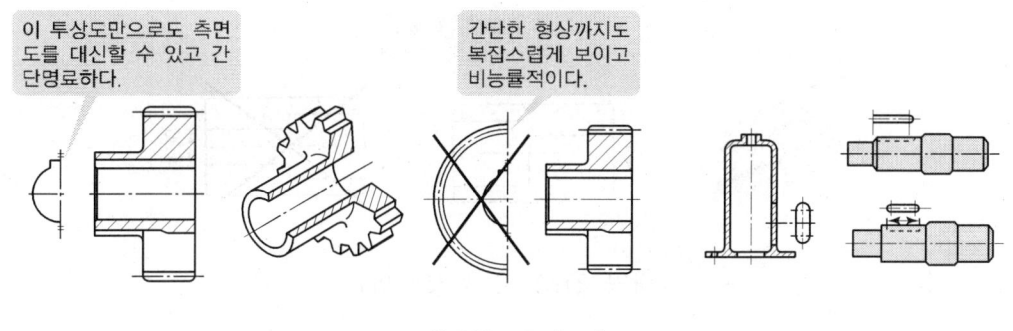

[국부 투상도]

7) 부분 확대도

특정 부분의 도형이 작아서 그 부분의 상세한 도시나 치수 기입을 할 수 없을 때에는 그 부분을 다른 장소에 확대하여 그리고, 표시하는 글자 및 척도를 기입한다.

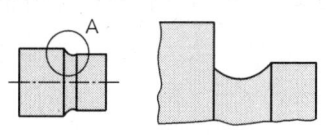

[부분 확대도]

8) 외경, 내경 절삭시 투상

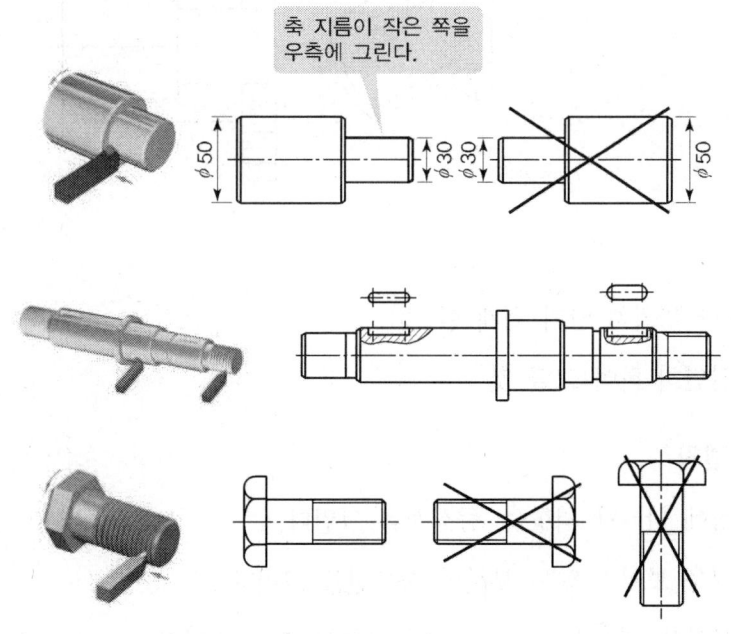

[외경 절삭 시 투상방법]

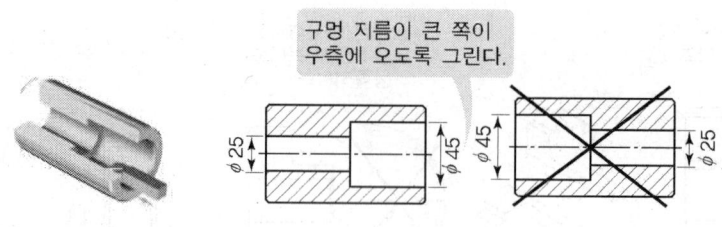

[내경 절삭 시 투상방법]

단면도의 표시방법

단면도란 물체 내부가 보이도록 물체를 절단하여 그린 도면을 말한다.

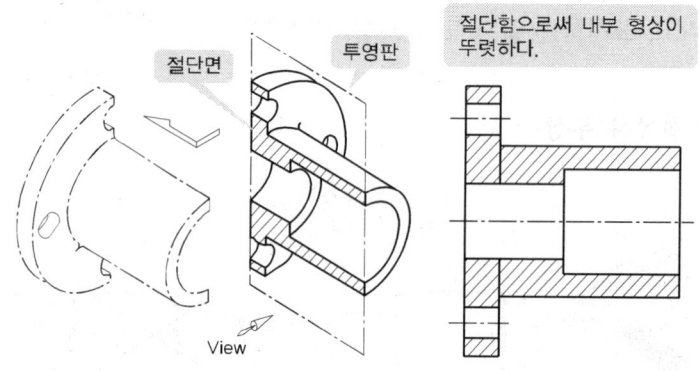

- **목적**
    - 외관도보다 명확히 알기 쉽게 할 것
    - 도형을 간단히 하여 그릴 것

- **단면 표시 법칙**
    - 절단면 상에 나타난 외형선, 중심선을 그린다.
    - 필요할 경우 보이지 않는 부분의 숨은선을 그린다.
    - 절단면 부분은 해칭(Hatching, 45° 방향) 또는 스머징(Smudging)을 한다.
    - 관계도에 절단선을 표시하고 단면보는 방향표시(화살표)와 기호를 기입한다.

• 단면도의 종류

  - 온 단면도(전 단면도)

물체를 기본 중심선에서 전부 절단하여 도시하는 방법과 기본 중심이 아닌 곳에서 물체를 절단하여 필요부분을 단면으로 도시하는 방법이 있다.

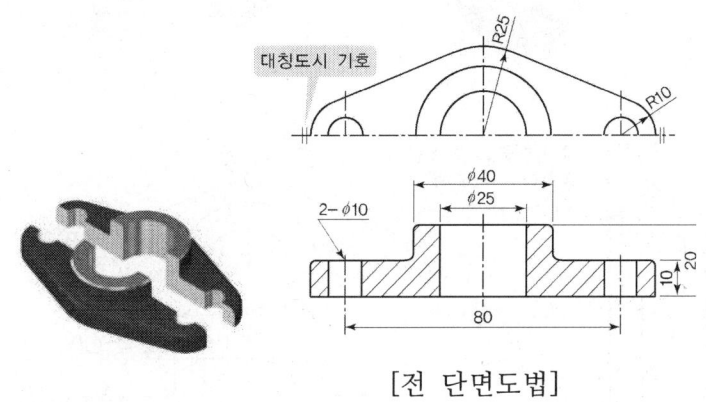

[전 단면도법]

  - 한쪽 단면도(반 단면도)

기본 중심선에서 대칭인 물체의 1/4만 잘라내어 절반은 단면도, 절반은 외형도로 나타내는 방법

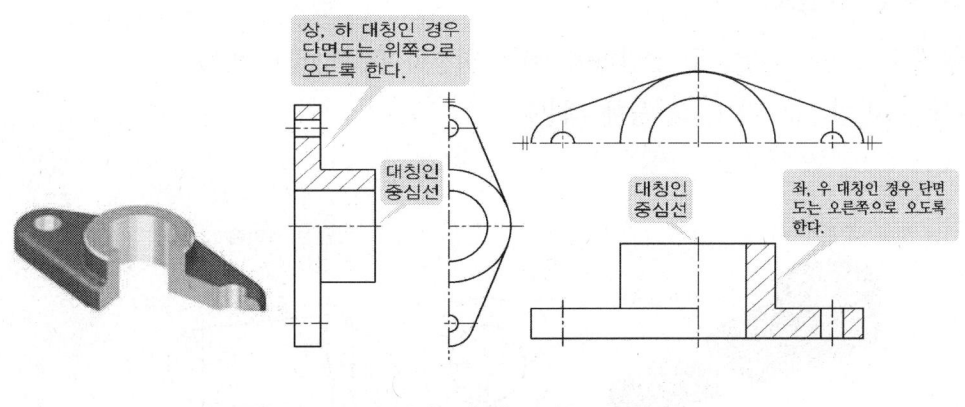

[반 단면도법]

기계일반 65

- **부분 단면도**

필요로 하는 요소의 일부만을 단면도로 나타내는 방법(파단선으로 경계선을 표시한다.)

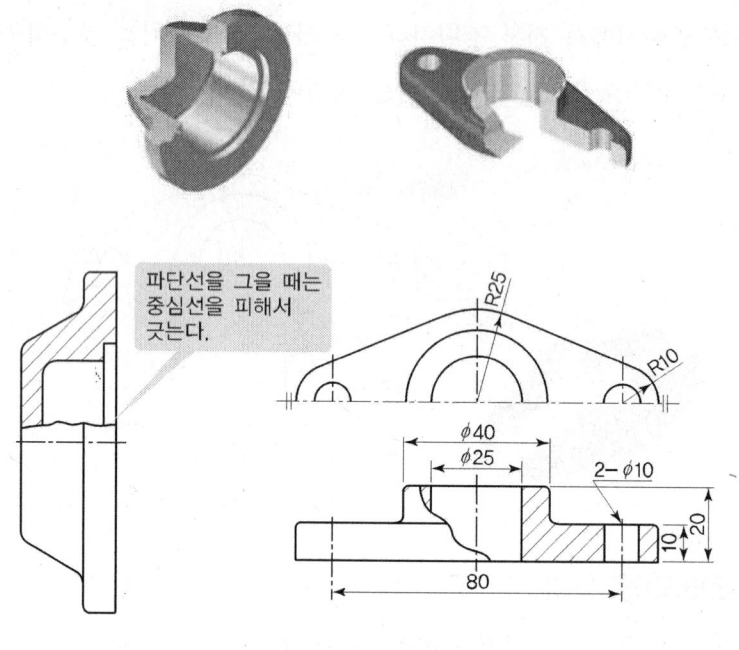

[부분 단면도법]

- **회전 단면도**

물체를 수직한 단면으로 절단하여 90° 회전하여 나타내는 방법
(핸들, 바퀴, 암, 리브, 축 등에 적용)

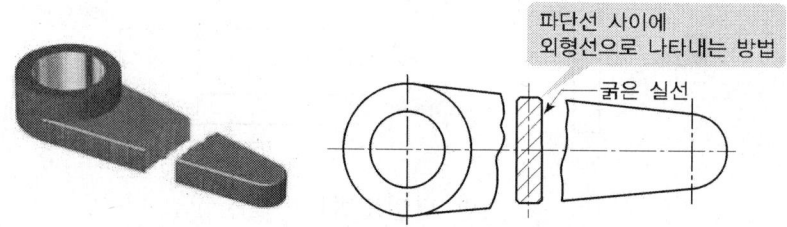

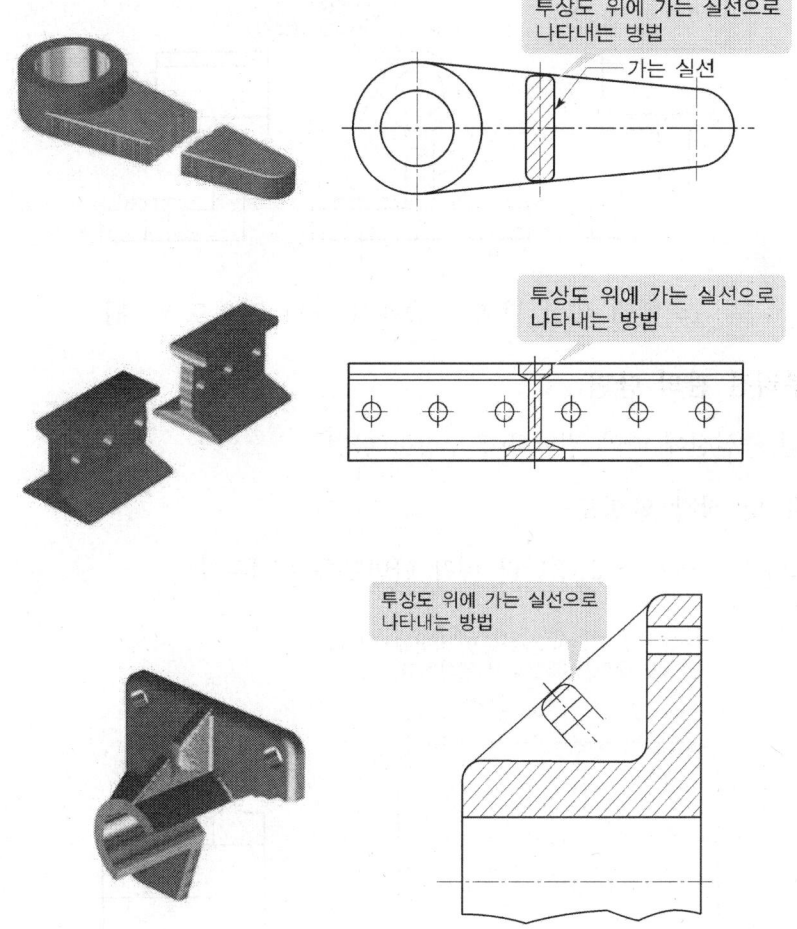

- **계단 단면도**

2개 이상의 평면계단 모양으로 절단한 단면

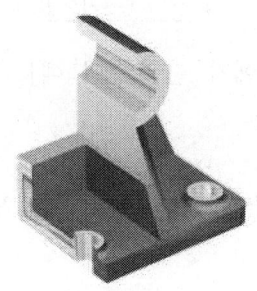 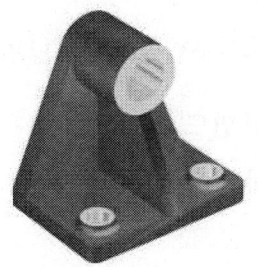

기계일반 67

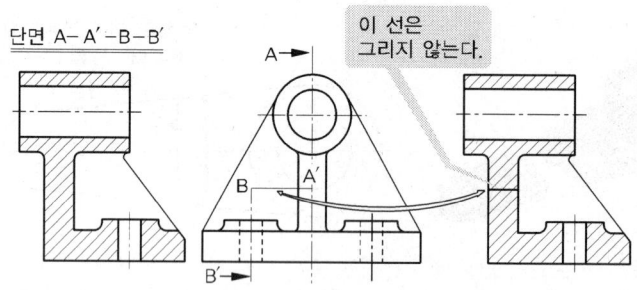

[조합에 의한 단면도 중에서 계단 단면도의 예]

- 구부러진 관의 단면
구부러진 중심선에 따라 절단하여 투상한 단면

- 예각 및 직각 단면도
아래 그림은 A-O-B로 절단한 예각 단면도를 보여준다.

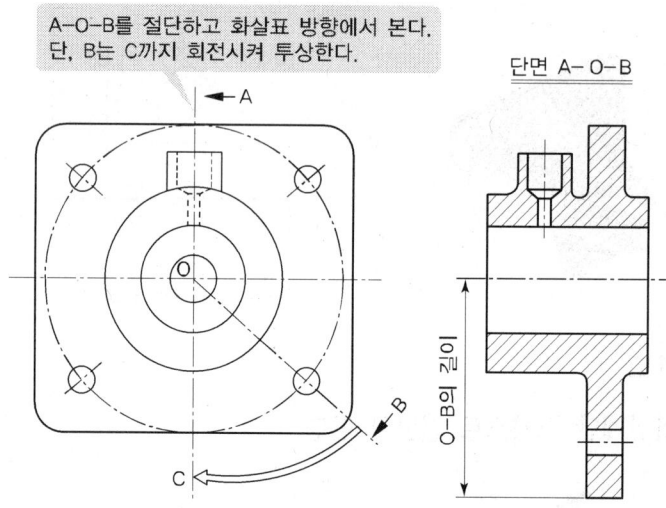

[조합에 의한 단면도 중에서 예각 단면도의 예]

- 다수의 단면도
1개의 물체에 여러 부분을 동시에 절단하여 단면 표시하는 방법

- 단면 처리를 하지 않는 부품

축, 핀, 나사. 리벳, 키, 베어링의 볼, 리브, 기어, 벨트 풀리의 암

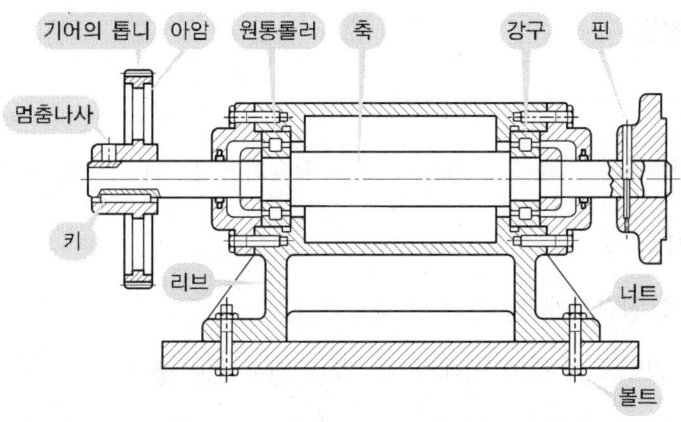

[단면 처리를 하지 않는 기계요소]

(1) 도형의 생략

도형의 일부를 생략하여도 도면을 이해할 수 있을 때 그리는 투상법

1) 대칭도형의 생략

① 대칭 중심선의 한쪽 도형만을 그리고 대칭 중심선의 양 끝부분에 짧은 2개의 대칭기호로 표시한다.

② 대칭 중심선을 조금 넘게 그릴 경우에는 대칭도시 기호를 생략한다.

2) 반복도형의 생략

같은 종류, 같은 크기의 모양이 다수 있을 경우 그 일부를 생략하여 주 요소만을 표시하고 다른 것은 중심선 또는 중심선의 교차점에 표시한다.

3) 도형의 중간부분 생략

① 지면을 여유있게 활용하기 위하여 중간 부분을 절단하여 도시한다.
   (치수는 실제 크기로 기입)

② 동일 단면형 : 축, 파이프, 형강

③ 같은 모양이 규칙적으로 된 제품 : 랙기어, 공작기계 어미 나사, 교량의 난간

④ 테이퍼가 있는 제품 : 테이퍼 축

(2) 특별한 도시방법

1) 전개도

판을 구부려서 만든 제품을 전개하여 그릴 필요가 있을 때 '전개도'라고 기입하여 표시한다.

2) 간략한 도시

도형의 실제를 간단하게 할 경우에 사용한다.

① 숨은선이 없어도 도형을 이해할 수 있을 경우에는 생략

② 정투상에 의한 그림이 이해하기 곤란할 경우에는 부분 투상도로 표시

③ 절단면의 앞쪽에 보이는 선을 이해할 수 있을 경우에는 생략

④ 특정한 모양의 일부는 투상면 위쪽으로 표시

(키 홈이 있는 보스 구멍, 홈이 있는 실린더, 쪼개진 링)

⑤ 피치원 상에 동일 구멍이 있을 경우 측면 투상도(단면도 포함)에 피치원을 표시한 후 1개의 구멍으로 표시

3) 2개 면의 교차 부분 표시

① 2개 면의 교차 부분에 일정한 R 및 구부러짐이 있을 경우 평면도에 교차 부분을 굵은 실선으로 표시한다.

② 리브와 같이 끝나는 선의 끝 부분은 직선 또는 R(안쪽, 바깥쪽)로 표시한다.

③ 원주와 각주가 교차하는 부분은 직선 또는 정투상에 의한 원호로 표시한다.

4) 평면의 표시

도형 내의 특정한 부분이 평면일 경우(내·외부)에는 가는 실선으로 표시한다.

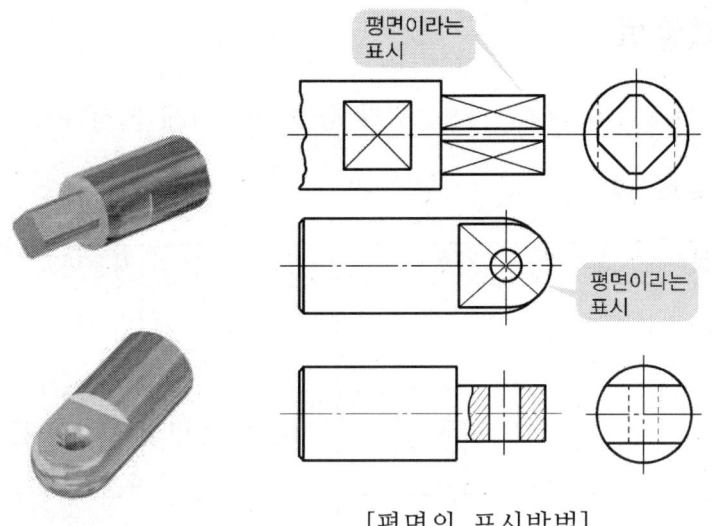

[평면의 표시방법]

5) 가상선을 이용한 도시

도형의 내용을 확실하게 표시할 경우 가는 2점 쇄선으로 표시한다.

① 가공 전·후 모양의 도시를 할 경우

② 절단면의 앞쪽에 있는 부분을 도시할 경우(가상투상도방법 이용)

③ 가공에 사용하는 공구, 지그의 표시를 할 경우

④ 인접 부분을 참고로 표시할 경우

6) 특수한 가공물의 표시

① 대상물의 일부에 특수한 가공을 표시할 경우 외형선과 평행하게 굵은 1점 쇄선으로 표시한다.

② 특정 범위를 지시할 경우 그 범위를 굵은 1점 쇄선으로 둘러싼다.

치수 기입방법

도면에 기입된 대상물의 크기, 자세, 위치 등을 정확하게 지시하기 위한 방법

(1) 치수 기입 보조기호

구분	기호	사용법
지름	ϕ	치수의 수치 앞에 붙인다.
반지름	R	
구의 지름	$S\phi$	
구의 반지름	SR	
정사각형	□	
판의 두께	t	
45°의 모떼기	C	
원호의 길이	$\frown{15}$	치수의 수치 위에 붙인다.
정확한 치수	15	수치를 박스로 둘러싼다.
참고치수	(15)	수치를 괄호로 한다.
비례척이 아님	15	수치 밑에 밑줄을 긋는다.

- **치수 기입의 원칙**

  ① 관련되는 치수는 가능한 한 주 투상도에 기입한다.
  ② 같은 조건을 만족하는 투상도에서는 중복치수를 피한다.
  ③ 치수는 계산하여 구할 필요가 없도록 기입한다.
  ④ 물체의 기준(점, 선, 면)을 정하여 순차적으로 치수를 기입한다.
  ⑤ 치수는 공정순서에 의하여 기입한다.

(2) 치수 기입방법

1) 치수선과 치수 보조선
① 치수는 치수선, 치수 보조선, 치수 보조기호 등을 사용하여 나타낸다.
② 치수선은 길이, 각도의 방향으로 평행하게 나타낸다.
③ 치수선 양 끝에는 끝부분을 표시하는 화살표, 사선 또는 점을 사용한다.
④ 기점을 중심으로 누진치수(계속되는 치수)를 기입할 때는 기점 기호를 표시한다.

2) 치수 기입 위치 및 방향
① 지시하는 모든 치수는 치수선 위쪽에 대상물 수직으로 기입한다.
② 지시하는 모든 치수는 수평 치수선일 때는 위쪽에, 수직치수선일 때는 중앙에 수직으로 기입한다.

3) 좁은 곳의 치수 기입
① 지시선을 대상물의 경사방향으로 끌어내어 기입한다.
② 치수 보조선 간격이 좁을 때는 확대도로 별도 표시하거나 끝 기호를 검은점 또는 경사선으로 표시한다.

4) 치수 배치
① 직렬치수기입법 : 치수의 공차가 누적되어도 관계가 없을 때 사용한다.
② 병렬치수기입법 : 다른 치수의 공차에 영향을 주지 않을 때 사용한다.
③ 누진치수기입법 : 한 개의 연속된 치수로 간편하게 표시할 때 사용하며, 반드시 기점 표시를 하여야 한다.
④ 좌표치수기입법 : 기준기점을 좌표점으로 하여 치수를 기입하는 방법

(3) 요소 치수 기입방법

1) 지름의 표시방법
치수 수치 앞에 ϕ를 기입하여 표시한다.

2) 반지름 표시방법

치수 수치 앞에 R을 기입하여 표시하고 화살표는 원호에만 표시

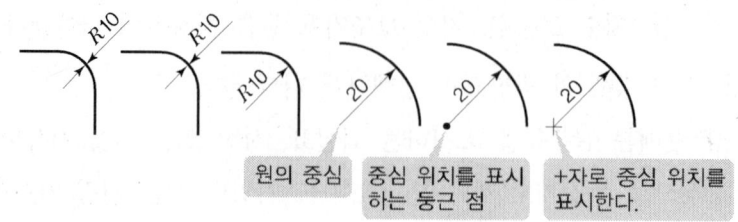

[반지름 치수 기입방법]

3) 구의 지름 또는 구의 반지름 표시방법

치수 수치 앞에 구의 지름 Sϕ, 구의 반지름 SR을 기입하여 표시한다.

4) 정사각형 변의 표시방법

치수 수치 앞에 □를 기입하고 사각형이 되는 면에 가는 실선으로 대각선을 표시한다.

5) 두께의 표시방법

1면도로서 투상을 나타내는 경우 판의 두께 치수는 주 투상도 안에 두께기호 t를 표시하고 치수를 기입한다.

6) 현·원호의 길이 표시방법

① 현의 길이 표시는 현에 직각으로 치수보조선을 긋고 표시한다.

② 원호의 길이 표시는 원호와 동심의 치수선을 긋고 치수 수치 위에 기호를 표시한다.

7) 곡선의 표시방법

반지름 표시방법 참고

8) 모떼기 표시방법

① 45° 일 경우 : 모떼기각 45°를 표시하거나 치수 수치 앞에 C를 표시한다.

② 45° 가 아닌 경우 : 모떼기 각을 표시한다.

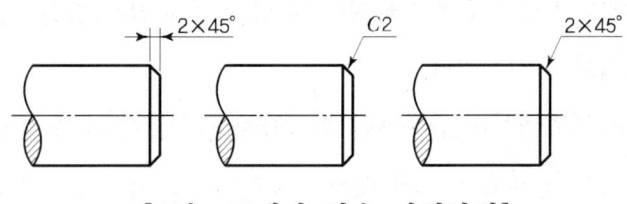

[45° 모떼기 치수 기입방법]

9) 가공구멍 표시방법

치수 수치 앞에 보조기호를 표시하고 치수를 기입한 후 가공방법을 표시한다.
(예: φ28드릴)

10) 키 홈의 표시방법

키 홈의 표시는 키 홈의 너비×깊이×길이로 표시하고 주 투상도에는 키 홈이 위쪽을 향하게 그린다.

11) 테이퍼, 기울기의 표시방법

한쪽 면만 경사진 경우를 기울기(Slope)라 하고 양쪽 면이 중심선에 대하여 대칭으로 경사진 경우를 테이퍼(Taper)라 하며, 둘 다 $\dfrac{(a-b)}{l}$ 로서 그 비율을 나타낸다.

치수는 원칙적으로, 기울기는 변에 따라 기입하고 테이퍼는 중심선에 따라 기입한다.

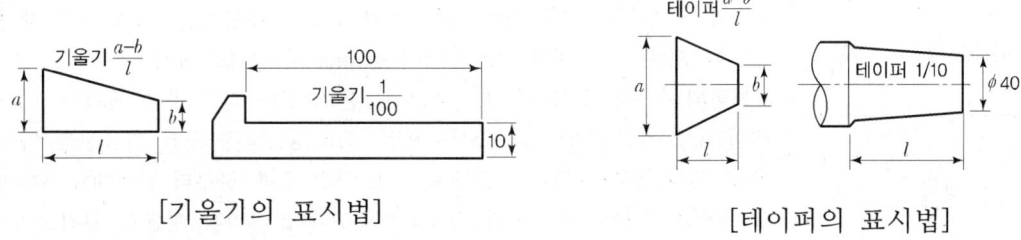

[기울기의 표시법]　　　　　　　　　　[테이퍼의 표시법]

(4) 치수 기입 시 주의사항

① 외형선과 겹쳐서 기입하면 안 된다.
② 치수선과 교차되는 장소에 기입하면 안 된다.
③ 치수 수치가 인접해서 연속되는 경우에는 병렬 또는 직렬 치수기입법을 택하여 기입한다.

④ 지름의 치수가 대칭 중심선의 방향에 여러 개 있을 경우 같은 간격으로 작은 치수는 안쪽에, 큰 치수는 바깥쪽으로 기입한다.

⑤ 대칭도형의 치수 기입에서는 한쪽에만 화살표를 붙이고 치수를 기입한다.

⑥ 치수 기입이 복잡할 경우에는 수치 대신 기호(글자)로 표시하고 수치를 별도로 표시한다.

⑦ 키 홈과 같은 반지름의 치수가 자연히 결정될 경우 반지름 기호 R만 표시하고 수치는 기입하지 않는다.

⑧ 기준으로 하여 가공 또는 조립할 경우 치수 기입은 기준점을 준하여 기입한다.

⑨ 공정을 달리하는 부분의 치수는 배열을 나누어서 기입한다.

⑩ 일부 도형이 치수 수치에 비례하지 않을 경우 수치 밑에 굵은 실선(―)을 긋는다.

Section 03 기계제도의 실제

▶ 표면 거칠기

일정한 거리에서 나타난 공작물의 표면에 발생된 요철(凹凸)면을 표면 거칠기라고 한다.

구분	기호	특기사항
최대높이	R_{max}	• 측정 구간(기준길이) 내의 모든 표면 요소를 포함하는, 측정 구간 평균선에 평행한 두 직선의 간격을 마이크로(micro) 단위로 표시 • 표면의 흠이라고 볼 수 있는 너무 높은 산이나 깊은 골은 제외
10점 평균	R_z	측정 구간(기준길이) 내의 모든 표면 요소 중, 측정 구간 평균선을 기준으로 가장 높은 산부터 순서대로 5개, 가장 깊은 골부터 순서대로 5개씩을 찾아, 각각의 5개 점의 평균선으로부터의 거리값 평균을 구하고 그 차이값을 마이크로(micro) 단위로 표시
중심선 평균 (가장 정밀)	R_a	• 측정 구간(기준길이)의 중심선에서 위쪽과 아래쪽 전체 면적의 합을 구하고, 그 값을 측정 구간의 길이로 나눈 값으로 표시 • 손으로 면적을 계산하기 어려우므로, 중심선 평균 거칠기 측정기로 측정기에서 계산한 결과치를 사용

(1) 최대높이(R_{max}, R_s)

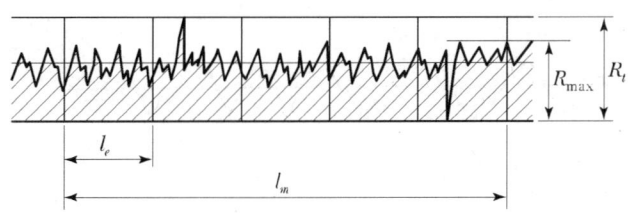

[최대 거칠기(R_{max})]

• 기준길이 : 0.08, 0.25, 0.8, 2.5, 8, 25mm의 6종류

• 표준수열 : 허용할 수 있는 가장 큰 높이

0.05S	0.1S	0.2S	0.4S
0.8S	1.6S	3.2S	6.3S
12.5S	25S	50S	100S
200S	400S		

• R_{max}가 7μm일 때의 표시방법은 6.3S와 12.5S 사이에 있으므로 상한값 12.5S로 표시한다.

(2) 10점 평균 거칠기(R_z)

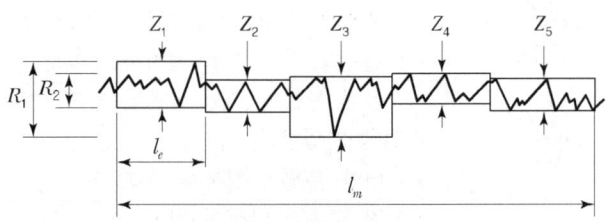

[10점 평균 거칠기(R_z)]

• 기준길이 : 0.08, 0.25, 0.8, 2.5, 8, 25mm의 6종류

• 표준수열 : 허용할 수 있는 가장 큰 높이

(3) 중심선 평균 거칠기(R_a)

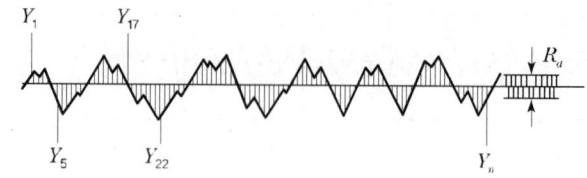

[중심선 평균값(R_a)]

◪ 표면 거칠기 표시방법

표면 거칠기 표시는 중심선 평균 거칠기(R_a)로 나타내는 것이 가장 정밀하다.

1) 표면 거칠기 기호의 구성

다듬질 기호 (종래의 기호)	표면거칠기 기호 (새로운 심벌)	가공방법 및 적용 부분
~	∇	• 절삭가공 및 기타 제거가공을 하지 않는 부분에 기입한다. • 주물의 표면부가 대표적이다.
▽	$\overset{W}{\nabla}$	• 밀링, 선반, 드릴 등 기타 여러 가지 공작기계로 일반 절삭가공만 하고, 끼워 맞춤은 없는 표면에 기입한다. • 드릴구멍, 흑피 등을 제거하는 황삭 가공부분이 대표적이다.
▽▽	$\overset{X}{\nabla}$	• 가공된 부분이 끼워 맞춤만 있고 마찰운동은 하지 않는 표면에 기입한다. • 커버와 몸체의 접촉부, 키홈 등
▽▽▽	$\overset{y}{\nabla}$	• 끼워 맞춤과 마찰이 있고 회전운동이나 직선왕복운동 등을 하는 표면에 표시한다. • 베어링과 조립부 및 연삭부위
▽▽▽▽	$\overset{Z}{\nabla}$	• 정밀가공이 요구되는 가공 표면으로, 높은 정밀도를 요구하는 곳에 기입한다. • 오일실 접촉부, 피스톤, 실린더, 게이지류 등의 정밀입자가공에 기입한다.

2) 면의 지시기호

면의 지시기호를 표면거칠기에 기호로 나타낸다. 표면의 결표시에서 면의 지시기호에 대한 사항은 아래 그림 (a)에 표시하는 위치에 배치하여 표시하며, 도면에 지시하는 경우에는 그림 (b)에 따른다.

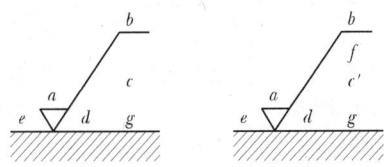

여기서, a : 중심선 평균거칠기의 값 b : 가공방법
 c : 컷 오프 값 c' : 기준길이
 d : 줄무늬 방향의 기호 e : 다듬질 여유
 f : 중심선 평균거칠기 이외의 표면 거칠기의 값
 g : 표면 파상도[KS B 0610(표면 파상도)에 따른다.]

(a) 면의 지시기호의 위치

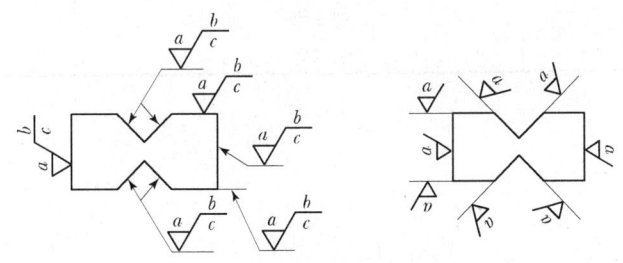

(b) 면의 결도시

[줄무늬 방향의 기호]

기호	=	⊥	X	M	C	R	P
설명도	▽=	▽⊥	▽X	▽M	▽C	▽R	▽P
의미	가공으로 생긴 줄무늬 방향이 기호를 기입한 그림의 투상면에 평행	가공으로 생긴 줄무늬 방향이 기호를 기입한 그림의 투상면에 직각	가공으로 생긴 선이 2방향으로 교차	가공으로 생긴 선이 여러 방면으로 교차 또는 방향이 없음	가공으로 생긴 선이 거의 동심원	가공으로 생긴 선이 거의 방사선	미립자 모양이 나무방향 또는 돌기 모양
보기	셰이핑면	셰이핑면 (옆으로 보는 상태) 선삭·원통 연삭면	호닝 다듬질면	래핑 다듬질면 슈퍼 피니싱 가로이송을 준 정면 밀링 또는 엔드밀 절삭면	끝면 절삭면 선반	밀링	

[가공방법의 기호]

가공방법	약호 I	약호 II	가공방법	약호 I	약호 II
선반 가공	L	선반	벨트 연마	SPBL	벨트샌드
드릴 가공	D	드릴	호닝 다듬질	GH	호닝
보링 가공	B	보링	액체호닝 다듬질	SPLH	액체호닝
밀링 가공	M	밀링	배럴 연마	SPBR	배럴
평삭반 가공	P	평삭	버프 다듬질	SPBF	버프
형삭반 가공	SH	형삭	블라스트 다듬질	SB	블라스트
브로치 가공	BR	브로치	랩 다듬질	FL	래프
리머 가공	FR	리머	줄 다듬질	FF	줄
연삭 가공	G	연삭	스크레이퍼 다듬질	FS	스크레이퍼
페이퍼 다듬질	FCA	페이퍼	주조	C	주조

표면 거칠기 기입방법이 잘못 설명된 것은?

① 부품 전체가 같은 다듬질 기호일 때는 부품번호 옆에 기입한다.
② 기어에 기입할 때는 피치선에 기입할 수도 있다.
③ 기어에 기입할 때는 측면도의 잇봉우리에 따라서 기입한다.
④ 부품 전체가 같은 다듬질 기호일 때는 표제란 곁에 기입한다.

답: ③

 표면거칠기 기호의 기입을 그림과 같이 하였을 때 a 부분에 들어가야 하는 것으로 적당한 것은?

① X
② F
③ G
④ S

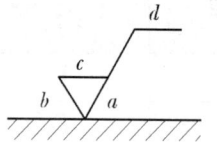

답: ①

4) 대상면 및 제거가공의 지시방법

표면의 결을 도시할 때에 대상면을 지시하는 면의 지시기호는 60°로 벌린 길이가 다른 절선으로 표시하며, 대상면을 나타내는 선에 바깥쪽에서 붙여서 쓴다. [그림 (a)~(c)] 또한, 특별히 가공방법 등을 지시할 필요가 있을 때에는 면의 지시기호의 긴 쪽 다리에 가로선을 부가한다. [그림 (d)]

  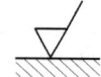

(a) 제거가공을 문제 삼지 않을 경우   (b) 제거가공이 필요한 경우

   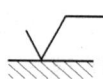

(c) 제거가공을 허용하지 않는 경우   (d) 특별히 가공방법을 지시할 필요가 있을 경우

Section 04 끼워맞춤 공차

끼워맞춤 공차

(1) 공차(Tolerance)
제품을 가공하는 데 있어서 허용할 수 있는 오차의 범위

(2) 기본공차
ISO에서 정한 IT00 – IT18급까지 20등급으로 규정
IT00 – IT01급은 사용 빈도수가 적어 사용치 않음

용도	게이지 제작	끼워맞춤	기타
구멍	IT01 – IT5급	IT6 – IT10급	IT11 – IT18급
축	IT01 – IT4급	IT5 – IT9급	IT10 – IT18급

(3) 끼워맞춤
구멍과 축을 조립하기 위한 치수의 차이에서 생기는 관계

- 틈새(Clearance) : 구멍의 지름이 축의 지름보다 큰 경우 두 지름의 차
- 죔새(Interference) : 축의 지름이 구멍의 지름보다 큰 경우 두 지름의 차
- 최소틈새 : 구멍 최소허용치수 – 축 최대허용치수
- 최대틈새 : 구멍 최대허용치수 – 축 최소허용치수
- 최소죔새 : 축 최소허용치수 – 구멍 최대허용치수
- 최대죔새 : 축 최대허용치수 – 구멍 최소허용치수

1) 종류

① 구멍 기준식 : 아래 치수 허용차가 0인 H를 기준구멍으로 하여 축을 선정, 필요한 죔새나 틈새를 얻는 끼워맞춤(H6-H10을 기준구멍으로 사용)

② 축 기준식 : 위 치수 허용차가 0인 h를 기준축으로 하여 구멍을 선정, 필요한 죔새나 틈새를 얻는 끼워맞춤(h5-h9를 기준축으로 사용)

2) 끼워맞춤 상태에서의 분류

① 헐거운 끼워맞춤 : 구멍의 최소치수가 축의 최대치수보다 큰 경우

② 억지 끼워맞춤 : 구멍의 최대치수가 축의 최소치수보다 작은 경우

③ 중간 끼워맞춤 : 축 또는 구멍의 치수에 따라서 틈새 또는 죔새가 생기는 끼워맞춤

[구멍 기준 끼워맞춤]

기준 구멍	축의 공차역 클래스															
	헐거운 맞춤							중간 맞춤			억지 맞춤					
H6					g5	h5	js5	k5	m5							
				f6	g6	h6	js6	k6	m6	n6*	p6*					
H7				f6	g6	h6	js6	k6	m6	n6	p6*	r6*	s6	t6	u6	x6
			e7	f7		h7	js7									
H8				f7		h7										
			e8	f8		h8										
		d9	e9													
H9		d8	e8			h8										
	c9	d9	e9			h9										
H10	b9	c9	d9													

*는 치수의 구분에 따라 예외가 있다.

[축 기준 끼워맞춤]

기준축	구멍의 공차역 클래스											
	헐거운 맞춤						중간 맞춤			억지 맞춤			
h5						H6	JS6	K6	M6	N6*	P6				
h6				F6	G6	H6	JS6	K6	M6	N6	P6*				
				F7	G7	H7	JS7	K7	M7	N7	P7*	R7	S7	T7	U7	X7
h7			E7	F7		H7										
				F8		H8										
h8			D8	E8	F8	H8										
			D9	E9		H9										
h9			D8	E8		H8										
		C9	D9	E9												
	B10	C10	D10													

(4) 허용한계 치수 기입방법

1) 길이치수 허용한계 기입방법

① 외측, 내측 형체에 관계없이 위 치수 허용차는 위쪽에, 아래 치수 허용차는 아래쪽에 기입한다.

② 위, 아래 어느 한쪽의 허용차가 0인 경우 +, -의 기호를 붙이지 않는다.

③ 위, 아래 허용차가 같을 때는 ±의 기호를 붙인다.

④ 최대, 최소 허용차가 기준치수보다 클 때는 +, 작을 때는 -의 부호를 붙인다.

⑤ 허용한계 치수에 의해 표시할 경우 외측, 내측 형체에 관계없이 최대는 위쪽에 최소는 아래쪽에 기입한다.

⑥ 최대, 최소 중 어느 한쪽만 지정할 경우 치수 앞에 최대, 최소 또는 max, min을 기입한다.

⑦ 허용한계 기호에 의해 지시할 경우 공차기호를 기준치수 뒤에 붙인다.

   예 32H7, φ80js6, 100g6
       52H7/g6, 52H7-g6,
       30f7   30f7

⑧ 통신을 이용할 경우에는 기준치수 앞에 H, h(Hole), S(Shaft)를 붙인다.
   H50H5, S50h5

2) 끼워맞춤 상태에서의 기입방법

① 공차값에 의한 방법
② 공차기호에 의한 방법

3) 끼워맞춤

기계도면에서 50H7또는 50h7의 기호에서 50은 기준치수이고, 알파벳 대문자 H는 구멍, 소문자 h는 축을 뜻하는 구멍과 축의 치수공차 기호이다.

구멍기호	여기서 최소 허용 치수가 기준 치수와 일치한다
	점점 지름이 커진다 ← ↓ → 점점 지름이 작아진다
	A B C D E F G H JS K M N P R S T U X
축기호	여기서 최대 허용 치수가 기준치수와 일치한다
	점점 지름이 작아진다 ← ↓ → 점점 지름이 커진다
	a b c d e f g h js k m n p r s t u x

$\Phi 40 H7$ $\Phi 40^{+0.025}_{0}$ $\Phi 40 H6$ $\Phi 40^{+0.019}_{0}$ $\Phi 40 G6$ $\Phi 40^{+0.025}_{+0.009}$

$\Phi 40 h7$ $\Phi 40^{+0}_{-0.025}$ $\Phi 40 h6$ $\Phi 40^{+0}_{-0.016}$ $\Phi 40 g6$ $\Phi 40^{-0.009}_{-0.025}$

기하공차(형상공차 또는 자세공차)

(1) 특징

제품의 모양 및 위치에 따라 진직, 평면, 진원, 원통, 윤곽, 평행, 직각, 경사, 위치, 동축(동심), 대칭, 흔들림 등을 가하학적인 방법으로 정밀도를 부여하는 방법을 기하공차(GT ; Geometrical Tolerance)라고 한다.

① 장점
- 효율적 생산성 증가
- 생산 원가 절감
- 부품 상호 간 호환성 증대
- 정밀도 증가
- 효율적 검사 및 측정 용이
- 설계의 획일화

② 치수공차로 규제된 도면 분석
- 원통 중심의 어긋남
- 대칭 중심의 어긋남
- 치수공차로 규제된 끼워맞춤의 불확실
- 치수공차로 규제된 구멍과 핀

(2) 기하공차의 표시(용어의 뜻)

① **데이텀(Datum)** : 기하학적 기준이 되는 면 또는 선

② **데이텀 형체** : 데이텀을 설정하기 위하여 사용하는 대상물 실제의 형체

③ **실용 데이텀 형체** : 데이텀을 설정할 경우에 사용하는 실제의 표면(정반, 맨드릴 등)

④ **데이텀 표적** : 데이텀을 설정하기 위한 가공, 측정, 검사기구 등에 접촉시키는 대상물의 점 또는 선의 영역

(3) 기하공차의 종류와 기호

적용하는 형체 공차의 종류 기호 뜻

적용하는 형체		공차의 종류	기호	뜻
단독 형체	모양 공차	진직도(Straightness)	─	직선부분이 기하학적 이상직선으로부터 어긋남의 크기
		평면도 (Flatness)	▱	평면부분이 기하학적 이상평선으로부터 어긋남의 크기
		진원도 (Circularity, Roundness)	○	원형부분이 기하학적 이상원으로 어긋남의 크기
		원통 (Cylindricity)	⌭	원통부분이 기하학적 이상원통으로부터 어긋남의 크기
단독 형체 또는 관련 형체		선의 윤곽도 (Profile of a Line)	⌒	이론적으로 정확한 치수에 의하여 정해진 기하학적 윤곽으로부터 선의 윤곽이 어긋나는 크기
		면의 윤곽도 (Profile of a Surface)	⌓	이론적으로 정확한 치수에 의하여 정해진 기하학적 윤곽으로부터 면의 윤곽이 어긋나는 크기
관련 형체	자세 공차	평행도 (Parallelism)	∥	평행을 이루고 있는 직선부분과 직선부분, 직선부분과 평면부분, 평면부분과 평면부분의 조합에 있어서 그 가운데 하나를 기하학적 이상직선 또는 평면으로 생각하고 이를 기준으로 다른 직선 또는 평면이 어긋나는 크기
		직각도 (Squareness)	⊥	직각을 이루고 있는 직선부분과 직선부분, 직선부분과 평면부분, 평면부분과 평면부분의 조합에 있어서 그 가운데 하나를 기하학적 이상직선 또는 평면으로 생각하고 이를 기준으로 다른 직선 또는 평면이 어긋나는 크기
		경사도 (Angularity)	∠	이론적으로 정확한 각도를 이루고 있어야 할 직선부분, 직선부분과 평면부분, 평면부분과 평면부분이 짝지어 있을 때 그 가운데 하나를 기준으로 하고 이 기준직선 또는 기준평면에 대하여 이론적으로 정확한 각도를 이루고 있는 기하학적 직선 또는 기하학적 평면으로부터 다른 한쪽의 직선부분 또는 기하학적 평면부분이 벗어나는 어긋남의 크기

	종류	기호	정의
위치 공차	위치도 (Position)	⊕	점, 선, 직선 또는 평면부분 중 기준이 되는 부분 또는 다른 부분과 관련이 되어 이론적으로 정확한 위치로부터 어긋나는 크기
	동심도 (Concentricity), 동축도 (Coaxiality)	◎	기분축선과 동일직선상에 있어야 할 축선의 기준축선으로부터 어긋남의 크기
	대칭도 (Symmetry)	⟺	기준축선 또는 기준평면에 대하여 서로 대칭이 있어야 할 부분의 대칭위로부터 어긋남의 크기
흔들 림 공차	원둘레, 흔들림	↗	기준축선 또는 기준평면에 대하여 서로 대칭이 있어야 할 부분의 대칭위치로부터 어긋남의 크기
	온 흔들림	↗↗	기준축선 또는 둘레로 기계부품을 회전시켰을 때 고정점에 대하여 그 표면이 지정된 방향으로 변화되는 크기

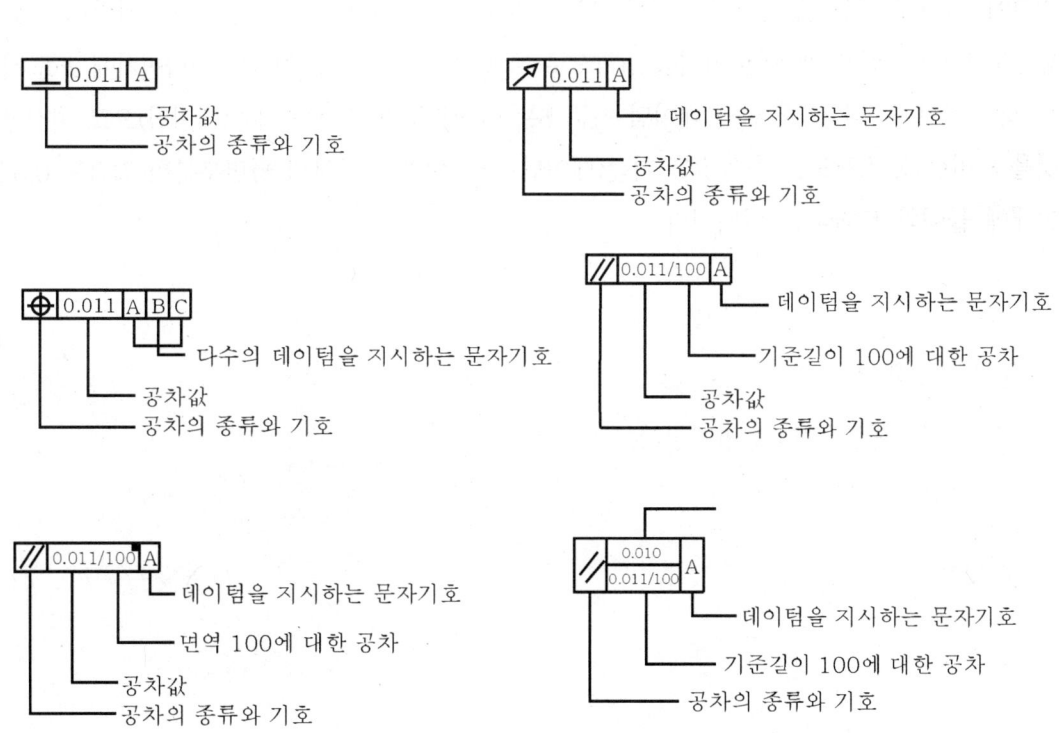

(4) 형상 공차 이해하기

다음 도면은 가공 제품의 도면이다. 도면에는 전장(410), 내경(Φ70), 단차(60), 단차(30), 내경(Φ80) 등으로 기준 치수에 치수공차가 부여되어 있고 치수 공차 이외의 기하공차가 표기되어 있다. 우선 데이텀 A는 직경이 Φ70이고 깊이 60인 원기둥의 축선을 기준으로 한다.

제일 처음의 기하공차는 형체의 가장 위쪽부분의 평면이다. 첫 번째 공차기호는 A(축선)를 기준으로 제일 윗부분의 평면부가 직각도 0.02mm 이내에 들어야 한다는 의미이다. 축선에 대하여 완벽한 직각 자세에 얼마나 접근시키는가를 규정하는 것이다. 다음 그림의 가장 아래 위치한 형상공차는 가장 아랫분분의 평면 부를 말한다. 하자만 데이텀 기준이 B로 설정되어 있기에 형상공차 중 동심도(동축도)를 이해하고 기입해야 한다. 동심도부분은 직경이 Φ80이고 깊이는 30인 원기둥의 축선을 기준으로 한다는 것이다. 기호의 의미는 윗면의 축선을 기준으로 아래쪽 부분의 축선에 대해 동축도가 0.012mm 이내에 들어와야 한다는 의미이며, 동심도라는 것은 평면도를 그리듯 윗면에서 바라보았을 때 윗면의 축선과 아랫면의 축선이 얼마나 일치 하였는가를 나타내는 것이다. 동심도가 서로 어긋나게 되면 반지름 방향으로 서로 멀어지게 된다. 축심의 변화이기에 Φ를 사용하는 것이 바람직하다. 공차 밑의 데이텀 기준 B는 아랫부분의 축선을 기준(데이텀)으로 지정한다는 것을 의미한다. 직각도는 축선 B를 기준(데이텀)으로 아래쪽 부분의 평면부분이 직각도 0.02mm 이내에 들어와야 한다는 의미이다.

- **공차값의 비교**

    치수공차 > 형상공차 > 표면거칠기

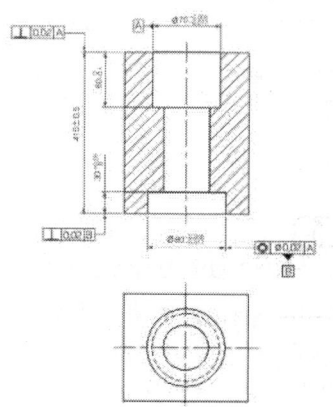

Section 05 기계 요소 제도

나사(Screw)

(1) 규격
① 수나사(Bolt) : 외경
② 암나사(Nut) : 수나사의 외경

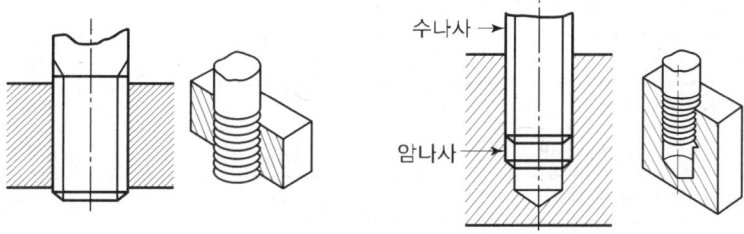

[수나사와 암나사의 조립도]

(2) 나사 각부의 명칭
① 피치(Pitch) : 나사산과 산의 거리
② 리드(Lead) : 나사가 1회전할 때 나사산의 1점이 축방향으로 진행하는 거리
③ 유효경 : 나사산과 골의 폭이 같아지는 가상원의 직경

(3) 나사의 종류
① 미터 나사 : 직경과 피치를 mm로 표시, 산의 각도는 60°, 크기는 피치로 나타낸다.
② 유니파이 나사 : 나사의 직경을 inch로 표시, 산의 각도는 60°, 크기는 1inch 사이에 들어 있는 산의 수로 나타낸다.
③ 미니어처 나사 : 정밀기계, 광학기계, 계측기, 시계, 전기기기 등에 사용되는 0.3~1.4mm 직경의 작은 나사로, 미터 나사에 따른다.

④ 관용 나사 : 배관용 강관 나사로 1/16의 테이퍼로 되어 있고 산의 각도는 55°이다.
⑤ 사다리꼴 나사 : 선반의 리드스크류 등 동력 전달용으로 사용된다.
　　　　　　　(30°: 미터 나사, 29°: inch 나사)
⑥ 둥근 나사 : 먼지, 모래 등이 들어가기 쉬운 접촉구에 사용된다.
⑦ 볼 나사 : 축과 구멍에 볼을 넣어 마찰을 적게 한 나사로 수치 제어기계, 자동차에 사용된다.
⑧ 사각 나사 : 프레스와 같은 큰 힘을 전달할 때 사용된다.
⑨ 톱니 나사 : 바이스와 같이 축방향으로 힘을 전달할 경우에 사용된다.

구 분			나사의 종류	표시방법	나사의 호칭에 대한 표시방법의 보기
일반용	ISO 규격에 있는 것		미터 보통 나사	M	M8
			미터 가는 나사		M8 × 1
			미니어처 나사	S	S 05
			유니파이 보통 나사	UNC	3/8 - 16UNC
			유니파이 가는 나사	UNF	No. 8 - 36UNF
			미터 사다리꼴 나사	Tr	Tr10 × 2
		관용 테이퍼 나사	테이퍼 수나사	R	R3/4
			테이퍼 암나사	Rc	Rc3/4
			평행 암나사	Rp	Rp3/4
			관용 평행 나사	G	G1/2
	ISO 규격에 없는 것		30° 사다리꼴 나사	TM	TM18
			29° 사다리꼴 나사	TW	TW20
		관용 테이퍼 나사	테이퍼 나사	PT	PT7
			평행 암나사	PS	PS7
			관용 평행 나사	PF	PF7
특수 나사			후강 전선관 나사	CTG	CTG16
			박강 전선관 나사	CTC	CTC19
		자전거 나사	일반용	BC	BC3/4
			스포크용		BC2.6
			미싱 나사	SM	SM1/4산 40

전구 나사	E	E10
자동차용 타이어 밸브 나사	TV	TV8
자동차용 타이어 밸브 나사	CTV	CTV8tks 30

(4) 나사의 호칭

① 미터가는나사 : 나사의 종류×수나사의 직경×피치 예 M 10×1.5

② 유나파이 나사 : 수나사의 직경×산의 수×나사의 종류 예 1/2 - 16 UNC

(5) 나사의 표시방법

① 나사산의 감긴 방향 : 왼나사만 "왼, 좌, L"로 표시

② 나사산의 줄 수 : 2줄 또는 3줄로 표시

③ 나사의 길이

  ㉠ 일반나사 : 머리부분을 제외한 길이

  ㉡ 접시머리 나사 : 머리부분을 포함한 전체 길이

④ 나사의 표면 정도 표시 및 리드 표시

⑤ 유효 나사부 길이 및 드릴직경, 깊이표시

⑥ 나사의 제도

  ㉠ 수나사의 외경, 암나사의 내경은 굵은 실선으로 그린다.

  ㉡ 수나사·암나사의 골지름은 가는 실선, 불완전 나사부의 경계선은 굵은 실선으로 그린다.

  ㉢ 암나사의 드릴구멍 끝부분은 120°가 되도록 굵은 실선으로 그린다.

  ㉣ 수나사와 암나사가 결합된 상태일 경우에는 수나사를 기준으로 그린다.

  ㉤ 단면으로 표시하고자 할 경우 수나사는 산 끝까지, 암나사는 나사의 내경까지 해칭한다.

  ㉥ 나사의 측면을 도시하고자 할 경우 골지름은 가는 실선으로 3/4의 원을 그린다.

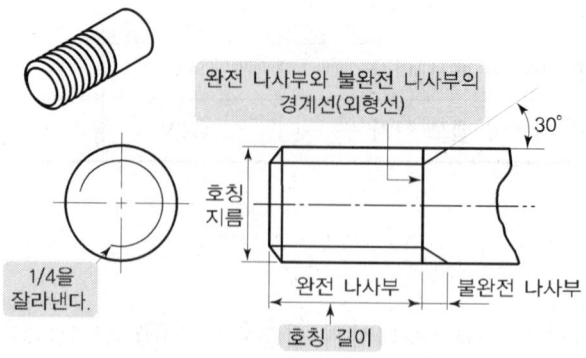

[수나사의 제도 방법]

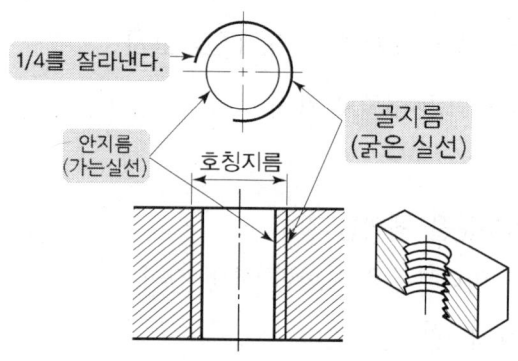

[암나사가 관통했을 때의 제도]

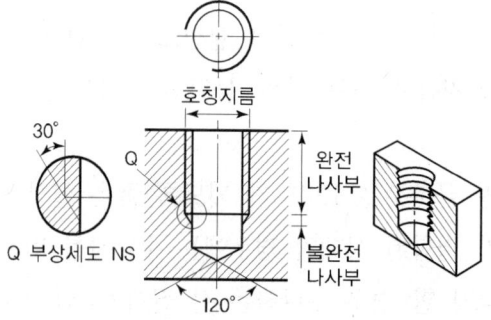

[암나사가 관통되지 않았을 때의 제도]

키(Key)

동력을 전달하는 축에 벨트풀리, 기어 등을 결합하여 회전운동시키는 요소로, 1/100의 구배를 준다.

(1) 키의 종류

① 묻힘 키(Sunk Key) : 축과 보스 양쪽에 홈을 파고 고정하는 키로 평행키, 경사키, 머리붙이 경사키가 있다.

② 반달 키(Woodruff Key) : 반원 모양으로 축과 보스를 결합할 때 자동적으로 위치를 조정하는 키로 홈가공이 용이하고 작은 직경의 축과 경하중축에 사용된다.

③ 새들 키(Saddle Key) : 보스에만 키 홈을 파서 장소에 구애없이 마찰력으로 고정하는 키

④ 플랫 키(Flat Key) : 보스에 키 홈을 파고 축에는 키의 폭만큼 평편하게 깎아 고정하는 것으로 경하중 및 축직경이 작을 때 사용된다.

⑤ 페더키(Feather Key) : 기어 또는 벨트차가 축 방향으로 이동 가능할 때 사용하는 키로, 축에 작은 나사로 키를 고정한다.

⑥ 접선 키(Tangential Key) : 고정력이 가장 큰 키로 구배가 있는 2개의 키를 양쪽에서 고정하는 방법으로 큰 동력을 전달하는 데 사용된다.

⑦ 스플라인 축(Spline Shaft) : 여러 개의 키를 만들어 붙인 형상의 축으로 큰 하중이 작용하는 곳에 사용된다.

(2) 키 홈 치수 기입법

키 홈은 국부 투상도를 사용하여 도시한다.

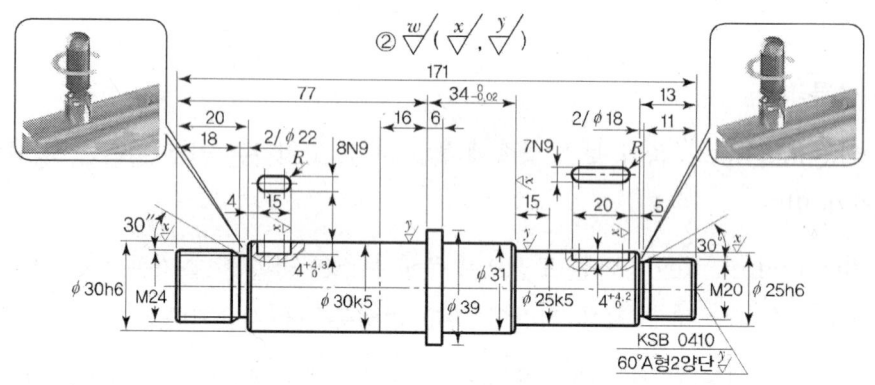

[엔드밀과 커터 공구를 사용한 묻힘키의 가공방법]

(a) 세이퍼 기계   (b) 슬로터 기계

(3) 키의 호칭법

종류, 폭×높이×길이, 재질   예) 평행키 25×14×80 SM20C

🔖 핀(Pin)

핸들을 축에 고정하거나 치공구에서 부품의 결합 또는 너트의 풀림을 방지할 때 사용

(1) 종류

① 평행핀 : 직경이 일정한 핀

② 테이퍼 핀 : 1/50의 테이퍼를 준다.

③ 분할핀 : 너트의 풀림 방지용으로 사용한다.

(2) 핀의 호칭법

종류, 직경×길이(분할핀은 핀 구멍의 직경으로 표시) 예) 평행핀 ϕ10m6×25 SM40C

① 평행핀의 호칭법

| 규격번호 또는 명칭 | 종류(끼워맞춤 기호) | 형식 | 호칭지름 × 길이 | 재료 |

예) 평행핀 h 7 B 8 × 50 STS 303 B

▸ 형식은 끝면의 모양이 납작한 것은 A, 둥근 것은 B로 한다.

② 테이퍼핀의 호칭법

| 규격번호 또는 명칭 | 등급 | 호칭지름 × 길이 | 재료 |

예) KS B 1322 2 × 20 SM 25C-Q

③ 분할핀의 호칭법

| 규격번호 또는 명칭 | 호칭지름 × 길이 | 재료 | 지정사항 |

베어링(Bearing)

(1) 베어링의 사용목적과 종류

회전하는 축의 마찰운동을 원활하게 하기 위하여 사용한다.

[베어링의 종류]

[베어링의 종류별 기호]

니들 롤러 베어링		앵귤러 롤러 베어링	자동 조심 롤러 베어링	평면자리형 스러스트 볼 베어링		스러스트 자동 조심 롤러베어링
NA	RNA			NA	RNA	
吕	⊟	◇	▱	┆	┆┆	◇

구름 베어링	깊은 홈 볼 베어링	앵귤러 볼 베어링	자동 조심 볼 베어링	원통 롤러 베어링				
				NJ	NU	NF	N	NN
+	○	○	○○	吕	吕	吕	吕	品

(2) 베어링 호칭번호의 구성 및 배열

① 베어링 계열기호 : 베어링 형식 및 치수계열

② 안지름 번호 : 안지름 번호가 04 이상인 것은 5배를 하여 안지름을 구한다.

③ 접촉각 기호 : 베어링 내·외륜의 접촉점을 연결하는 직선이 반지름 방향과 이루는 각도

④ 보조기호 : 형식 및 주요 치수 이외의 베어링 규격

예 6205 ZZ   62 : 단열 볼 베어링

05 : 베어링 안지름 25mm(5×5=25mm)   ZZ : 보조기호로 양쪽 실드형

스프링(Spring)

(1) 종류

① 코일 스프링 : 인장, 압축

② 겹판 스프링

③ 원뿔 스프링

④ 볼류트 스프링

(2) 스프링 제도

① 일반적인 스프링 제도는 하중이 가해지지 않은 상태에서 그리며, 겹판 스프링은 스프링 판이 수평한 상태에서 그리는 것을 원칙으로 한다. 하중이 가해진 상태에서 그려서 치수를 기입할 때는 하중을 명기한다.

② 하중과 높이(혹은 길이) 또는 휨과의 관계를 표시할 필요가 있을 때에는 선도 또는 표로 나타낸다. 이 선도는 사용상 지장이 없는 한 직선으로 표시한다. 선도로 표시할 경우 하중과 높이(혹은 길이) 또는 휨을 나타내는 좌표축과 그 관계를 표시하는 선은 스프링을 표시하는 선과 같은 굵기의 선으로 그린다.

③ 도면에서 특별히 지시가 없는 스프링은 모두 오른쪽으로 감긴 것으로 표시하며, 왼쪽으로 감긴 경우에는 "감긴 방향 왼쪽"이라고 기입한다.

④ 도면에 기입하기 복잡한 것은 일괄하여 요목표에 기입한다.

⑤ 양 끝을 제외한 동일 모양 부분을 일부 생략하는 경우에는 생략한 부분을 가는 1점 쇄선으로 표시한다. 그러나 가는 2점 쇄선으로 표시하여도 좋다.

⑥ 스프링의 종류, 모양만을 도시할 경우에는 스프링 재료의 중심선을 굵은 실선으로 그린다. 단, 겹판 스프링에서는 스프링의 외형을 실선으로 그린다. 또 조립도, 설명도 등에서는 코일 스프링을 그 단면만 표시해도 좋다.

(3) 스프링 제도의 간략도

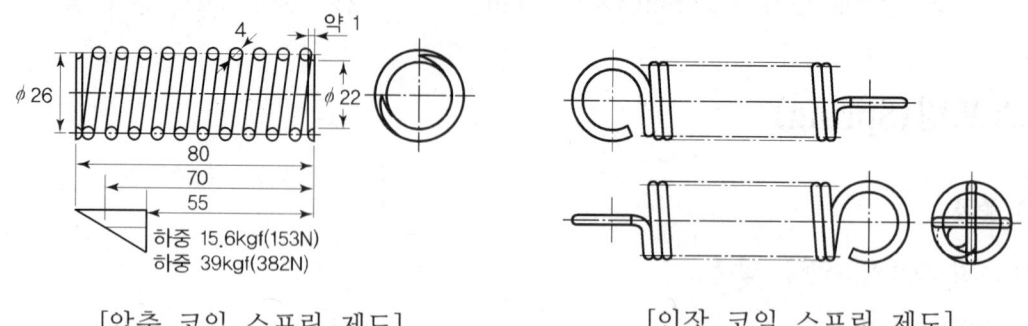

[압축 코일 스프링 제도]   [인장 코일 스프링 제도]

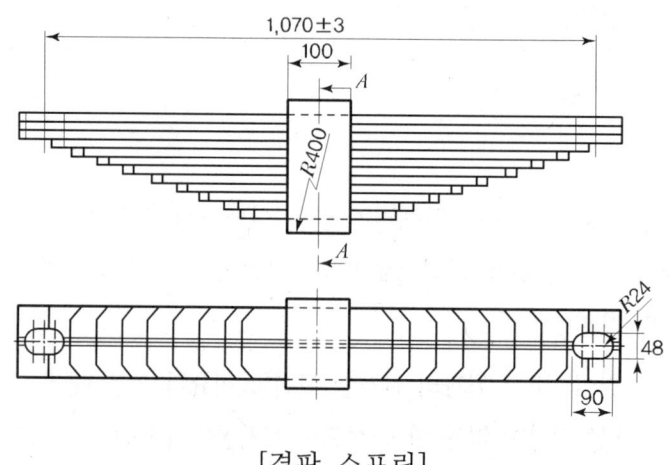

[겹판 스프링]

벨트와 체인

축 간 거리가 먼 두 개의 축에 동력을 전달할 때는 벨트와 체인 및 로프를 사용한다.

(1) 벨트(Belt)

축 간 거리가 먼 두 개의 축에 동력을 전달하고자 할 때 사용되며, 평 벨트와 V형 벨트가 있으며 평 벨트는 단면이 직사각형 형태(b×h)로 되어 있고 V형 벨트는 단면이 사다리꼴의 형태로 각도는 40°±10′로, 일체형으로 되어 있다.

※ M형은 풀리의 홈이 1개일 때 사용

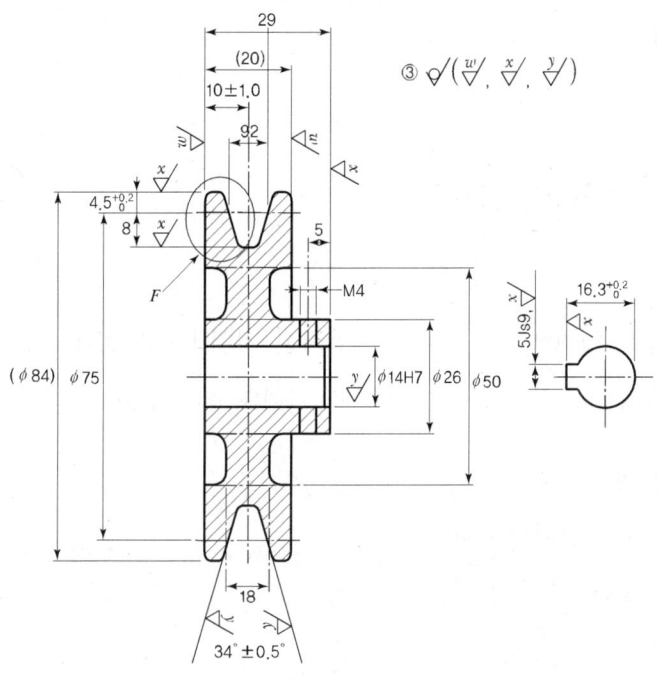

[V형 벨트]

(2) 체인

체인동력전달 장치는 벨트에 비해 미끄럼이 적은 기기에 사용한다.

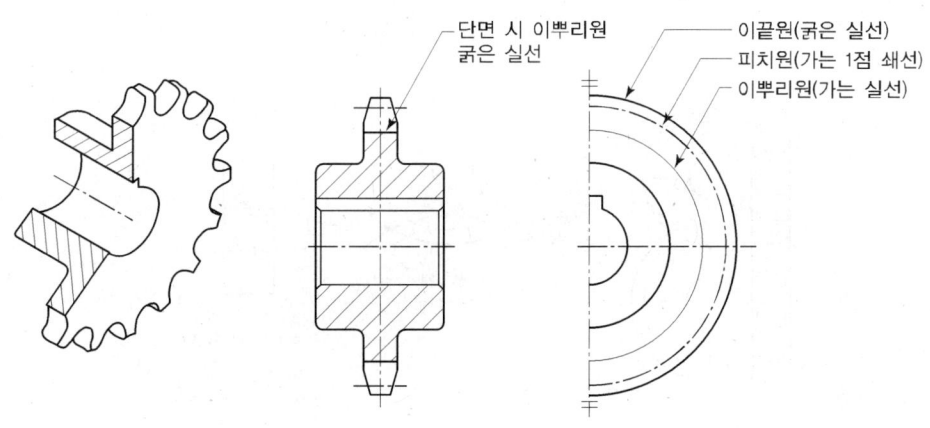

[스프로킷 휠 각부 명칭]

기어(Gear)

(1) 평행축 기어

두 축이 평행할 때 사용하는 기어

1) 종류

① 평치차(Super Gear)　　② 헬리컬 기어(Healical Gear)
③ 내접치차(Internal Gear)　④ 랙 기어(Rack Gear)

2) 기어 각부의 명칭

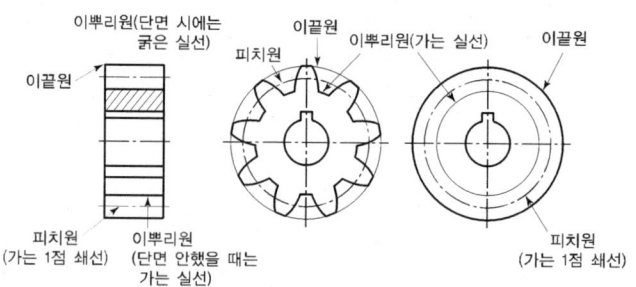

(a) 정면도　　　　(b) 측면도

[평치차 각부 명칭]

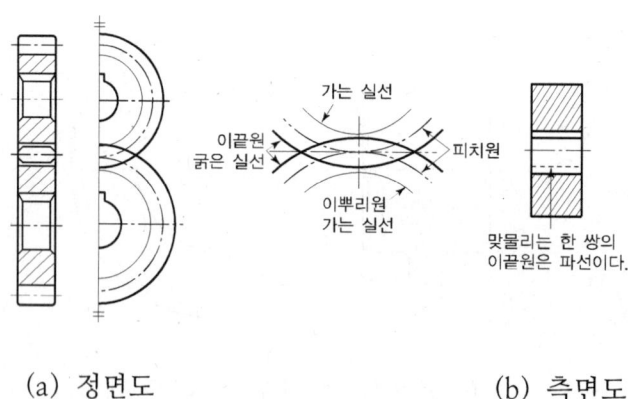

(a) 정면도　　　　(b) 측면도

[결합된 평치차 각 부 명칭]

① 피치원 : 축에 수직인 평면과 피치면이 교차하는 면
② 원주피치 : 피치원 상에서 하나의 치형면에 대응하는 상대 치형 간 원호의 길이
③ 이두께 : 피치원 상의 치형의 폭
④ 이끝원 : 이의 끝을 통과하는 원(기어의 외경)
⑤ 이뿌리원 : 이뿌리를 통과하는 원
⑥ 이끝높이 : 피치원에서 이끝까지의 수직거리
⑦ 이뿌리 높이 : 피치원에서 이뿌리원까지의 수직거리
⑧ 유효높이 : 한 쌍의 기어에서 물리고 있는 이높이 부분의 길이
⑨ 총 이높이 : 이의 전체 높이
⑩ 클리어런스 : 이뿌리원에서 상대기어의 이끝원까지의 거리
⑪ 뒤 틈 : 한 쌍의 기어가 물렸을 때 치형면 간의 간격
⑫ 이 폭 : 이의 축 단면의 길이

✔ 기어 제도 시 주의사항

- 요목표에는 기어 치형, 공구의 치형, 모듈, 압력각, 기어 잇수, 피치원 지름 등을 반드시 기입한다.
- 열처리에 관한 사항은 필요에 따라서 요목표의 비고란 또는 도면 속에 적당히 기입한다.
- 기어의 측면도에서 이끝원은 굵은 실선, 피치원은 가는 1점 쇄선, 이뿌리원은 가는 실선으로 그린다. 다만, 정면도를 단면으로 표시할 경우에는 이뿌리원은 굵은 실선으로 그린다. 특히, 베벨기어 및 웜 기어의 측면도에서는 이뿌리원은 생략한다.
- 헬리컬 치차의 잇줄 방향은 3개의 가는 실선으로 그리되, 스파이럴 베벨기어 및 하이포이드 기어에서는 1개의 굵은 실선으로 그린다.
- 맞물리는 한 쌍의 기어에서 측면도의 이끝원은 굵은 실선으로 그리고, 정면도를 단면했을 때는 한 쪽 기어의 이끝원을 파선(숨은선)으로 그린다.

3) 기어의 크기

① 원주피치($C \cdot P$) : $C \cdot P = \dfrac{\pi \times \text{피치원 직경}}{\text{잇수}} = \dfrac{\pi d}{z}$

② 모듈(m) : $m = \dfrac{\text{피치원직경}}{\text{잇수}} = \dfrac{d}{z}$

③ 피치원 직경($D \cdot P$) : $D \cdot P = \dfrac{\text{잇수}}{\text{피치원직경}} = \dfrac{z}{d('')} = \dfrac{25.4z}{d(\text{mm})}$

※ 모듈과 원주피치 및 피치원 직경과의 관계

$$m = \dfrac{C \cdot P}{\pi},\ D \cdot P = \dfrac{25.4}{m}$$

4) 치형

치형의 종류에는 인볼류트 치형과 사이크로이드 치형이 있으나 인볼류트 치형을 가장 많이 사용한다.

※ 표준치형의 압력각 : 14.5°, 15°, 20°

5) 평 치차(Super Gear)

평행한 두 축 사이에 회전운동을 전달할 때 사용되며 이끝은 직선이다.

① 외접기어 : 원통의 바깥쪽에 이를 만든 것으로 두 축의 회전방향이 서로 반대이다.

② 내접기어 : 원통의 안쪽에 이를 만든 것으로 두 축의 회전방향이 서로 같다.

③ 래크기어 : 피치원이 무한대로 된 직선형 이의 기어로 회전운동을 직선운동으로 변환시키는 데 사용

④ 피니언 기어 : 한 쌍의 기어에서 잇수가 적은 기어

6) 표준기어

피치원상의 이의 두께가 원주피치의 1/2이 되는 기어

7) 스퍼 기어의 제도

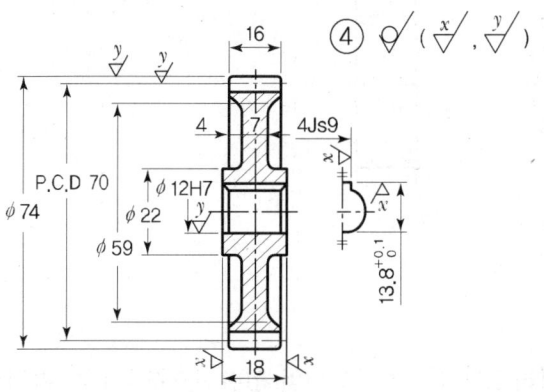

스퍼 기어 요목표	
품번	4
기어치형	표준
치형	보통이
모듈	2
입력각	20°
잇수	35
피치원지름	$\phi70$
전체 이높이	4.5
다듬질방법	호브절삭
정밀도	KS B 1405.5급

치수 및 요목표 기입 내용

㉠ 기어치형 : 기어의 모양을 기입(표준기어 등)

㉡ 공구 : 치형, 모듈, 압력각을 기입

㉢ 잇수

㉣ 기준피치원 지름

㉤ 이 두께

8) 헬리컬 기어

기어의 이를 나선형으로 만들어 고속 중하중의 전동용으로 큰 감속을 얻을 때 사용한다.

① 치형의 크기

㉠ 축직각 방식 : 축의 직각방향에서 측정한 이의 크기로, 축직각 원주피치와 축직각 모듈로 이의 크기를 표시한다.

㉡ 치직각 방식 : 이의 직각 방향에서 측정한 이의 크기로, 치직각 원주피치와 축직각 모듈로 이의 크기를 표시한다.

기계일반 105

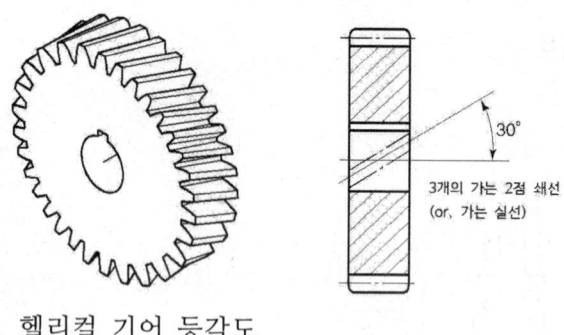

헬리컬 기어 등각도

(2) 베벨기어(Bevel Gear)

서로 교차하는 두 축 사이의 동력을 전달하고자 할 때 사용되며 일반적으로 90°가 많이 사용된다.

✔ 베벨기어 각부의 명칭

① 피치원 직경, 피치, 이높이 등 이부의 치수는 외단에서 측정한 최대치로 표시한다.

② 피치 원추각 : 피치 원추의 모선과 축이 이루는 각

③ 이끝 원추각 : 이끝 원추의 모선과 축이 이루는 각

④ 이뿌리 원추각 : 이끝 원추의 모선과 축이 이루는 각

⑤ 이끝각 : 이끝 원추의 모선과 피치 원추의 모선이 이루는 각

⑥ 이 뿌리각 : 이뿌리 원추의 모선과 피치 원추의 모선이 이루는 각

⑦ 원추거리 : 피치 원추의 모선을 따라 꼭지각까지의 거리

(3) 두 축이 평행하지도 교차하지도 않는 경우의 기어

1) 하이포이드 기어

스파이럴 베벨기어와 유사한 기어로서 자동차에 많이 사용된다.

2) 나사기어

이를 나선형으로 만든 기어

3) 웜(Worm) 기어

나사 형상을 한 기어에 물리는 상대기어 웜 휠(Worm Wheel)의 조합으로 운전이 원활하고 감속비가 커서 감속 장치에 사용된다.

- **웜 기어의 제도**

  요목표에 치직각식과 축직각식을 구별하여 기입하고 웜 및 웜 휠의 줄 수 및 방향을 기입한다.

🔩 리벳

(1) 리벳의 호칭방법

리벳의 호칭은 | 리벳의 종류 | 지름 | × | 길이 | 재료 | 로 나타낸다.

 예) 열간 둥근 머리 리벳 25×36 SBV34

　　보일러용 둥근 머리 리벳 20×40 SBV 41 B

(2) 리벳 이음의 제도

① 리벳을 나타낼 때에는 기호로 표시한다.

[리벳의 기호]

구분		둥근 머리 리벳	접시머리 리벳				납작머리 리벳			둥근 접시머리 리벳		
종별		▼	▼	▼	▼	▼	▼	▼	▼	▼	▼	▼
기호 화살표 방향에서 봄	공장 리벳	○	◎	◉	⊘	⊚	⊘	⊘	○	⊘	⊗	⊚	⊗
	현장 리벳	●	⦿	⦿	⦿	⦿	⦿	⦿	⦿	⦿	⦿	⦿	⦿

② 같은 피치로 연속되는 같은 크기의 리벳구 멍 표시는 구멍 개수, 구멍 크기, 피치, 처음 구멍과 마지막 구멍 사이의 총 길이를 기입한다. 처음 구멍과 마지막 구멍 간의 거리 치수는 피치의 수×피치＝전체 치수로 기입한다.

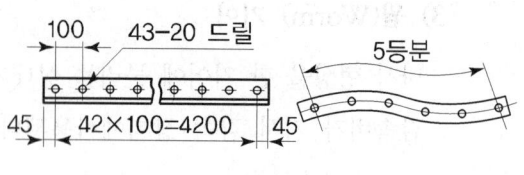

[같은 간격의 구멍 배치]

③ 리벳의 위치만을 표시할 때에는 중심선만을 그으면 된다.

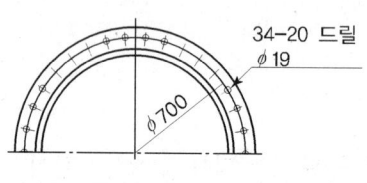

[리벳의 위치]

④ 리벳은 절단하여 표시하지 않는다.

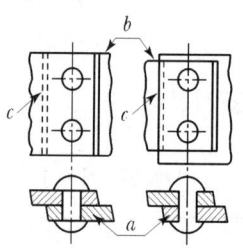

(a) 바름   (b) 틀림

[리벳 이음의 단면]

🔎 용접

(1) 용접의 장단점

리벳 이음과 비교했을 때 용접 이음의 장단점은 다음과 같다.

① 설계가 자유롭고, 무게를 가볍게 할 수 있다.

② 작업공정 수를 줄일 수 있다.

③ 작업이 능률적이어서 제작속도가 빠르다.

④ 이음효율이 높다.

⑤ 잔류응력이나 수축 변형을 수반한다.

⑥ 고도의 기술력을 필요로 한다.

(2) 용접 기호

1) 모재 이음의 형식에 따른 종류

용접할 재료의 이음 형식에 따라 I형, V형, U형, J형, K형, ∨형 등과 같은 여러 종류가 있다.

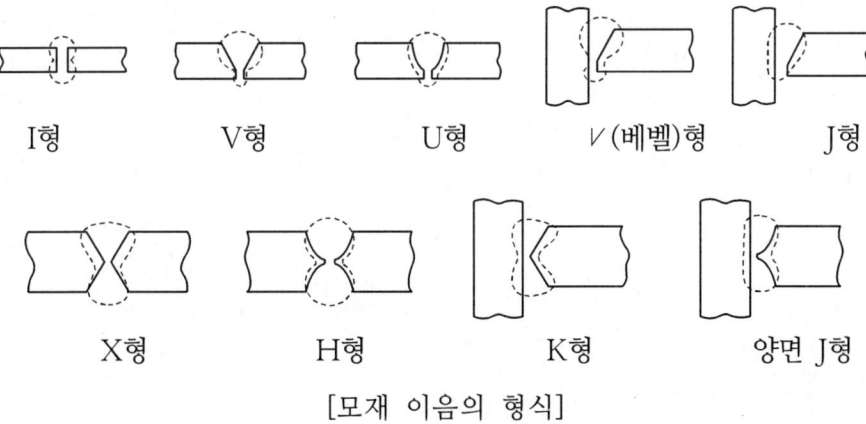

[모재 이음의 형식]

[용접기호 및 기입보기(KS B 0052)]

용접부		실제 모양	도면표시
I형 홈 용접	루트 간격 2mm		
V형 홈 용접	판의 두께 9mm 홈의 깊이 16mm 홈의 각도 60° 루트 간격 2mm		

X형 홈 용접	홈의 깊이
	  화살 쪽 16mm
	  화살 반대쪽 9mm
	홈의 각도
	  화살 쪽 60°
	  화살 반대쪽 90°
	루트 간격 3mm		

[용접기호 및 보조기호]

아크용접과 가스용접					보조기호			
용접의 종류		기호	용접의 종류	기호	구분		기호	비고
버트용접 및 그루브	I형	∥	필릿용접	연속	△	용접부의 표면모양	평탄	—	기선에 대하여 평행
	V형	V		단속	△		볼록	⌒	기선의 바깥쪽을 향하여 볼록
	X형	✳		연속(병렬)			오목	⌣	기선의 바깥쪽을 향하여 오목
	U형	∪		단속(병렬)		용접부의 다듬질 방법	치핑 연삭 절삭	C G M	다듬질 방법을 특히 구별하지 않을 때는 F로 한다.
	H형	⋊⋉							
	∨(베벨)형	V		단속(지그재그)					
	K형	⊱							
	J형	⌒	플러그 용접	⊓	현장 용접		▶	
			비드 용접	⌒	전둘레 용접		○	전 둘레 용접이 분명할 때는 생략하여도 좋다.
	양면 J형	⊱	덧살올림 용접	⌒⌒	전둘레 현장 용접		▶○	
			스폿용접 심용접	⊖				

Section 06   CAD/CAM 시스템과 CNC공작기계

◢ NC의 구성

(1) NC의 구성

1) NC시스템

NC시스템은 크게 하드웨어(Hardware) 부분과 소프트웨어(Software) 부분으로 구성되어 있다. 하드웨어 부분은 공작기계 본체와 제어장치, 주변장치 등의 구성부품을 말하며 일반적으로 본체 서보(Servo)기구, 검출기구, 제어용 컴퓨터, 인터페이스(Interface)회로 등이 해당된다.

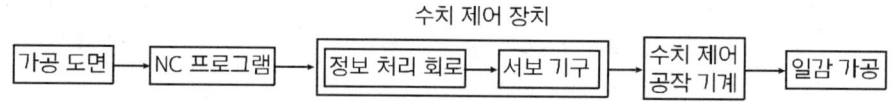

[NC 공작기계의 정보 처리 과정]

CNC에서는 각 작업물의 지시어를 담은 모든 프로그램이 컴퓨터 기억장치에 저장되어 일괄적으로 시행된다. 그러므로 일반적인 의미에서 CNC는 NC보다 많은 프로그램 저장 능력을 가지며 입력매체로서 NC에서 사용되는 천공 테이프에 반하여 디스켓 등의 저장 매체를 사용한다. 또한 CNC는 프로그래밍의 오류를 현장에서 확인 수정할 수 있으며 기능상의 오류나 고장의 가능성이 탐지된 경우에는 제어장치의 CRT모니터에 보여주는 메시지를 통하여 확인 할 수 있다.

2) CNC

CNC(Computerized Numerical Control)는 컴퓨터를 내장한 NC를 말한다.

3) DNC

DNC(Direct Numerical Control)란 여러 대의 CNC공작기계를 한 대의 컴퓨터로 연결하여 전체 시스템의 생산성 향상을 위한 NC이다. 따라서 DNC는 NC공작기계의 작업성 및 생산성을 향상시킴과 동시에 이것을 NC공작기계 군으로 시스템화하여 그 운용을 제어 및 관리하는 시스템으로 군관리 시스템이라고도 한다.

4) FMS

FMS(Flexible Manufacturing System)는 CNC 공작기계를 비롯 모든 시설을 총괄하여 중앙의 컴퓨터로 제어하면서 공장 전체 시스템을 무인화하여 생산관리의 효율을 최대로 하여 다품종 소량생산을 가능케 한 유연성 있는 생산 시스템이다.

(2) 서보기구

1) 서보기구의 구성

서보기구란 인체에서 손과 발에 해당하는 것으로 머리에 비유하는 정보처리회로(CPU) 부터 보내진 명령에 의하여 공작기계의 테이블 등을 움직이게 하는 기구를 말한다.

2) 서보의 종류

서보기구의 종류에는 개방회로방식, 반폐쇄회로방식, 폐쇄회로방식, 하이브리드서보방식이 있다.

① 개방회로(Open-Loop) 방식

㉠ 피드백이 없으므로 시스템의 정밀도 모터의 성능에 좌우한다.
㉡ 제어반의 작동은 그것이 생산되는 신호의 결과에 대한 경보를 가지지 않는다.
㉢ 디지털 형이다.
㉣ 이송을 위해 스테핑 모터(Stepping Motor)를 사용한다.
㉤ 정밀도가 낮아서 NC에는 거의 사용하지 않는다.

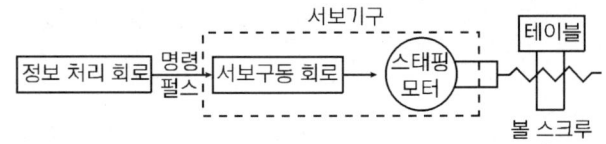

[개방회로 방식]

② 반폐쇄회로방식

서보모터에서 속도검출과 위치 검출을 행하기 때문에 정밀도는 폐쇄회로방식보다 떨어지나 고정도의 볼 스크루(Ball Screw) 등에 의해 정밀도 문제가 거의 해결되므로 가장 널리 사용하고 있다.

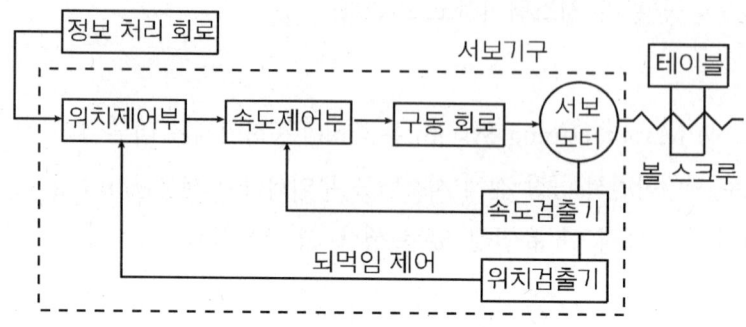

[반폐쇄회로방식]

③ 폐쇄회로방식

검출기를 기계 테이블에 직접 부착하여 되먹임제어(Feedback Control)를 행하는 고정 밀도 방식이다.

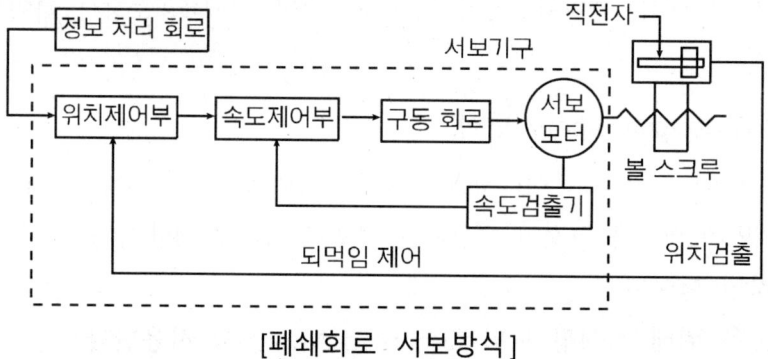

[폐쇄회로 서보방식]

④ 하이브리드방식

리졸버(Resolver)에 의한 반 폐쇄회로와 검출스케일에 의한 폐쇄회로를 합한 것으로 이 방식은 조건에 좋지 않은 기계에서 고정밀도를 필요로 할 때 사용한다. 리졸버(Resolver) : NC기계의 움직임을 전기적인 신호로 표시하는 회전 피드백 장치

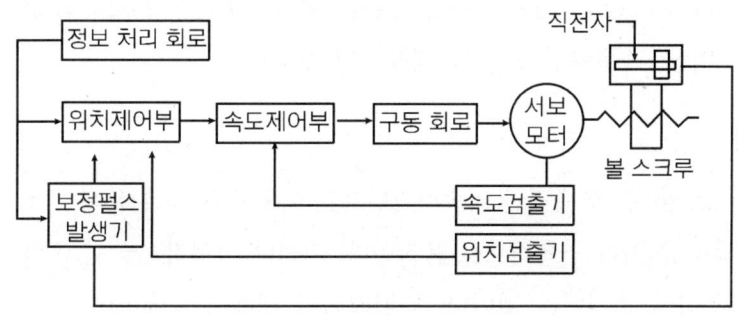

[하이브리드 서보방식]

3) DC 서보모터

NC에 사용되는 DC 서보모터는 공작기계의 제어를 위하여 특별한 토크(torque), 속도 특성을 가지고 있어야 한다.

① 큰 출력을 낼 수 있어야 한다.
② 가감속이 가능하며 응답성이 우수하여야 한다.
③ 규정된 속도 범위에서 안전한 속도제어가 이루어져야 한다.
④ 연속 운전으로는 빈번한 가감속이 가능해야 한다.
⑤ 신뢰도가 높아야 한다.
⑥ 진동이 적고 소형 이며 견고하여야 한다.
⑦ 온도상승이 적고 내열성이 좋아야 한다.

(3) NC의 제어방법

NC 제어방식에는 위치결정(PTP)제어와 윤곽(Contour)제어가 있다.

1) 위치결정제어

위치결정(Point to Point) 제어는 가장 간단한 제어방식으로 공구의 위치만을 제어하는 방법이다. 드릴링 머신, 스폿용접기 등이 대표적인 예이다.

2) 윤곽제어

윤곽(Contour)제어는 연속적인 이송시스템으로 이동 축(x, y축)들이 각기 다른 속도로 움직일 수 있도록 윤곽을 따라 연속적으로 움직인다. 그러나 실제적으로 x, y 방향으로의 직선운동으로 보간을 통하여 움직이는 것이다. 밀링작업이 대표적인 예이다.

CNC 공작기계

(1) 프로그래밍의 기초

1) 좌표축과 운동기호

NC의 좌표축과 운동기호는 다음과 같이 기본적인 개념을 정해 놓고 있다.

① 가공작업의 프로그래밍과 표전좌표계(오른손 직교좌표계)를 사용한다. 표준좌표계는 공작물에 대하여 공구가 움직이는 것을 기준으로하여 그림 표준 좌표계와 같이 좌표축 X, Y, Z를 사용하고 이를 축에 평행한 이동치수를 X, Y, 7로 표시하여 좌표축 주위의 회전운동은 각축에 대해 A, B, C를 사용한다.

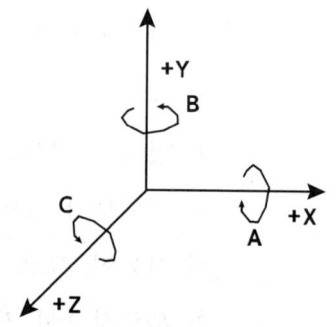

[표준 좌표계]

② 가공물은 고정되어 있고 공구가 절삭하는 것으로 생각하여 프로그래밍한다. 일반적으로 주축방향을 Z축으로 하고 이것을 기준으로 하여 X, Y축을 잡는다.

(2) CNC 공작기계의 개요

1) CNC 공작기계의 개요

CNC(Computer Numerical Control) 공작기계는 작업자가 가공할 도면을 파악한 후 도면대로 제품을 가공하기 위하여 공구의 위치를 수치와 기호로서 구성된 정보를 해당 공작 기계에 입력하면 자동으로 가공되는 기계를 말한다. CNC공작기계의 주요구성은 (제어부, 서보부, 작동부, 기계부)로 구성되었으며, 그 구성 도는 그림과 같다.

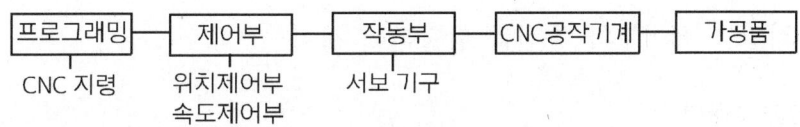

[CNC 공작기계 구성]

① 제어부

제어부에서는 CNC 공작기계 작동을 총괄하며 데이터의 입출력과 공구위치와 이송 및 공구장, 경보정의 연산과 기계 입출력과 인터페이스를 수행하며 아래와 같은 기능을 한다.

㉠ 중앙처리장치(CPU)　　　㉡ 기억장치
㉢ 정보교환　　　　　　　　㉣ 이송 모터 위치 및 속도제어
㉤ 주축속도제어

② 서보부(Servo Unit)

CNC공작기계에서는 기계의 위치를 제어하는 데 Servo Motor를 이용한다. 위치검출기의 부착위치에 따라 구분한다.

㉠ Open Loop System　　　　㉡ Semi Closed Loop System
㉢ Closed Loop System　　　　㉣ Hybrid Servo System

위의 네 가지 방식 중 개방회로 시스템은 작은 동력으로 정밀도가 낮은 제품 생산에 사용되며, CNC 공작기계에서는 반폐쇄회로 시스템을 가장 많이 적용하고 있으며, 정밀도는 하이브리드 시스템이 가장 좋다.

③ 작동부 (Actuator)

작동부는 기계부라고도 하며 주축대, 이송장치, 고정장치, 공구대(ATC), 조작반으로 구성되어 있다.

㉠ 주축대 : 절삭운동을 담당하는 장치

㉡ 이송장치 : 공작물의 이송을 담당하는 장치

㉢ 고정장치 : 공작물을 장착하는 장치

㉣ 공구대 (ATC) : 공구의 장착을 담당하는 장치 (Automatic Tool Change)

㉤ 조작반 : 제어부와 통신을 담당하는 장치

(2) CNC 프로그래밍

CNC 가공프로그램에는 공구의 위치를 따라서 작업자가 그 공작기계 제어부에 맞게 작성하는 수동프로그램과 머시닝센터 등에서 가공되는 복잡한 2차원 윤곽형상 또는 3차원 형상가공 시 공구의 위치를 컴퓨터가 생성하여 해당 공작기계 제어부에 맞게 자동으로 가공프로그램을 완성하는 자동프로그램이 있다.

① 수동 프로그래밍

CNC공작기계에서 제품형상이 간단한 제품의 경우 자동 프로그래밍으로 작성하면 오히려 프로그래밍이 길어지며 경쟁력이 떨어지므로 수동 프로그래밍으로 작성하는 것이 유리하다.

② 자동 프로그래밍

자동 프로그래밍은 작업자가 복잡한 2차원형상 또는 3차원 형상을 자동 프로그램 장치 (CAM S/W)를 이용하여 이를 해당 공작기계의 제어형식에 맞게 NC Data를 작성하는 것을 말한다.

(3) CNC 선반

1) 구조

CNC 선반은 일반적으로 많이 사용되는 NC 공작기계 중의 하나다. CNC 기계는 각 제작회사마다 그 모양이나 구조가 약간씩 다른 특성을 갖고 있지만 CNC 선반의 기본구조는 구동모터, 주축대, 유압척, 공구대, 심압대, 감전제어반, 조작반, X · Z축 서보기구 등으로 나눌 수 있으며 위치검출장치로서는 증분식 엔코더가 많이 사용된다. 또한 CNC 선반의 크기는 베드 상의 스윙으로 표시하며 칩배출을 용이하게 하기 위해 베드는 경사져 있다.

- 절대식 엔코더 (Absolute Encoder) : CNC 기계에 전원을 차단 후 다시 공급하여도 기계 좌표치를 유지하는 엔코더이다.
- 증분식 엔코더(Incremental Encoder) : CNC 기계에 전원을 차단 후 다시 공급하면 기계좌표치를 잃어버려 매번 기계원점 복귀가 필요한 인코더이다.

① 구동모터

NC 선반에서는 회전 후가 증가함에 따라 출력이 증가하는 토크일정영역(전압 제어 법)과 일정한 회전수 이상에서는 회전수가 변하여도 출력이 일정한 회전수 일정영역(계자 제어법)이 있는 직류(DC)모터로 사용한다.

② 주축대

전동기의 회전을 풀리를 이용해 주축대 내의 변속장치로 전달시켜 소정의 회전수로 주축 스핀들을 회전시킨다. 주축의 전면은 척이 부착되고, 공작물은 척에 고정된다. 또 주축의 후단에는 척장치가 부착되어 있어, 유압구동에 의해 척의 조(JAW)를 자동개폐시킬 수 있다.

③ 공구대

공구위 장착 회전분할을 하는 부분으로 X축 서보모터에 의해서 주축 직각방향의 위치결정, 절삭운동을 한다. 공구대는 여러 개의 공구를 한번에 설치하여 가공에 필요한 공구를 자동으로 교환하면서 사용할 수 있으며 공구교환에 있어서도 근접 회전방향을 채택하여 가공시간을 크게 단축할 수 있다.

④ 심압대

절삭저항이 많이 걸리는 저속강력절삭 시나 길이가 긴 공작물의 떨림 방지에 사용한다. 동력원에 따라 유압식과 수동식으로 구분한다.

2) 프로그램

① 주요 어드레스

CNC선반의 프로그램 작성에 사용되는 어드레스는 다음 표와 같고 X, 고는 절대좌표 값 지령에 사용하고 U, 류는 증분좌표값 지령에 사용한다. 또 X, U는 일반적으로 지름지령으로 프로그램한다.

[어드레스의 의미]

기능	ADDRESS	의미
PROGRAM 번호	O	PROGRAM NUMBER
BLOCK 전개번호	N	SEQUENCE NUMBER
준비기능	G	동작의 Mode를 지정
좌표어	X, Y, Z	각 축의 이동 좌표치
	R	원호의 반경
공구기능	T	공구번호지정
보조기능	M	기계축의 ON/OFF 제어
OFFSET 번호	H	OFFSET 번호(공구장 보정)
	H, D	OFFSET 번호(공구경 보정)
DWELL	P, u, X	휴지(일시정지) 시간
PROGRAM 번호지령	P	SUB PROGRAM 호출번
반복횟수	P	SUB PROGRAM 반복횟수
매개변수	P, Q	고정CYCLE의 PARAMETER

② 주요 준비기능

CNC 선반의 G-code의 주요 준비기능은 다음과 같다. G코드에는 지정된 명령 절에서만 유효한 One Shot G코드(00 그룹)와 동일 그룹 내의 다른 G코드가 나올 때까지 유효한 Modal G코드(00 그룹 이외의 그룹)가 있으며, 동일 명령 절 내에서 다른 그룹의 G코드는 2개 이상 명령이 가능하지만 같은 그룹의 G코드를 2개 이상 명령할 경우 나중에 명령한 G코드가 유효하다.

G Code		Group	의미
G00	*		위치결정(비절삭 급속이송)
G01	*	01	직선 절삭이송
G02			원호 절삭이송(시계방향)

G03			원호 절삭이송(반시계방향)
G04		00	Dwell(일시정지)
G10			데이터 설정
G20		06	inch 입력
G21			mm 입력
G22	*		Stored Stroke Check 기능 ON
G23			Stored Stroke Check 기능 OFF
G27			원점복귀 Check
G28		00	자동원점 복귀
G29			원점으로부터의 복귀
G30			제2원점 복귀
G31			Skip 기능
G32		01	나사 절삭 기능
G40			공구 인선 반지름 보정 취소
G41		07	공구 인선 반지름 보정 좌측
G42			공구 인선 반지름 보정 우측
G50			공작물 좌표계 설정, 주축 최고 회전수 설정
G70			정삭 사이클
G71			내·외경 황삭 사이클
G72		00	단면 황삭 사이클
G73			형상 반복 사이클
G74			단면 홈 가공 사이클(펙 드릴링)
G75			X방향 홈 가공 사이클
G76			나사 가공 사이클
G90			내·외경 절삭 사이클
G92		01	나사 절삭 사이클
G94			단면 절삭 사이클
G96		02	원주 속도 일정 제어
G97			원주 속도 일정 제어 취소, 회전수 일정
G98		05	분당 이송 지정 (mm/min)
G99			회전당 이송 지정 (mm/rev)

③ 주축기능

주축기능은 절삭속도와 밀접한 인자로 S 형식으로 지령한다. 좌표계 설정(G50)지령에서 지령된 값은 최고 주축회전수이며 단위는 (rpm)이다. 또한 절삭속도 일정제어 (G96)에서 제어값의 단위는 (mm/min)로 주어지고, 주축속도 일정제어 삭제 (G97)에서의 단위는(rpm)으로 주어진다.

④ 공구기능

공구기능에서는 장동공구교환과 공구보정이 있고 공구보정 및 취소는 절삭 개시 전·후에 하는 것을 원칙으로 한다. 이동지령과 T 기능지령을 동시에 개시한다.

T□□□□○○ : □□□□ 공구 선택번호
　　　　　　　○○　공구보정(Offset) 번호

⑤ 이송기능

(1) G98 G01 Z100, F20　1분당 20mm 이송
(2) G99 G01 Z100, F0.3　1회전당 0.3mm 이송

CNC 선반에서는 기계에 전원공급시 대부분 G99가 유효하게 설정되어 있기 때문에 지령된 이송속도의 단위는 (mm/rev)이고 G98 지령시는 (mm/min)이다.

⑥ 보조기능

주축의 시동, 정지, 프로그램의 스톱, 절삭유의 ON/OFF 등의 기계의 동작을 보조해 주는 기능이다.

코드	기능내용	코드	기능내용
M00	Program Stop	M09	절삭유 OFF
M01	Optional Program Stop	M19	주축 Orientation Stop
M02	Program End(Reset)	M30	Program End(Reset) & Rewind
M03	주축 정회전(CW)	M40	주축 기어 중립
M04	주축 역회전(CCW)	M41	주축 기어 저속
M05	주축 정지	M42	주축 기어 고속
M06	공구교환	M98	보조 프로그램 호출
M08	절삭유 ON	M99	주 프로그램 호출

3) 좌표계

CNC 기계에 사용되는 자표계는 크게 세 종류가 있으며, 공구는 이들 중의 한 좌표계에서 지정된 위치로 이동하게 된다.

① 기계 좌표계(Machine Coordinate System)

기계의 기준점으로 기계 원점이라고도 하며, 기계 제작자가 파라메타에 의해 정하는 점이며, 사용자가 임의로 변경해서는 안 된다. 이 기준점은 공구대가 항상 일정한 위치로 복귀하는 공정점이며, 일감의 프로그램 원점과 거리를 알려 줄 때에 기준이 되는 점이다.

② 공작물 좌표계(Work Coordinate System)

도면을 보고 프로그램을 작성할 때에 절대 좌표계의 기준이 되는 점으로서, 프로그램 원점 또는 공작물 원점이라고도 한다.

③ 상대 좌표계(Relative Coordinate System)

일감을 측정하거나 정확한 거리의 이동 또는 공구 보정을 할 때에 사용하며, 현 위치가 좌표계의 중심이 되고, 필요에 따라 그 위치를 0점(기준점)으로 지정(Setting)할 수 있다. 좌표계 설정공구가 일감을 가공하기 위해서는 기계의 CNC장치에 일감의 위치가 어디 있는지, 즉 기계 원점과 공작물 원점과의 거리를 CNC장치에 알려주어야 한다. 이 작업을 좌표계 설정이라 하며, CNC선반은 G50 X_ Z_로 밀링 머신이나 머시닝 센터는 G92X_ Y_ Z_로 설정한다.

실제 프로세스 시트는 도면만 보고 작성할 때가 대부분이므로 기계 원점과 공작물 원점의 거리를 알지 못 한 상태이다. 그러므로 좌표계 설정은 불가능하며, 가공 할 일감을 고정한 후 기계 원점과 공작물 원점과의 거리를 측정해 좌표값을 구한 후 설정한다. 왜냐하면, 수치 제어 공작 기계는 측정이 쉬우므로 이렇게 하는 방법이 시간이 절약되며 편리하다.

(3) 머시닝센터

1) 구조 및 준비 기능과 보조기능

머시닝센터는 범용 밀링에 제어부를 장착시킨 것으로 주요구조는 주축대, 컬럼, 테이블, 구동 모터, 조작반, 전기장치와 공구와 공작물을 자동으로 교환하는
자동공구 교환장치(ATC : Automatic Tool Changer),
공작물 자동교환장치(APC : Automatic PalletChanger)와
공구 매거진(Tool Magazine)은 머시닝 센터에서 사용할 공구를 보관하고 공급하는 장치이다.

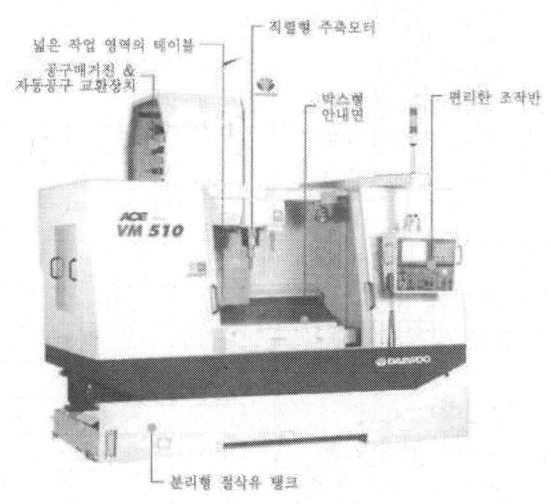

[머시닝 센터]

① 준비기능

머시닝센터 프로그램에 사용되는 준비기능은 다음의 표와 같다. 일부 기능은 CNC 선반과 동일하게 사용된다.

코드	그룹	기 능	코드	그룹	기 능
G00	01	위치결정 (급송이동)	G22	04	Stored stroke limit ON
G01		직선보간(절삭이송)	G23		Stored stroke limit OFF
G02		원호보간 CW	G27	00	원점복귀 check
G03		원호보간 CCW	G28		자동 원점에 복귀
G04	00	드웰 (dwell)	G29		원점으로부터의 복귀
G09		Exact stop	G30		제2, 제3, 제4원점에 복귀
G10		공구원점 오프셋량 설정	G31		Skip 기능
G17	02	XY 평면지점	G33	01	헬리컬 절삭
G18		ZX 평면지점	G40	07	공구지름 보정 취소
G19		YZ 평면지점	G41		공구지름 보정 좌측
G20	06	인치 입력	G42		공구지름 보정 우측
G21		메트릭 입력	G54		공작물 좌표계 1번 선택
G55	12	공작물 좌표계 2번 선택	G74		역 tapping cycle
G56		공작물 좌표계 3번 선택	G76		정밀 보링 사이클
G57		공작물 좌표계 4번 선택	G80	09	고정 사이클 취소
G58		공작물 좌표계 5번 선택	G81		Drilling cycle, stop boring
G59		공작물 좌표계 6번 선택	G82		Counter boring
G60	00	한 방향 위치 결정	G83		Peck drilling cycle
G61	13	Exact stop check mode	G84		Tapping cycle
G64		연속절삭 mode	G85		Boring cycle
G65	00	User macro 단순호출	G86		Boring cycle
G66	14	User macro modal 호출	G87		Back boring cycle
G67		User macro modal 호출 무시	G98		고정사이클 초기점 복귀
G73		Peck drilling cycle	G99		고정사이클 요점에 복귀

② 보조기능

주축의 시동, 정지, 프로그램의 스톱, 절삭유의 ON/OFF 등의 기계의 동작을 보조해 주는 기능이다.

코드	기능 내용	코드	기능 내용
M00	Program Stop	M19	주축Orientation Stop
M01	Optional Program Stop	M28	Magazine 원점복귀
M02	Program End (Reset)	M30	Program End (Reset) & Rewind
M03	주축 정회전(CW)	M48	Spindle Override Cancel OFF
M04	주축 역회전(CCW)	M49	Spindle Override Cancel ON
M05	주축 정지	M60	APC Cycle Start
M06	공구 교환	M80	Index테이블 정회전
M08	절삭유 ON	M81	Index테이블 역회전
M09	절삭유 OFF	M98	Sub - Program 호출
M16	Tool Into Magazine	M99	주프로그램 호출

③ 이송기능

이송기능은 제품의 표면거칠기, 절삭시간, 절삭저항에 영향을 미치고 지령은 다음과 같이 한다.

① G94F_[mm/min]
② G95F_[mm/rev]

제 3 장

기계재료

SECTION 01 　금속의 성질
SECTION 02 　철과 강
SECTION 03 　비철금속재료
SECTION 04 　비금속재료

단기완성　기계일반

Section 01 금속의 성질

📐 재료 분류 및 특성과 결정구조

(1) 재료 구분과 공통성질

기계 또는 구조물 또는 가공제품의 재료는 금속 재료와 비금속 재료로 구분된다. 재료의 일반적 분류는 표 1·1과 같다.

1) 순금속(pure metal)

순수한 1 원소의 금속. 실제로 100%의 순금속의 제작은 불가능하며 극소량의 불순물이 함유되었다. 그 영향이 미치지 않을 때는 순금속으로 취급한다.

2) 합금(alloy)

금속원소에 1종 이상의 금속원소 혹은 비금속원소를 첨가하여 금속적인 성질을 갖고 단상 혹은 2상 이상의 상으로 된 금속

[표 1·1 일반적인 금속 재료의 분류]

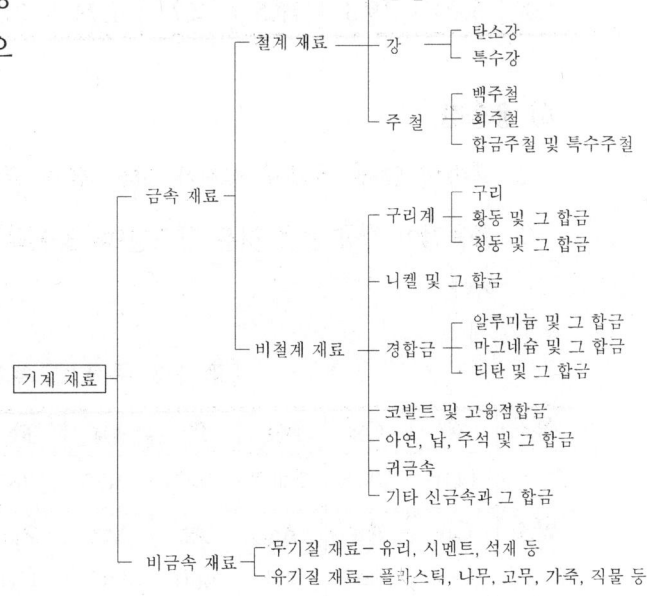

3) 준금속(아금속 : metalloilid)

금속과 비금속을 구별하기 어려운 중간적인 금속 B, Si, Ge, As(비소, arsenic), Te(텔루르, tellurium), Po(폴로늄, polonium) 등

4) 신금속

과학기술의 발전과 더불어 새로 개발된 금속과 이전부터 사용된 금속 중에서 특수목적용으로 개발된 전자공업용 재료, 우주항공용 재료, 초내식용 재료 등

5) 비중에 의한 구분

① 경금속(light metal) : 비중 4.5 이하. Al, Mg, Ti, Be 등

② 중금속(heavy metal) : 비중 4.5 이상. Fe, Ni, Cu, Cr 등

[표 1·2 주요 금속의 비중]

원소	W	Os	Mo	P_b	Cr	Pt	Ti	Fe	Co	Ni	Be
(S)	19.1	22.57	10.2	11.36	7.0	21.4	4.6	7.8	8.90	8.90	1.85
원소	Cu	Au	Ag	Al	Mg	Zn	Sn	Li	Na	K	Hg
(S)	8.93	19.3	10.5	2.7	1.74	7.1	7.3	0.53	0.97	0.86	13.6

6) 용융점

① 금속이 열에 의하여 액체가 되는 점을 말한다.

② 용융점이 가장 높은 것은 텅스텐(W 3,410°C)이고, 가장 낮은 것은 수은(Hg -38.8°C)이다.

[표 1·3 주요 금속의 용융점]

원소	W	Os	Mo	P_b	Cr	Pt	Ti	Fe	Co	Ni	Be
(°C)	3410	3045	2610	327	1875	1769	1668	1539	1495	1453	1277
원소	Cu	Au	Ag	Al	Mg	Zn	Sn	Li	Na	K	Hg
(°C)	1083	1063	961	660	650	420	232	181	97.5	63.7	-38.4

7) 전도율

전도율 (轉導率, conductivity)은 고유저항의 역수인데, 고유저항은 공업적으로는 길이 1m, 단면적 $1mm^2$의 선 저항을 Ω(Ohm)으로 나타낸다. 고유저항은 재료 및 온도에 따라 다르며, 고유저항이 작을수록 전기전도율이 좋은 것이 된다. 금속은 모두 열과 전기를 잘 전달하는 성질이 있으며, 일반적으로 열전도율이 큰 것은 전도율이 크다. 전도율이 큰 금속은 전기의 도선 또는 기타의 전기기구기계에 사용되며, 반대로 전도율이 작은 금속은 저항선으로 사용된다.

8) 금속의 일반적인 특성

① 고체 상태에서 결정구조를 갖는다.　② 전기의 양도체이다.
③ 열의 양도체이다.　④ 전성(展性) 및 연성(延性)이 좋다.
⑤ 금속 광택을 갖는다.

9) 합금의 성질

① 강도와 경도가 좋아진다.　② 주조성이 우수해진다.
③ 내산성, 내열성이 증가한다.　④ 색이 아름다워진다.
⑤ 용융점, 전기 및 열전도율이 일반적으로 낮아진다.

10) 순금속의 응고

순금속을 용융온도보다 높은 온도에서 용융 후 서서히 냉각하여 응고점에 도달하면 일정한 온도에서 고체화한다. 이러한 현상을 뉴턴(Newton)의 냉각 곡선으로 표시한다. 그림 1·1의 Ⅰ은 구리의 냉각 곡선이며 Ⅱ는 철강의 냉각 곡선이다. 그림 1·1의 Ⅰ에서 구리는 1083°C에서 냉각되나 조건에 따라서 아래 온도에서 냉각이 일어나게 되어 냉각온도를 예상하기에 어려움을 느끼게 된다. 그러므로 냉각온도에서 거의 균일하게 냉각을 하기 위해서는 진동 및 접종(innoculation)을 해야 한다.

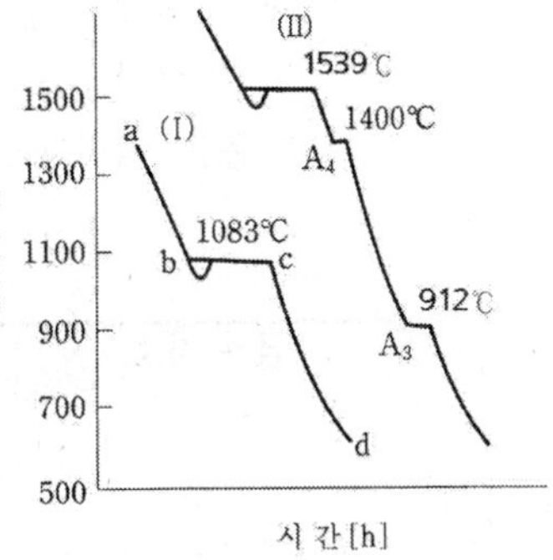

[그림 1·1 구리(Ⅰ) 및 철(Ⅱ)의 냉각 곡선]

11) 금속의 가공

금속의 외력에 대한 변형의 구분으로 탄성영역과 소성영역, 그리고 파괴로 구분하나 가공시에는 소성영역을 이용한다.

1. 소성가공법

금속에 힘을 가하여 판재, 봉재, 관재 등에서 여러 가지 모양으로 가공할 수 있는데, 이와 같이 변형되는 성질을 소성이라 하고 이 성질을 이용한 가공법을 소성가공이라한다.

2. 종류

① 냉간가공
- 재결정 온도 이하에서 가공하는 방법
- 강도, 경도 증가, 탄성 한도 증가, 연신율 감소
- 정밀한 제품을 얻을 수 있다.

② 열간가공
- 재결정 온도 이상에서 가공하는 방법

③ 재결정 온도

냉간가공한 재료를 풀림하면 연하게 되는 과정 중에 새로운 결정핵이 생기고, 조직 전체가 새로운 결정으로 변하는 것을 재결정이라 한다. 일반적으로 재결정 온도는 가공도가 컸던 금속이 재결정 온도가 낮아진다.

다음은 일반적인 금속의 재결정 온도이다.

[표 1·5 주요 금속의 재결정 온도]

금속원소	재결정 온도(°C)	금속원소	재결정 온도(°C)
Au	200	Fe	350~450
Ag	200	Al	150~250
Cu	200~300	W	1000
Ni	530~600		

12) 원자의 결합

대부분의 물질은 고체상태에서 원자가 3차원적으로 규칙 정연하게 배열된 결정 구조 상태이나 결정을 구성하기 위해서는 원자는 서로 강한 힘으로 결합되어 있어야한다. 원자와 원자의 결합은 보통 힘의 크기에 따라 그 결합 양식이 다르다. 큰 원자력에 의한 강한 결합에는 공유 결합, 이온 결합, 금속 결합이 있으며 약한 결합에는 반데르 왈스 결합이 있다.

① 공유 결합(covalent bond)

공유 결합(公有結合, covalent bond)은 주기율표에서 서로 가까이에 원소의 원자들 사이에서 일어나는 결합으로 등극결합(等極結合, homopolar bond)이라고도 한다. 공유 결합은 몇 개의 원자가 전자를 공유함으로써 얻어지는 결합이다.

예) H_2, N_2, CH_4

② 이온 결합(ionic bond)

이온 결합이 큰 양전기를 띤 원자와 큰 음전기를 띤 원자(주기율표에서 서로 반대쪽에 있는 원소들) 사이에 일어나는 결합으로 원자가 서로 전자를 주고받아 정(正)과 부(負)의 이온이 되었을 때 양 이온간에 작용하는 정전기적(靜電氣的)인 힘에 의한 이온 결합으로 금속과 비금속간에서 많이 볼 수 있다.

③ 금속 결합(metallic bond)

금속 결합(metallic bond)은 고체금속에 특유한 형식의 원자결합으로 규칙적으로 배열한 결정을 형성하고 있다. 금속 결합은 가전자를 인접 원자와 공유한다는 점에서 공유 결합에 비유할 수 있다. 또, 결합이 음전하인 전자와 양이온으로 이루어진다고 생각하면 금속 결합은 이온 결합에도 비유할 수 있다. 금속 안에서는 전자가 한정된 원자에 의해 공유되어 그 범위에 고정되는 것이 아니라 전체의 원자군을 공유하고 그 속에서 전자가 자유롭게 이동하게 된다. 이와 같은 전자를 자유 전자(free electron)라고 한다.

④ 반데르 왈스 결합(Van der Waales bond)

가전자(價電子)가 없는 분자의 결합형식이 있는데 이를 반데르 왈스 결합(Van der Waales bond) 또는 분자 결합(分子結合)이라 한다. 기체는 작으나 점성이 있고 압축시키면 액화하며 더 진전되면 응결되어진다. 이것은 기체 분자 사이에 약간의 인력(引力)이 작용함을 나타내는데, 이와 같은 분자간의 결합력을 반데르 왈스력(Van der Waales force)이라 부른다. 반데르 왈스의 힘에 의하여 결합된 물질은 결합력이 약하고 낮은 온도에서 용해되는 것이 많다. 예를 들면 산소나 수소 등의 비금속 무기화합물, 벤젠, 나프타린, 플라스틱 등이 탄소와 수소, 질소, 유황, 산소와 결합한 유기화합물의 상당수는 분자결합을 하고 있다.

(2) 결정의 구조

1) 순금속(純金屬)의 결정(結晶)

금속결정의 단위격자는 다음과 같은 3종류에 모두 속한다.

1. 체심입방격자(BCC)

그림 1·3과 같이 각 모서리와 입방체 중심에 각 1개의 원자가 배열된 결정구조이다.

① 근접원자간 거리 : $\frac{\sqrt{3}}{2}a$, a : 격자상수

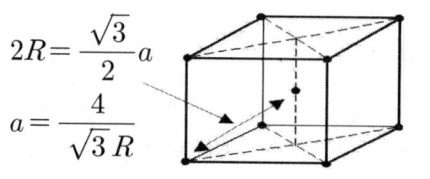
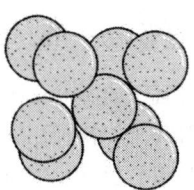

[그림 1.3 체심입방격자]

② 단위격자에 속하는 원자수 : $1/8 \times 8 + 1 = 2$ (개)

③ 단위격자 내에 속하는 원자가 차지하는 부피 : $\frac{4}{3}\pi \left(\frac{1}{2} \cdot \frac{\sqrt{3}}{2}a \right)^3 \times 2$

④ 원자 충진율

$$\frac{\text{원자가 차지하는 부피}}{\text{단위격자의 부피}} = \frac{\frac{4}{3}\pi\left(\frac{1}{2}\cdot\frac{\sqrt{3}}{2}a\right)^3 \times 2}{a^3} = 0.6802$$

⑤ 배위수 : 8

⑥ 종류 : δ-Fe, α-Fe, Cr, Mo, V, K, Ba, W 등

2. 면심입방격자(FCC)

그림 1·4와 같이 입방체의 각 모서리와 각 면의 중심에 1개씩의 각 모서리와 각 면의 중심에 1개씩의 원자가 배열된 결정구조이다.

① 근접원자간의 거리 : $\left(\frac{1}{\sqrt{2}}a\right)$, a : 격자정수

② 단위 격자에 속하는 원자수 : $1/8 \times 8 + 1/2 \times 6 = 4$(개)

③ 원자 충진율 : $\frac{4}{3}\pi\left(\frac{1}{2}\cdot\frac{1}{\sqrt{2}}a\right)^3 \times \frac{4}{a^3} \fallingdotseq 0.7405$

④ 배위수 : 12

⑤ 종류 : γ-Fe, Ag, Al, Au, Cu, Pt, Ni 등

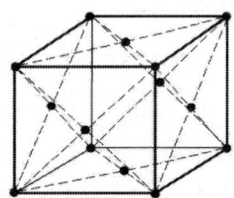 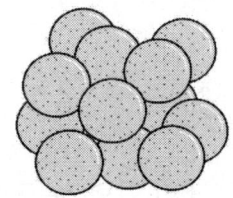

[그림 1.4 면심입방격자]

3. 조밀육방격자(HCP)

그림 1·5와 같이 6각주 상하면의 각 모서리와 그 중심에 1개씩의 원자가 있고,또한 6각주를 구성하는 6개의 3각주 중 1개씩 띄워서 3각주의 중심에 1개씩의 원자가 배열된 결정구조이다.

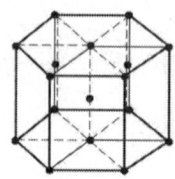 

[그림 1.5 조밀육방격자]

① 근접 원자간 거리 : $\sqrt{a^2/3 + c^2/4}$

② 원자 충진율 : $\dfrac{\dfrac{4}{3}\pi\left(\dfrac{a}{2}\right)^3 \times 2}{\sqrt{2}\,a^3} = \dfrac{\sqrt{2}}{6}\pi \fallingdotseq 0.7405$

③ 격자의 $c/a = \sqrt{\dfrac{8}{3}} \fallingdotseq 1.663$

④ 배위수 : 12

⑤ 종류 : Be, Zn, Mg, Co 등

⑥ 사각 기둥 내의 귀속원자수 : $1/6 \times 6 + 1 = 2$

2) 금속의 변태

1. 동소변태

결정구조가 외적 조건(압력, 온도)에 의해서 변하는 것을 변태 혹은 동소변태라 한다.

- 동소체(allotropy) : 같은 원소이지만 결정격자가 서로 다른 물질
  (탄소에는 흑연과 다이아 몬드의 2개의 동소체가 존재)

[표 1·7 순철의 변태점 및 결정구조]

종 류	변태점	결정구조
α – Fe	910° C	BCC
γ – Fe		FCC
δ – Fe	1400° C	BCC

2. 자기변태(동형변태)

원자배열의 변화없이 전자 spin의 방향성 변화에 의해서 강자성체로부터 상자성체로 변하는 것을 말하며, 일명 큐리점이라고 한다.

⑩ Fe : 768° C에서 α – Fe에서 β – Fe로 변한다.

　　Ni : 360° C　　　Co : 1120° C

3. 변태점 측정법

변태점 측정에서 원자배열의 변화를 측정시는 X선 회절법이 가장 좋으나 복잡하므로 다음의 방법을 사용한다.

① 열 분석법　② 시차열 분석법　③ 비열법

④ 전기저항법　⑤ 열팽창법　⑥ 자기 분석법

⑦ X선 분석법

4. 격자결함

① 점결함 : 공격자점, 격자간 원자　　② 선결함 : 전위

③ 면결함 : 적층결함, 쌍정

3) 합금의 결정

1. 합금의 결정구조

고용체란 한 원자에 타원자가 들어가서 본래의 원자구조에 변화없이 성질만 바꾸어진 것을 말하며 고용체와 금속간 화합물로 구분되며 고용체에는 침입형 고용체, 치환형 고용체와 규칙격자형 고용체로 구분된다.

① 침입형 고용체

용질원자가 용매원자의 결정격자 사이의 공간에 들어간 것으로 원자반경이 작은 C, H, B, N, O 등에 한정되어 어느 것이나 반경이 1Å 이하이다($1Å = 10^{-8}$ cm).

② 치환형 고용체

용매원자의 결정의 격자점에 있는 원자가 용질원자에 의하여 치환된 것이다. 또 용매원자와 용질원자의 직경차가 5~15%까지가 적당하며 5%가 가장 좋다
(예 : Ag-Cu, Cu-Zn).

③ 규칙격자형 고용체

성분금속의 원자에 규칙적으로 치환된 배열을 가지는 고용체
(예 : Ni_3Fe, Cu_3Au, Fe_2Al)

④ 금속간 화합물

2종 이상의 금속원소가 간단한 원자비로 결합되어 본래의 물질과는 전혀 별개의 물질이 형성되며 원자도 규칙적으로 결정 격자점을 가지는 화합물로서 한 개의 독립된 원소와 같이 취급한다 (예 : Fe_3C, Cu_4Sn, $CuAl_2$).

금속 재료의 성질

금속 재료의 성질은 물리적 성질과 기계적 성질, 화학적 성질, 제작상 성질로 구분할 수 있다.

① 물리적 성질: 비중, 용융점, 비열, 선팽창계수, 열전도율, 전기전도율

② 기계적 성질: 항복점, 강도, 경도, 인성, 메짐성, 피로, 크리프, 연성, 전성, 연신율

③ 화학적 성질: 내열성, 내식성

④ 제작상 성질: 주조성, 단조성, 용접성, 절삭성, 합금성

(1) 화학적 성질

화학적 성질에는 화학 작용에 의한 부식과 기계적 작용에 의한 침식으로 분리한다.

(2) 기계적 성질

기계적 성질에 관해서는 뒤의 재료시험법에서 자세히 언급하기로 하며, 여기서는 용어설명만 한다.

1. 강도(strength)

강도는 외력의 작용방법에 따라 인장강도, 굽힘강도, 전단강도, 압축강도, 비틀림강도로 구분되며, 각각의 성질은 재질에 따라 다르나 일반적으로 강도라 하면 인장강도를 일컫는다.

2. 경도(hardness)

경도는 일반적으로 인장강도에 비례한다.

3. 인성(toughness)

충격에 의한 저항을 인성이라 하며 충격시험은 강인한 재료가 충분한 인성을 가지고 있는가 없는가를 검사하는 것으로 너무 굳고 메진 재료에 대해서는 하지 않는다.

4. 피로(fatigue)

응력이 강도보다 훨씬 작다하여도 오랜시간 동안 연속적으로 되풀이하며 결국 파괴된다. 이러한 현상을 피로라 한다.

5. 취성(shortness)

메짐이라고도 하며 일반적인 금속은 경도나 인장강도가 증가할 시 연신율이나 충격값은 적어져서 약간의 충격에도 파괴되는 현상을 메짐 또는 취성이라 한다.

6. 크리프(creep)

금속 재료는 일반적으로 상온에서 시험을 하나 고온에서 오랜시간 외력을 가할 시 서서히 그 변형이 증가하는 현상을 말한다.

재료 시험 및 검사

1) 조직 및 결함검사법

조직의 검사법으로는 파괴 검사와 비파괴 검사가 있고 성질에 따라 분류하면 육안적 검사, 물리적 검사, 화학적 검사, 기계적 검사가 있다. 10배 이내의 확대경을 사용하면 매크로 시험, 10배 이상의 현미경을 사용하면 마이크로 시험이라 한다.

1. 시편의 채취

시편을 채취할 때는 4등분법으로 하면 좋다. 그리고 시편의 크기는 직경 2cm정도, 두께는 1cm 정도로 하면 된다. 그러나 시편이 소편일 때는 specimen mounting press를 써서 만든다(mounting press – P.V.C 가루를 가지고 소시편을 넣고 압력(3t 정도) 가열(250~300°C)해서 만든다). 시편을 절단할 때는 쇠톱이나 절단글라인더를 사용한다.

2. 육안적 검사

① 산세법(picking)

비교적 큰 결함을 염산 혹은 황산으로 검출할 수 있는 방법으로, 억제제를 사용한다. 억제제로는 유기물이 사용되며, 산세할 때 수반되는 현상으로 산세취성과 산세 기포가 있다.

② 강산부식법(macro etching)

산세법으로 식별하기 어려운 미세균열, 편석 등을 확대검출함

③ 전해법

④ 파면검사법

3. 물리적 검사

① 타진법

피검재를 망치로 두들겨서 나오는 청탁음을 듣고 결함의 유무를 검사하는 방법으로 주로 주물의 공극, 파이프, 내부 균열 등의 검사에 사용한다.

② **가압사용법**

주물의 공극, 수축, 파이프 등의 결함검사 혹은 압력을 받는 기계 부품의 내압검사에 널리 이용되고 있다.

③ **유중침지법**

피검재를 장시간 담근 후 꺼내어 기름이 삼출하는 상태에 의하여 결함의 유무를 조사하는 방법이다. 단조품, 주조품, 완전제품 등에 널리 또는 비파괴적으로 적응할 수 있으므로 편리하다.

⑥ **현미경 검사법**

반사관선을 이용한 금속 현미경, 편광 현미경, 위상차 현미경 등이 있다.

⑨ **전자회절법**

전자회절에 의하여 결정구조, 조직, 내부응력 등을 알 수 있다.

4. **비파괴검사**

① 비파괴 검사(Nondestructive Inspection)란 자료나 원형과 기능에 변화를 주지 않고 시행하는 검사를 말한다. 즉 재료나 제품을 물리적 현상을 이용한 특수방법으로 검사 대상물을 손상시키지 아니하고 결함의 유무와 상태 또는 성질 및 내부구조 등을 알아 내는 모든 검사를 말한다.

② **비파괴 검사의 목적**

　㉠ 신뢰성의 향상
　㉡ 제조기술의 개선
　㉢ 제조원가의 절감

③ **비파괴 검사의 종류**

　㉠ **방사선 비파괴 검사(RT; Radiographic Testing)**

　　방사선(X-선 또는 γ-선)을 시험체에 조사하였을 때 투과 방사선의 강도의 변화 즉, 건전부와 결함부의 투과선량의 차에 의한 농도차를 기록하여 결함을 검출하는 방법으로 용접부, 주조품 등의 결함을 검출하는 방법이다.

　㉡ **초음파 비파괴검사(UT; Ultrasonic Testing)**

　　시험체에 초음파를 전달하여 내부에 존재하는 불연속으로부터 반사한 초음파의 에너지량, 초음파의 진행시간 등을 분석하여 불연속의 위치 및 크기를 알아내는 검사방법으로 시험체 내부결함의검출에 주로 이용되며 균열 등 면상결함의 검출 능력이 방사선투과검사보다 우수하다.

㉢ 자기(磁氣) 비파괴검사(MT; Magnetic Particle Testing)

강자성체의 표면 또는 표면하에 있는 불연속부를 검출하기 위하여 강자성체를 자화시키고 자분을 적용시켜 누설자장에 의해 자분이 모이거나 붙어서 불연속부의 윤곽을 형성, 그 위치, 크기 형태 및 넓이 등을 검사하는 방법이다.

㉣ 침투 비파괴검사(PT; Liquid Penetrant Testing)

시험체 표면에 침투제를 적용시켜 침투제가 표면에 열려있는 불연속부에 침투할 수 있는 충분한 시간이 경과한 후 불연속부에 침투하지 못하고 시험체 표면에 남아있는 과잉의 침투제를 제거하고 그 위에 현상제를 도포하여 불연속부에 들어있는 침투제를 빨아오림으로써 불연속의 위치, 크기 및 지시모양을 검출하는 검사방법이다.

㉤ 와전류(渦電流) 비파괴검사(ECT; Eddy current Testing)

금속 등의 시험체에 가까이 가져가면 도체의 내부에는 와전류라는 교류전류가 발생하며, 이 와전류는 결함이나 재질 등의 영향에 의하여 그 크기와 분포가 변화량을 측정한 와전류가 검사체 표면 근방의 균열 등의 불연속에 의하여 변화하는 것을 관찰함으로써 검사체에 존재하는 결함을 찾아내는 검사 방법이다. 와류탐상검사는 검사체가 전도체일 경우 적용 가능하고, 비점촉식 방법이며, 고속으로 탐상할 수 있어 관, 봉 등의 비교적 단순한 형상의 제품검사와 발전소, 화학 플랜트 배관의 보수검사에 널리 이용되고 있다.

㉥ 누설 비파괴검사(LT; Leak Testing)

시험체 내부 및 외부의 압력차 등에 의해서 기체나 액체를 담고 있는 기밀용기, 저장시설 및 배관 등에서 내용물의 유체가 누출되거나 다른 유체가 유입되는 것을 말하며, 시험체의 불연속부에 의해 발생된다.
이때 유체의 누출, 유입 여부를 검사하거나, 유출량의 검추하는 방법이다.

㉦ 음향방출 비파괴검사(AET; Acoustic Emission Testing)

하중을 받고 있는 재료의 결함부에서 방출되는 응력파 분석하여 소성변형, 균열의 생성 및 진전감시 등 동적거동 파악하고 결함부의 취이판정 및 재료의 특성평가에 이용한다.

㉧ 육안 비파괴검사(VT; Visual Testing)

재료, 제품 또는 구조물(시험체)을 직접 또는 간접적으로 관찰하여 시험체에 결함이 있는지 알아내는 비파괴검사 방법으로서 여러 재료 제품 또는 구조물의 제작사양, 도면 설계사양 규격 등에 적합한지 허용한도 이내에 드는 지의 여부를 결정하는 것까지를 포함한 것으로 다른 비파괴검사 방법이 사용되기 전에 적용되어야 한다.

ⓩ **열화상(熱畵橡) 비파괴검사(IRT; Infrared Thermography Testing)**

피사체의 실물을 보여주는 것이 아닌 피사체의 표면으로부터 복사(방사)되는 에너지(열에너지)를 전자파의 일종인 적외선 형태로 검출 피사체 표면의 복사열의 강도(양)를 측정하여 강도(양)에 따른 피사체 온도 차이의 분포를 열화상 장치를 이용하여 영상으로 재현한 후 영상을 평가하여 건전성을 검사하는 방법이다.

ⓧ **중성자 비파괴검사(NRT; Neutron Radiographic Testing)**

중성자가 물질을 투과할 때 물질과 상호작용에 의해 그 세기가 감쇠되는 현상을 이용한 비파괴 검사 방법으로 X-선보다 훨씬 깊고 분해능도 뛰어나다. 금속과 같이 밀도가 높은 물질이나 3 폭약류, 수소 화합물과 같이 가벼운 원소로 구성된 복합 물질의 비파괴 검사에 유용하다.

㉠ **응력측정 비파괴검사(SM; Stress Measurement Testing)**

구조물의 안전성은 외력을 가한 상태에서 응력을 측정하여 평가하나 응력을 직접 측정할 수 없으므로 응력과 변형량이 비례함을 이용하여 구족물의 변형량을 측정하여 응력을 구하고 안전성을 평가한다.

5. 화학적 검사

① **해수시험법**

피검재를 해수나 염수에 10~20시간 침지하여 재료 내의 편석, 균열 등의 결함을 판단하는 방법이다.

② **도금시험법**

재료를 도금하면 도금상태에 따라 달라지는 것을 이용하는 방법으로, 철판과 같은 것은 저장 중의 발수를 방지하는 목적을 겸하여 이 시험을 하면 편리하다.

③ **아말감법**

제 1 질산수은 100 g, 질산(비중 1.24) 1.3 cc를 물 1 l에 녹인 용액 중에 피검재를 담그면, 표면에 아말감을 만들어 재료를 대단히 취약하게 하므로 자연 균열을 일으킬 정도의 큰 내부응력이 남아 있기 때문에 자연 균열을 일으키는 재료를 적발할 수 있다.

④ **설퍼프린트(Sulfur print) 법**

홈의 검출과 고스트 라인(ghost line) 검출 등에 이용된다. 유화물에 약산이 작용하면 브로마이드 인화지를 착색하는 성질이 있다. 이것을 이용해서 H_2S를 발생시켜 강 혹은 주물 등에 작용시켜 sulfur print를 검사할 수 있다. sulfur print method를 이용하면 분석된 불순물의 분포 상태를 알 수 있다.

금속 재료의 기계적 시험

(1) 강 도

재료의 강도를 검사하는 방법에는 인장시험, 압축시험, 굽힘시험 등이 있다.

1) 인장시험

인장시험의 시험편의 표점거리는 $L = 4\sqrt{A_0}$ 로 나타내며 규격화되어 있다.

(A_0 : 시험편 원단면적).

시험 방법

각종 재료의 응력 변형률 선도를 시험편으로 시험한 결과는 그림 1·7과 같다. 위의 시험결과에서 연강은 항복점이 확실히 표시되나 황동과 기타의 재료에서 탄성한계를 구분하기 어려우므로 전신장량의 0.2%를 탄성한계로 하며 연강에 대해 자세한 응력 변형률 선도는 다음과 같다.

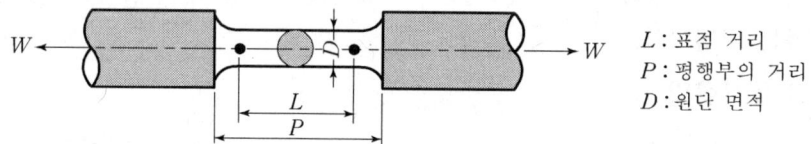

L : 표점 거리
P : 평행부의 거리
D : 원단 면적

[그림 1.6 KS 인장시험편]

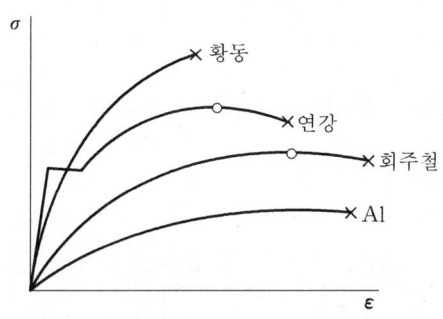

[그림 1.7 각종 재료의 응력 변형률 선도]

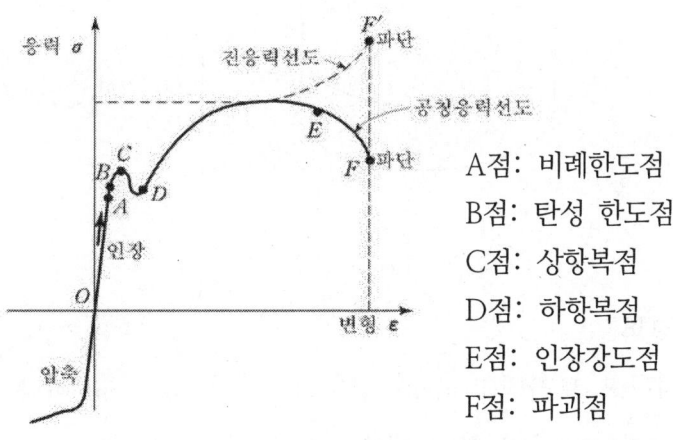

A점: 비례한도점
B점: 탄성 한도점
C점: 상항복점
D점: 하항복점
E점: 인장강도점
F점: 파괴점

[그림 1.8 연강의 응력 변형률 선도]

2) 압축시험

압축시험은 압축강도를 구하기 위한 목적인데 하중의 방향이 다를 뿐 인장시험과 똑같다. 소성 구역의 경우 원주상 길이와 지름비는 $L/D = 1 \sim 3$이 된다. 연성이 큰 재료는 최후까지 파괴하지 않으므로 파괴강도를 측정할 수 없다.

3) 굽힘시험

굽힘시험에는 재료의 굽힘에 대한 저항력을 조사하는 항곡시험 또는 항절시험과 심하게 굽힌 때의 파열 등이 생기는가의 여부를 조사하는 굴곡시험이 있다.

(2) 경 도

경도는 재료의 정적강도를 나타내는 하나의 기준이다. 경도는 일반적으로 인장강도에 비례한다. 경도표시법에는 다음과 같다.

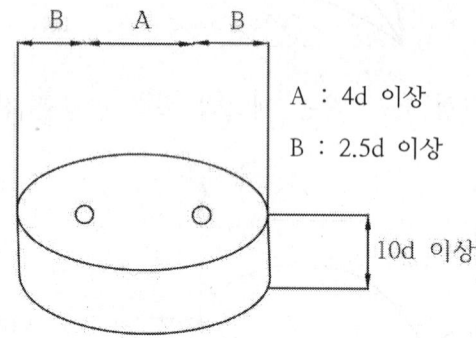

A : 4d 이상
B : 2.5d 이상
10d 이상

1) 압입경도

1. 브리넬 경도

H_B로 표시하고 브리넬(Brinell) 경도의 단위는 kg/mm^2이나, 경도수에는 단위를 붙이지 않는다(D : 강철 볼의 지름, d : 볼 자국 지름).

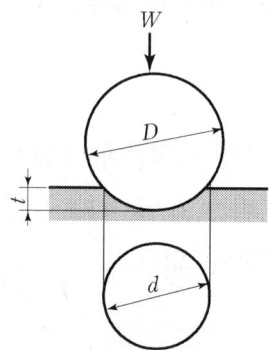

[그림 1.9 브리넬 경도 시험]

$$H_B = \frac{2W}{\pi D(D - \sqrt{D^2 - d^2})} = \frac{W}{\pi Dt}$$

2. 비커스 경도 및 누프 경도

비커스 경도는 일명 diamond pyramid hardness라고도 하며, 정각 136°의 다이아몬드 제4각추를 시험편에 압입할 때 생기는 압흔의 면적으로 압입에 요하는 하중을 나눈 값으로 나타내며 질화강이나 침탄강 경도 시험에 적합하다.

$$H_V = \frac{2W}{d^2} \cos 22° = 1.854 \frac{W}{d^2}$$

W: 하중

d: 압흔의 대각선의 길이

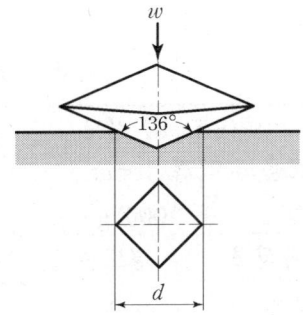

[그림 1.10 비커스 경도 시험]

3. 로크웰 경도

로크웰 경도는 강구 또는 120°의 다이아몬드 원추시험편에 압입할 때 생기는 압흔의 깊이를 나타낸다.

$H_RB - 1.588\,\text{mm}\left(\frac{1}{16}''\right)$의 압입강구 이용. 연한 재료(연강, 황동)의 경도시험에 이용 $H_RC - 120°$의 원뿔 다이아몬드 이용. 굳은 재료의 경도시험에 이용(담금질강)

강구의 경도 $H_R = 130 - \dfrac{t}{0.002}$

다이아몬드 $H_R = 100 - \dfrac{t}{0.002}$

2) Scratch 경도

Scratch 경도의 대표적인 것이 모스(Mohs) 경도이며, 금속의 재료에는 별로 사용되지 않고 암석류나 광석을 긁어 흠을 주어서 대략의 경도측정에 적합하다. (활석 1, 금강석 10)

3) 반발경도(H_S)

반발경도의 대표적인 방법은 쇼어(Shore) 경도계이다. 선단에 다이아몬드를 붙인 일정한 하중의 추를 일정한 높이에서 떨어뜨려, 그 추가 시험면에 부딪혀 튀어 오르는 높이 h에 의하여 쇼어 경도 H_S를 정하는 방법으로 $H_S = (10,000/65) \times (h/h_0)$의 식으로 나타낸다.

[표 1.7 각종 경도의 상호 비교치]

브리넬(Brinell) 경도		쇼어 경도 (Shore)	로크웰(Rockwell) 경도		비커어스 경도 (Vicker's)
보올의 직경 10mm 하중 3000kg			B 스케일 (scale)	C 스케일 (scale)	
자국직경	경도수	경도수	하중 100kg	하중 150kg	경도수
3.25	352	51	(110.0)	37.9	372
3.30	341	50	(109.0)	36.6	360
3.35	331	48	(108.5)	35.5	350
3.40	321	47	(108.0)	34.3	339
3.45	311	46	(107.5)	33.1	328

(3) 충격강도

금속이 소형변형을 일으키지 않고 파괴하는 성질을 취성이라고 하고, 이에 반대의 의미로 연성과 인성이라는 용어가 있다. 인성이라는 용어는 충격적인 하중에 대한 재료의 저항을 말한다. 충격시험에는 샤르피(Charpy) 시험과 아이조드(Izod) 시험이 있다.

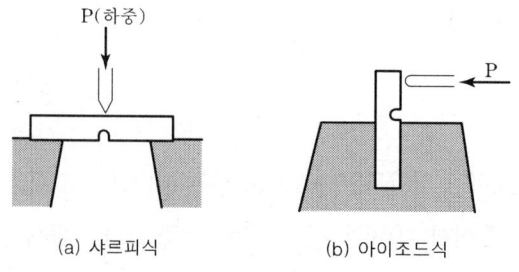

(a) 샤르피식   (b) 아이조드식

[그림 1.11 충격 시험]

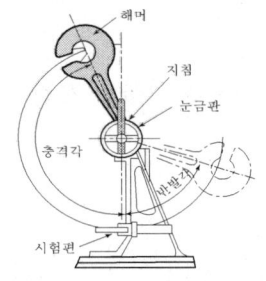

[그림 1.12 충격 시험기]

(4) 피 로

재료가 인장과 압축을 되풀이해서 받는 부분이 있는데 이러한 경우 그 응력이 인장 또는 압축강도보다 훨씬 작다 하더라도 이것을 오랫동안 되풀이하여 작용시키면 파괴된다. 이와 같은 현상을 피로라고 하고, 그 파괴현상을 피로파괴라고 한다. 어느 응력에 대하여 되풀이 횟수가 무한대로 되는 한계가 있는데 이와 같은 능력의 최대한을 피로한도 또는 내구한도라고 한다. 그림에서 보는 바와 같이 강이나 Ti는 어느 응력 이하에서는 S-N 곡선이 수평이 되어 하중의 사이클을 무한히 반복하여도 전혀 파괴가 일어나지 않게 된다. 그러나 대부분의 비철 금속에서는 S·N 곡선이 피로한도를 나타내지 않고 계속 강하한다. 실용적인 입장에서 $10^6 \sim (10^7)$ 사이클의 반복에 상당하는 응력치를 피로한도로 하고 있다.

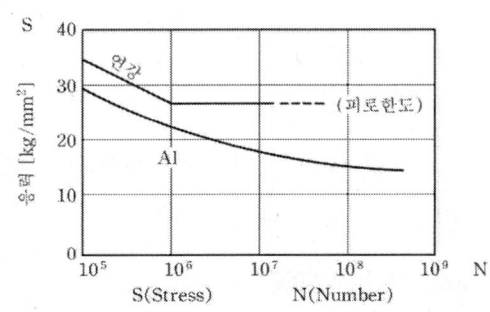

[그림 1.13 피로 시험의 S-N 곡선과 피로한도]

(5) 크리프

금속의 재료에 고온에서 장시간 외력을 가하면 시간의 경과에 따라 서서히 그 변형이 증가하는 현상을 creep라고 한다.

(6) 마 모

재료의 마모에 대한 저항이나 마모의 기구 등을 알기 위하여 마모 시험이 실시된다. 마모시험 방법에는,

① 회전하는 원판 또는 원통에 시험편을 접촉시키는 방법

② 왕복운동을 하는 평면에 시험편을 접촉시키는 방법

③ 같은 지름의 원주상 시험편을 끝내면서 접촉시키면서 회전시키는 방법 등이 있다.

(7) 에릭센 시험

에릭센 시험은 얇은 금속판의 딥드로잉성을 시험하는 방법이다.

(8) 부식 시험

부식 시험은 다음과 같은 부식제를 사용한다.

▎평형상태도

(1) 상 률

1) 물질계

① 물질계 : 한 물질 또는 몇 개의 집합이 외부와의 관계없이 독립해서 한 상태를 이룰 때

② 계 : 독립성을 가진 원소

③ 상 : unclesr 또는 atom의 집합모양

④ 성분 : 한 개의 계를 구성하는 화학성분

T(Temperature) P(Pressure)
V(Volume) C(변수)   3상을 변동시키는 원동력

물의 3중점은 0°C, 4.58 mmHg이다(자유도 0)

2) 상률

① Gibbs의 상률(phase rule)

$$F = (np+2) - [p+n(p-1)] = n+2-p$$

F = 자유도 P = 상의 수

n = 성분

② $F = n+1-p$

- 응축계 : 금속학에서는 압력은 대기압이므로 자유도는 항상 하나가 적다.

(2) 2성분계

1) 2성분계의 농도 표시법

농도란 1개의 계에서 성분 서로간의 관계량 또는 비율을 말하며 %로서 나타낸다.
A, B 2성분계의 농도 표시법은 그림 1·14에 따라 다음과 같이 표시한다.

$$X\% + Y\% = 100 \qquad \frac{AP}{BP} = \frac{Y}{X}$$

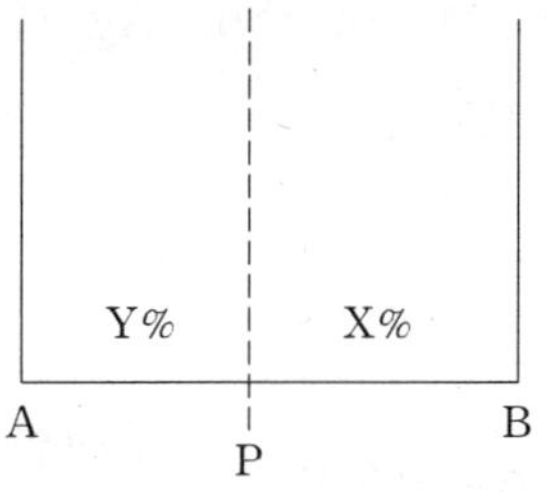

[그림 1.14 2성분계 농도]

A 성분에 대한 농도 X%, B 성분에 대한 농도 Y%라고 한다.

2) 전율 고용체의 상태도

전율 고용체란 고용체를 만드는 용매와 용질 원자간에 있어서 모든 비율에 걸쳐 고용체를 만드는 경우이며 전율 고용체의 조건은 두 성분이 같은 형의 결정격자를 갖고 원자지름의 차가 적으며 성분원자의 상호결합력이 작을 경우이며 Ag-Au, Cu-Ni, Bi-Sb의 경우이다.

A′pB′ → 액상선

A′qB′ → 고상선

합금의 액체의 농도와 고용체의 양적비율은 다음과 같다.

액체 : 고용체 = mq : mp

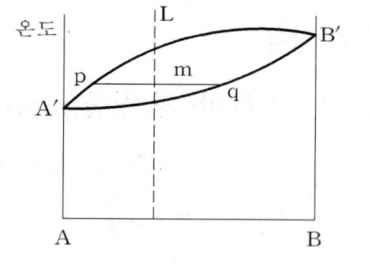

[그림 1.15 전율 고용체 상태도]

3) 부분 고용체 상태도

치환형공용체에서 원자지름의 차가 15% 이상시 변형이 큼

1. 공정형

① 그 성분이 전율 고용체를 만들지 않고 서로 어느 한도만 용해하여 M이 N을 품는 고용체와 N이 M을 품는 고용체가 서로 다른 상이 되어 그것이 생성분이 되어서 공정을 만들 때

② Cu-Au, Al-Si, Ag-Si, Bi-Sn, Ag-Cu, Au-Ni, A-Cd-Sn, Pb-Sn

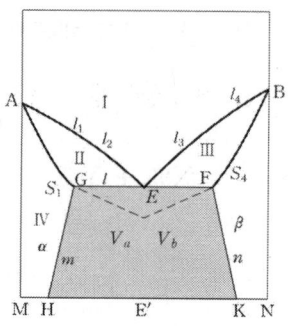

[그림 1.16 공정형 상태도]

$$L \underset{가열}{\overset{냉각}{\rightleftarrows}} \alpha\text{-고용체} + \beta\text{-고용체}$$

E점의 자유도
F = n + 1 − P = 2 + 1 − 3 = 0

한 고상의 융체가 작용하여 다른 고상을 생성하는 반응을 포정반응이라고 한다. 즉,

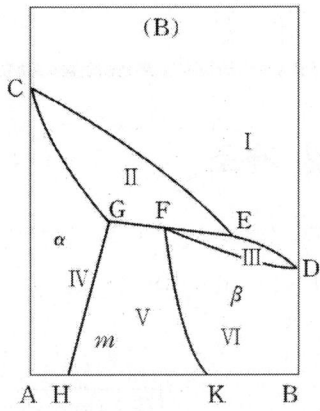

[그림 1.17 포정계 합금]

$$\alpha\text{고용체(G)} + \text{용액(E)} \underset{\text{가열}}{\overset{\text{냉각}}{\rightleftarrows}} \beta \text{ 고용체(F)로 된다.}$$

Section 02 철과 강

철강 재료의 분류 및 제조

공업용 철강 재료는 화학적으로 순수한 Fe가 아니고 Fe를 주성분으로 하여 각 종의 성분, 즉 C, Si, Mn, P, S 등을 품고 있으며 일반적으로 C의 함유량에 따라 다음과 같이 대별한다.

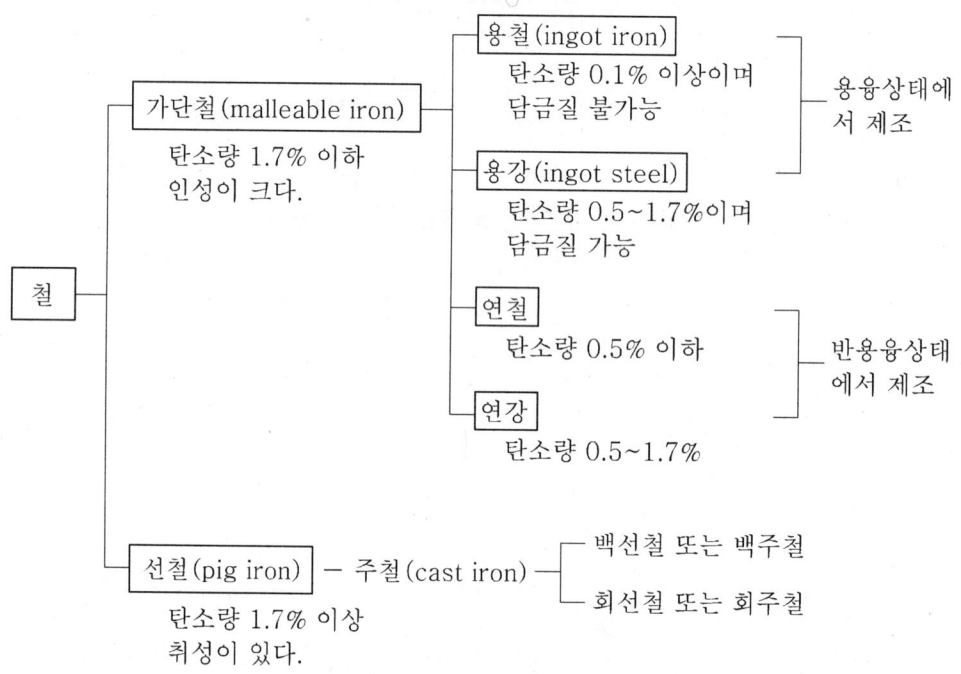

금속조직학상으로는 C2.0% 이하를 강, C2.0% 이상을 철로 규정하고 있다. 특수 성질을 얻기 위해서 특수 원소를 넣은 것을 특수강 또는 합금강이라 부른다. 이에 대해 보통의 강을 보통강이라 한다. 선철과 주철은 실질적으로 동일하나 주조 재료로서 쓰일 때 이것을 주철이라 하고, 철광석 제련의 산물, 제강 그 밖의 원소로서 쓰일 때 선철이라 한다.

(1) 선철의 제조법

선철은 전기로나 회전로 등의 특수 제선법에 의해서도 제조되나 현재 가장 널리 사용되고 있는 제선법은 코크스를 연료로 하는 용선로법이다.

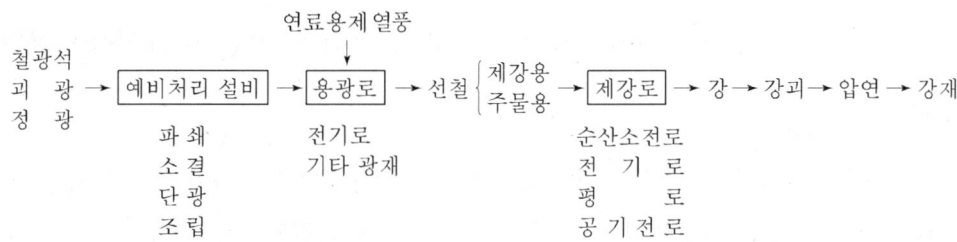

[그림 2.1 철강제조 계통도]

용광로는 괴상대, 융착대, 적하대, 연소대, 노상대로 구분되며 용착대에서 간접환원에 의해 온도가 1500-1600K로 되며, 연소대에서 2400K 이상의 온도가 형성되어 비중차를 이용 노상대에서 상부슬래그와 하부용철로 분리한다.

(2) 강의 제조법

제선 과정은 산화철을 환원시키는 환원제련이고, 제강 과정은 선철중의 불순물을 산화제거하는 산화정련이다.

1) 전로법

베세머(Bessemer) 제강법과 토마스(Thomas) 제강법이 있다. 공기를 산화제로 써서 그 발생열로 제강하므로 연료를 불필요로 하기 때문에 값싸게 대량 생산이 가능하였으나, 강 중에는 N, P, O 등의 함량이 많아서 강질이 나쁘고 또 값싼 고철을 이용할 수 없는 결점이 있어 현재는 특수한 경우 이외는 이용되지 않는다. 베세메법을 산성 전로법이라 하고 토마스법을 염기성 전로법이라 한다.

2) 평로 제강법

고철을 많이 사용하며 양질의 강을 얻을 수 있고 대량생산이 가능하다.

3) 전기로 제강법

고급강 및 특수강에 사용한다.

4) LD법(BOF법이라고도 함)

수냉한 산소 취입관을 통하여 순수한 산소를 용선 위에 고속으로 취입하여 제강한다.

(3) 강괴

정련이 끝난 용해된 강은 노내 또는 쇳물받이 속에서 탈산제를 첨가하여 탈산 후에 주형(mould)에 주입한다. 강괴는 탈산 정도에 따라 림드강, 킬드강, 세미킬드강이 있다.

1) 탈산제

Fe – Si(= 규산철, 페로실리콘) 　　　Al(알루미늄)

Fe – Mn(= 망간철, 페로망간)

1. 킬드강(Killed Steel)
㉠ 탈산제로 충분히 탈산시킨 강
㉡ 성분이 균일하여 기계 구조용강으로 널리 이용
㉢ 기포나 편석은 없으나 H_2에 의해 헤어크랙이 발생하는 단점이 있다. 이러한 나쁜 부분을 제거하기 위해 강괴의 10~20%는 잘라 버린다.
㉣ 평로, 전기로 등에서 주로 만들어진다.

2. 림드강(Rimmed Steel)
㉠ 평로나 전기로 등에서 정련된 용강을 Fe – Mn으로 가볍게 탈산시킨 강
㉡ 내부에 기포가 남아 있다.
㉢ 표면 부근에 순도가 높다.
㉣ 봉, 관, 파이프 재료로 널리 사용

3. 세미 킬드강(Seme – Killed Steel)
㉠ 림드강과 킬드강의 중간 성질을 가진 강(Steel)

4. 캡트강(Capped Steel)

용강을 주입 후 뚜껑을 씌워 비등을 억제시켜 림드부분을 얇게 하여 편석을 적게 한 강

순철 및 탄소강

(1) 순철과 순철의 변태

일반적인 제련법은 zone 용해법이다. 종류로는 전해철, 암코철, 카아보닐철 등이 있다. 순철은 1539°C에서 응고하여 실온까지 냉각하는 동안 A_4, A_3, A_2라고 불리우는 변태가 일어난다. A_4변태는 1400°C에서 $\delta Fe \rightarrow \gamma Fe$, 즉 원자 배열이 B.C.C에서 F.C.C로 변화하는 변태이다. A_3 변태는 910°C에서 $\gamma Fe \rightarrow \alpha Fe$, 즉 원자 배열이 F.C.C에서 B.C.C로 변하는 변태이다. A_4와 A_3는 원자 배열의 변화를 수반하는 변태이므로 이러한 변태를 전술한 바와 같이 동소변태라고 한다. A_2 변태란 768°C에서 일어나는 변태이며, 이것은 원자 배열의 변화는 없고 다만 자기의 강도가 변화한다. 이러한 변태를 자기변태라고 부른다.

(2) Fe-C계 상태도

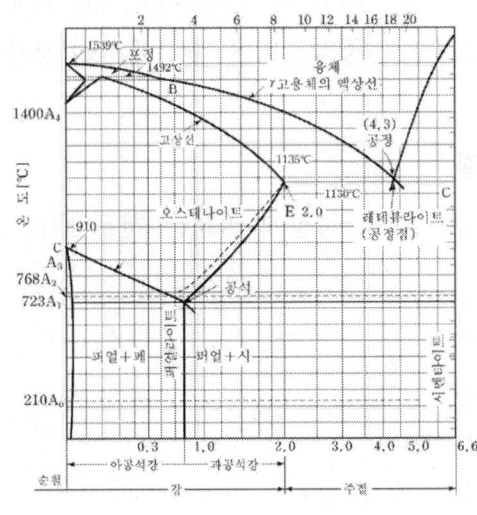

Fe_3C

$$\frac{12}{3 \times 56 + 12} \times 100 = 6.67\%$$

γ 고용체 : 오스테나이트(A)
α 고용체 : 페라이트(F)
α 고용체 + Fe_3C
   : 펄라이트(P)
γ 고용체 + Fe_3C
   : 레데뷰라이트(R)
Fe_3C : 시멘타이트(C)

[그림 2.2 Fe-C 평형상태도]

1) 탄소강의 변태

강이란 Fe와 C로 된 합금이며, 탄소(C)0.025%에서 2.0%를 포함한 가단성을 지닌 합금을 말한다. 탄소량에 의해서 공석강(0.8%C), 아공석강(0.8%C 이하), 과공석강(0.8%C 이상)으로 구분한다.

(3) 탄소강의 성질

1) 강의 물리적 성질

강 중의 탄소량에 의해서 물리적 성질은 직선적으로 변화한다. 탄소강의 비중, 팽창계수, 열전도는 C량의 증가에 따라 감소하며, 비열, 전기적 저항은 증가한다.

2) 강의 기계적 성질

1. 온도의 기계적 성질

충격치는 200~300°C에서 가장 적다. 따라서 철강은 200~300°C에서 가장 취약하다. 이를 청열취성이라고 한다. 그 원인은 강의 시효 경화 현상에 의한 것이라고 할 수 있다. C가 1%에 달할 때까지는 경도, 인장력은 직선적으로 증가하고, 연신율, 충격치는 반대로 감소한다. 1%가 초과되면 유리 Fe_3C가 석출하여 경도는 계속 증가하지만 인장력은 감소한다. 그러므로 공석강(0.85%C)에서 인장강도가 최대이다.

2. 탄소 이외의 원소와 기계적 성질

탄소강 중에 존재하는 원소 중에서 기계적 성질에 미치는 것은 Mn, Si, Cu, S, P 등이 있다.

㉠ 망간(Mn)

① 담금성을 현저하게 증가시킨다.
② 강에 경도, 강도, 점성을 증가시킨다.
③ 탈산 작용을 하여 강의 유동성을 좋게 한다.
④ 황(S)이 주는 해를 제거시키고 절삭성을 개선한다.
⑤ 고온에서 결정의 성장을 제거시켜 조직을 치밀하게 한다.
⑥ 1% 이상이면 주물에 수축이 생긴다.

ⓒ 규소(Si)
① 강의 유동성을 개선한다.
② 연신율과 충격치 등을 감소시킨다.
③ 단접 및 냉간 가공성을 저하시킨다.
④ 탄성 한도 강도, 경도 등을 증가시킨다.
⑤ 결정립의 크기를 증가시키고, 소성을 감소시킨다.

ⓒ 인(P)
① 결정 입자를 거칠게 한다.
② 기포가 없는 주물을 만들 수 있다.
③ 경도와 인장강도를 증가시킨다.
④ 연신율 및 충격치를 감소시킨다.
⑤ 적당한 양은 용선의 유동성을 개선한다.
⑥ 균열을 일으키며, 상온 취성의 원인이 된다.

ⓔ 유황(S)
① 강의 유동성을 해치고, 기포가 발생한다.
② Mn과 화합하여, 절삭성을 개선한다(쾌삭강).
③ 강도, 연신율, 충격치 등을 감소시킨다(취성이 생긴다).
④ 단조, 압연 등의 작업에서 균열을 일으킨다(고온 취성을 발생).

ⓜ 구리(Cu)
① 내식성이 증가한다.
② 인장강도, 탄성 한도가 증가한다.
③ 고온취성의 원인

ⓗ 수소(H_2)
① 헤어크랙의 원인(내부균열)
② 강에 좋은 영향을 주지 못한다.

3) 탄소강의 가공
강의 가공에는 열간가공과 냉간가공(상온가공)의 두 가지 방법이 있다.

1. 열간가공

재결정 온도 이상의 온도에서 단련, 압연하는 조작을 말하며, 재결정 온도 이상이므로 연화도 성장도 속히 진행된다. 재결정 온도 이상이라 함은 강에서는 $\gamma-$Fe(austenite) 상태에서 행하는 것을 말한다. 탄소량에 의해서 1050~1250°C 정도에서 시작하며 850~900°C에서 완성시킨다. 이 완성시키는 온도를 마무리 온도라 한다.

2. 냉간가공(상온가공)

강을 상온 또는 연화하는 온도 이하에서 가공하면 경도 항복점, 인장강도가 대단히 증가된다. 그리고 신율은 감소된다. 강은 500°C 부근에서부터 재결정이 시작되므로 상온가공(냉간 가공) 때에 소둔할 때는 600°C 이하의 온도이어야 한다.

- 심냉처리 : 잔류 오스테나이트를 마텐자이트화하기 위하여 담금질 직후 계속하여 M_f 온도 이하까지 냉각하는 처리

열처리 및 표면 경화법

(1) 일반 열처리

1) 담금질(燒入 ; quenching)

강재를 Ac_3 선 또는 Ac_1 온도 이상 20°C 높은 온도로 가열한 후 물이나 기름 중에서 급냉(무확산 변태)하여 마텐자이트(martensite) 조직을 얻음으로써 재질을 경화시키는 처리이다.

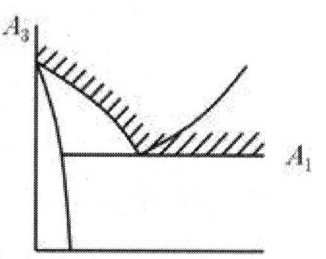

2) 뜨임(燒戾 ; tempering)

담금질한 강재에 연성, 인성을 부여하고 내부응력을 제거하기 위해서, 담금질 후 A_1 온도 이하의 적당한 범위에서 재가열하는 처리이다.

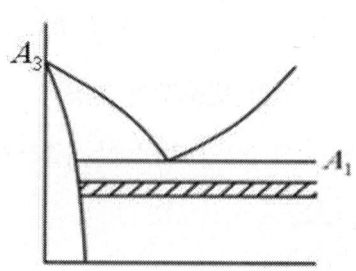

1. 구조용강

   고온뜨임 550~700°C, 구상 펄라이트(pearlite) 조직, 연성·인성이 큼

2. 공구강

   저온뜨임 150~200°C, tempered martensite 조직, 내부응력 제거와 경도 증가

3) 풀림(燒鈍 ; annealing)

내부응력의 제거, 재질의 연화, 결정립 크기의 조절, 펄라이트 구상화 등을 목적으로 그 목적에 알맞은 온도 범위로 가열한 후 서서히 냉각(주로 爐冷)하는 처리. 완전 풀림의 경우는 Ac_3 선 또는 Ac_1 온도 이상 30~50°C의 범위로 가열한다.

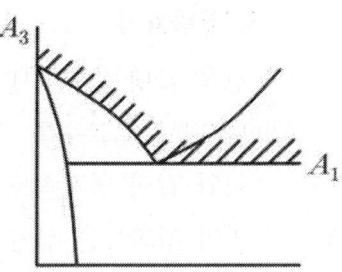

4) 불림(燒準 ; normalizing)

재질의 균일화 조직의 표준화 펄라이트의 미세화 등을 목적으로 Ac_3 또는 Ac_m 선 이상, 50~80°C의 온도 범위까지 가열한 후 공기 중에서 냉각하는 처리이다. 강도, 경도, 인성 등의 기계적 성질이 향상된다.

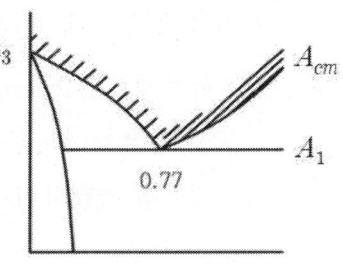

5) 조직변화에 의한 용적 변화

① 오스테나이트 → 마텐자이트(팽창)

② 마텐자이트 → 펄라이트(수축)

③ 투루스타이트 → 소르바이트(수축)

6) 일반 열처리의 경도 및 조직 변화

1. 경도순서
마텐자이트 > 트루스타이트 > 소르바이트 > 오스테나이트

2. 조직의 변화순서
오스테나이트 > 마텐자이트 > 트루스타이트 > 소르바이트

3. 질량효과
강을 급냉시키면 냉각액이 접촉하는 면은 냉각 속도가 커서 마텐자이트 조직이 되나 내부는 갈수록 냉각속도가 늦어져 트루스타이트 또는 소르바이트 조직이 된다. 이와 같이 냉각속도에 따라 경도의 차이가 생기는 현상을 질량효과라 한다. 질량효과와 경화능은 상반하는 성질로서 경화능은 급냉경화의 깊이로 나타낸다. 시험법에는 조미니 시험법(Jominy test)이 있고 담금질 특성곡선의 상한과 하한을 정한 영역을 경화능대 혹은 하드밴드(H-band)라 한다.

4. 서브제로(Subzero) 처리
점성이 큰 잔류 오스테나이트를 제거하는 방법으로 심냉처리라고 하며 잔류 오스테나이트를 마텐자이트화하기 위하여 담금질 직후 계속하여 M_f온도 이하까지 냉각하는 처리

(2) 항온 열처리
강을 냉각 도중 일정한 온도에서 냉각이 중지되면 이 온도에서 변태를 한다. 이러한 변태는 항온 변태라 하고 또 이 변태를 이용한 열처리를 항온 열처리라 하며 베이나이트 조직이 얻어지며 마텐자이트와 트루스타이트의 중간 조직이다.

1) 특성
일반 열처리보다 균열 및 변형이 적고, 인성이 좋다. Ni, Cr 등의 특수강 열처리에 적합하다.

2) 항온 변태 곡선(T.T.T 곡선, S곡선, C곡선)
항온 변태 곡선의 3대 요소는 시간, 온도, 변태이다.

1. 오스템퍼링(austempering)

① -코($b-b'$)와 M_s 사이에서 항온변태 후 열처리
② 점성이 큰 '베이나이트'를 얻을 수 있다.
③ 뜨임이 필요없다.
④ 담금질 균열이나 변형이 발생하지 않는다.

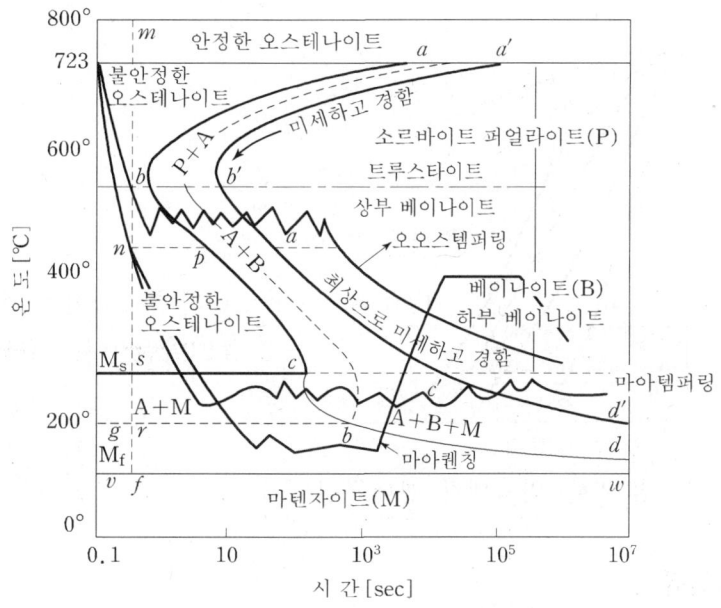

[그림 2.3 공석강의 항온 변태 곡선]

2. 마아템퍼링(martempering)

① M_s점과 M_f점 사이에서 항온 변태 후 열처리
② 마텐자이트와 베이나이트의 혼합조직
③ 항온 유지시간이 너무 길어서 공업적으로 거의 사용하지 않는다.

3. 마아퀜칭(marquenching)
① 코(P – P′) 아래서 항온 열처리 후 뜨임
② 담금 균열과 변형이 적어 복잡한 부품 담금질에 사용

3) 연속냉각 변태 곡선(CCT)

강재를 오스테나이트 상태에서 급냉 또는 서냉할 때의 냉각 곡선을 연속냉각 변태 곡선(continuos cooling transformation curve)라고 하며 일반 열처리라고 생각하면 편리하다.

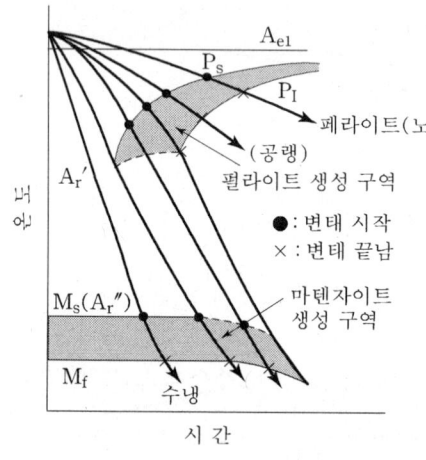

[그림 2.4 연속냉각 변태곡선]

4) 계단 담금질

강을 담금질 할 때 250℃ 이하에서는 급격한 체적 팽창이 따르므로 이 온도 범위 이하에서 급냉하면 균열이 발생하기 쉽다. 그러므로 페라이트나 펄라이트는 M_s점 보다 높은 온도에 있는 동안에 냉각제 속에서 끌어올려 대기 중에서 공냉하든가 또는 적절한 매체 내에서 냉각한다. 일반적으로 행해지는 계단 담금질은 수냉-끌어올림-공냉, 수냉-끌어올림-유냉 등이 대표적이다.

5) 파텐팅

계단 담금질의 응용적 방법으로 경강선의 신선인발 작업의 전처리로 실시되는 열처리법이다. 일반적으로 퍼얼라이트 조직은 소르바이트 조직에 비하여 강도가 낮고 불균일하며 거칠은 조직을 나타내므로 신선가공 시 가공이 균일하게 행해지지 않으며 선의 인성이나 내구성이

현저하게 나빠진다. 따라서 신선가공의 전처리로 소르바이트 조직화할 필요가 있다. 파텐팅은 담금질-템퍼링의 2단계 조작으로 소르바이트 조직으로 만드는 방법 대신 오스 템퍼 처리의 1단계법을 채용하여 소르바이트상 펄라이트로 하여 높은 강도와 경도크기 연성을 갖도록 하여 고도의 신선작업에 견디도록 하기 위한 것이다.

경도 크기(HB)

시멘타이트(820)〉마텐자이트(720)〉투루스타이트(400)〉베이나이트(340)〉
소르바이트(270)〉펄라이트(225)〉오스테나이트(155)〉페라이트(90)

(3) 표면 경화법

기어나 크랭크축, 캠 등은 내마멸성과 강인성이 있어야 한다. 이때 강인성이 있는 재료의 표면을 열처리하여 경도를 크게 하는 것을 표면 경화법이라 한다.

1) 침탄법

침탄제와 침탄 촉진제를 침탄 상자 속에 넣고 가열하면 0.5~2[mm]의 침탄층이 생겨 표면만 단단하게 되는데 이러한 표면 경화법을 침탄법이라고 한다.

1. 종류

   ① **고체침탄법**
   - 침탄 촉진제(탄산바륨 ($BaCO_3$), 탄산소다 (Na_2CO_3))

   ② **액체침탄법(시안청화법, 침탄질화법)**
   - 침탄제: 시안화나트륨, 시안화칼륨
   - 촉진제: 탄산칼륨, 탄산나트륨(Na_2CO_3), 염화칼륨

   ③ **가스침탄법**
   - 메탄가스, 프로판가스

2. 특징
   - 침탄 후 열처리가 필요하다.
   - 침탄층이 질화법보다 깊다.
   - 침탄 후 수정이 가능하다.
   - 경도가 질화법보다 비교적 낮다(고온에서).

2) 질화법

1. NH_3 가스를 이용한 표면 경화법

NH_3 가스는 고온에서 분해하여 질소(N) 가스를 발생한다. 이 질소 가스가 철과 화합하여 굳은 질화층을 형성하는데 질화층은 경도가 대단히 크고 내마멸성과 내식성이 크다.

2. 특징

① 경도가 침탄법보다 높다. ② 질화 후 열처리가 필요없다.
③ 질화층이 여리다. ④ 변형이 적다.
⑤ 질화 후 수정이 불가능하다. ⑥ 고온에서 경도유지

3) 기타 표면 경화법

1. 화염 경화법(flame hardening)

쇼터라이징(shoterizing)이라고도 하며 탄소강을 산소-아세틸렌화염으로 가열하여 물로 냉각하여 표면만 단단하게 열처리하는 방법(선반의 베드안내면)이다.

2. 도금법(plating)

강이 내식성과 내마모성을 주기 위하여 Ni, Cr 등으로 도금하는 방법이다.

3. 금속 침투법

표면의 내식성과 내산성을 높이기 위하여 강재의 표면에 다른 금속을 침투 확산시키는 방법으로 종류는 다음과 같다.

① 세라다이징(sheradizing) : Zn 침투
② 캘러라이징(calorizing) : Al 침투
③ 크로마이징(chromizing) : Cr 침투
④ 실리콘나이징(silliconizing) : Si 침투
⑤ 보로나이징 : B 침투

4. 고주파 경화법

고주파에 의한 열로 표면을 가열한 후 물에 급냉시켜 표면만을 경화시키는 방법으로 토코 방법(Tocco Process)이라 한다.

특수강

강의 기계적 성질과 물리적 성질을 개선하기 위하여 탄소강에 Ni, Cr, W 등의 금속원소를 합금시킨 강을 특수강(special steel) 또는 합금강(alloy steel)이라고 한다. 종류로는 구조용 특수강, 공구용 합금강, 특수용도용 특수강, 내열강, 전자기용 특수강, 불변강이 있다.

1) 특수강에 각 원소가 미치는 영향

1. Mn
① 내식성, 내마멸성, 강인성 부여 ② 강괴에서 S에 대한 메짐성 방지
③ 강괴에서 탈산제로 사용 ④ 쾌삭강에서 절삭성을 좋게 한다.
⑤ 주물에서 흑연화 억제

2. Ni
① 강인성, 내식성 증가 ② 주물에서 흑연화 촉진

3. Mo
① 텅스텐(W)과 흡사하다. 효과는 2배
② 담금성, 크리프 저항성 증가
③ 주물에서 흑연화 억제

4. Cr
① 내열성, 내식성 증가
② 내열강의 주성분
③ 주물에서 흑연화 억제

5. Si
① 자기적 성질 증가
② 주물에서 흑연화 촉진
③ 스프링 강에 필히 첨가해야 할 원소
④ 변압기 철심 등에 이용

2) 구조용 특수강

1. 강인강

담금성 자경성을 좋게 하기 위하여 탄소강에 특수 원소를 첨가한 강이다.

① Ni강
조직이 균일하고 강도, 내식성, 내마모성이 우수하다. 인성이 높고 연성취성이 낮다. 저온용강 사용.

② Cr강
탄소강에 Cr를 첨가한 강으로써 담금성이 우수하다. 내열, 내식 우수

③ Ni-Cr강
점성이 크다(취성이 있다). 담금성이 극히 우수(SNC)

④ Cr-Mo강
경화에 대한 저항이 크며, 고온가공성, 용접성 양호(SCM)

⑤ Ni-Cr-Mo
Ni-Cr강에 Mo를 첨가하여 취성을 개선한 강(구조용강 중 가장 우수하다) (SNCM)

⑥ Mn강
- 저Mn강(Ducole강) : 0.170.45%C, 1.2~1.7%Mn, pearlite 조직, 고장력강의 원재료, 기계 구조용, 일반 구조용, 선박 교량, 레일 등
- 고Mn강(Hadfield강) : 1~1.2%, 11~13% Mn, 1000~1050°C로 가열한 후 물이나 기름 중에 급냉(수인법)하면, austenite 조직화됨 상자성체, 대단히 우수한 내충격성, 내마모재, 각종산업기계용 가공경화속도가 아주 크다.
기차레일의 교차점

2. 표면 경화용강

내부는 강하고 질기며 외부는 경도가 요구되는 재료에 사용된다.

① 침탄강(cemented steel) : Cr, Mo를 첨가하여 표면 침탄이 잘되게 한 강

② 질화강(nitriging steel) : Cr, Mo, Al 등을 첨가한 강

③ 자경성 : 공기 중에서 스스로 경화되는 성질

3) 공구용 합금강

공작기계에서 사용하는 바이트, 커터, 드릴 등의 절삭공구 및 다이(Die), 펀치와 같은 소성가공용 공구에 사용되는 강

1. 구비조건

① 상온 및 고온경도가 클 것 ② 강인성이 있을 것

③ 열처리 및 가공이 용이할 것 ④ 가격이 저렴할 것

⑤ 내마멸성이 클 것

2. 종류

① **탄소 공구강(STC)**

탄소 함유량 0.6~1.5% 사용온도 200°C 이상은 경도가 낮아지므로 고속절삭은 불가능하다.

② **합금 공구강(STS)**

주성분 : W, Cr, V, Mo

③ **고속도강(SKH, HSS)**

㉠ W계 1300°C 부근, Mo계 1220°C 부근에서 가열 후 급냉시킨 다음 550°C 정도에서 뜨임.

㉡ 주성분 : W, Cr, V(18-4-1)(Co, Mo도 함유)

④ 초경합금(소결합금)
  ㉠ W 분말과 C 분말을 혼합시켜 WC로 만든 다음 점결제인 Co로 1400~1500°C에서 소결시킨 강
  ㉡ 주성분 : W - C - Co
  ㉢ 고온 경도가 우수(위디아, 아리아, 카볼로이, 탕가로이)

⑤ 세라믹(소결합금)
  주성분 : Al_2O_3

⑥ 스텔라이트(주조합금)
  ㉠ 주조한 상태의 것을 연마하여 사용하는 공구이며, 열처리하지 않아도 충분한 경도를 가진다.
  ㉡ 주성분 : W, Co, Cr, Mo

⑦ 입방정질화붕소(CBN) 공구
  입방정 질화붕소(Cubic Boron Nitride; CBN)의 미세한 결정을 금속이나 특수한 세라믹스의 결합제를 사용하여 초경합금 기판에 밀착시킨 공구이며 경도는 다이아몬드 다음으로 경하다.

4) 특수용도용 특수강

1. 스테인리스강(STS, SUS)

Ni, Cr를 다량 첨가하면 대기중, 수중, 산 등에 잘 견디는 성질을 가지게 되는데, 이와 같이 Ni, Cr을 첨가하여 내식성을 좋게한 강을 스테인리스강이라고 한다.

① Cr계 스테인리스강
  ㉠ 페라이트(ferrite)계 : STS 430, 440, 405, 0.12% 이하 C, 13% Cr, 18% Cr 페라이트 조직, 열처리 강화 안됨, 연성, 소성 가공성 우수
  ㉡ 마텐자이트(martensition) : 중·고탄소, 11.5~18% Cr 펄라이트 조직인 것을 담금질 및 뜨임하여 사용 강도, 경도 큼, 각종 기계 부품, 공구류, 내열재 STS 410, 416, 403, 420

② Cr - Ni계 스테인리스강
  ㉠ 오스테나이트(austenite계) : STS 302, 304, 저탄소, 18 - 8계가 대표적 → 17~25% Cr, 6~22% Ni 오스테나이트 조직, 수인 처리 입체 부식을 방지, 비자성체, 내열재 내식성 우수, 의료 기구, 식품공업, 화학공업, 생체 재료, 내열재 장식품, 식기류.

ⓒ 석출 경화형 : 석출 경화 초고장력강의 일종, STS630(17-4PH) STS 631(17-7PH) 마텐자이트 또는 오스테나이트 조직 상태에서 석출 경화 처리. 초고장력강의 일종

2. 초고장력강(超高張力鋼)

이 강은 로켓, 미사일 구조용재로서 개발된 것으로 $150\sim200\,\mathrm{kg_f/mm^2}$ [$1470\sim1960\,\mathrm{MPa}$]의 인장강도와 우수한 인성을 갖고 있다. 중탄소 저합금강의 마텐자이트(martensite)강, 중탄소 중합금강, 극저탄소 고합금의 maraging강 등이 있다. 또한 이 강은 ausforming용강으로도 적당하다. maraging강은 석출 경화를 이용한 것으로 극저탄소 (dir 0.01% C) 18% Ni-Co-Mo-Ti강이 중심이다.

3. 게이지강

① 주성분과 종류

   Mn강, Cr강, Mn-Cr강, Ni강

② 구비조건

   ㉠ 내마모성이 클 것
   ㉡ 담금질 균열이 적을 것
   ㉢ 오랜 시간이 경과하여도 치수 변화가 적을 것
   ㉣ 내식성 및 경도가 좋을 것

4. 쾌삭강

주성분 : C강에 절삭성을 향상시키기 위하여 S, P, Pb 등을 첨가한 강

5. 스프링강(Spring steel, SPS)

① 상온가공으로 경화시킨 경강선이나 피아노선 사용

② 일반 자동차용 : Si-Mn, Cr-Mn

③ 정밀한 고급 스프링 재료 : Cr-V

④ 내식·내열용 스프링 : 스테인리스강, 고Cr강

⑤ 겹판스프링 : Si-Mn

⑥ 대형겹판스프링 : Cr-Mo강

5) 내열강

1. 종류
Cr-Si, Cr-Ni

2. 내열강의 구비조건
- 고온에서 경도, 화학적으로 안정, 기계적 성질이 우수할 것
- 소성가공, 절삭가공, 용접이 쉬울 것
- 내열성이 우수할 것

6) 전자기용 특수강

1. 규소강
저탄소강에 Si를 첨가한 강으로 발전기, 전동기, 변압기 등의 철심 재료에 적합하다.

① Si 1.0% 이내 : 연속적인 운전을 하지 않는 발전기
② Si 2.0% 이내 : 발전기나 유도 전동기 모터
③ Si 3.0% 이내 : 전동기 및 발전기 철심
④ Si 4.0% 이내 : 변압기 철심, 전화기

2. 자석강
자석 재료로 사용

① 종류
  ㉠ KS자석강 : Fe-Co-Cr-W 합금
  ㉡ MK자석강 : Fe-Ni-al-Cu-Ti 합금
  ㉢ 쾌스테자석강 : Fe-Co-Mo 합금
  ㉣ 큐니프 : Fe-Ni-Co 합금
  ㉤ 알루니코 : Fe-Al-Co 합금
  ㉥ 비칼로이 : Fe-Co-C 합금

7) 불변강

Ni 36% 이상의 고니켈강으로 비자성체이며 강력한 내식성을 갖는 강

1. 종류

① 인바(invar)
   ㉠ 주성분 : Fe - Ni
   ㉡ 줄자, 표준자 등에 재료에 사용
   ㉢ 내식성이 대단히 우수하다.

② 엘린바(elinvar)
   ㉠ 주성분 : Fe, Ni, Cr
   ㉡ 정밀저울, 고급시계 스프링용으로 사용

③ 코엘린바(Co - elinvar)
   주성분 : Fe - Ni - Cr - Co

④ 퍼멀로이
   주성분 : Ni - Co

⑤ 플래티나이트(platinite)
   ㉠ 주성분 : Fe - Ni
   ㉡ 유리와 금속의 봉착용 합금(전구의 도입선)

주 철

(1) 선철 및 주철의 조직

1) 선철

철광석을 용광로에서 용해하여 얻은 철을 선철(pig iron)이라 하고 탄소를 1.7~4.5% 함유하고 있다. 이것은 일반적으로 질이 여리고 단조할 수 없지만 다른 철합금보다 용융점이 낮고 유동성이 좋기 때문에 주물을 만들기에 적합하다. 이 선철 중 파단면이 회색인 것을 회선철(gray pigiron)이라 하고 입자가 거칠고 질이 연약하지만 주조에는 가장 적합하다. 또 백색인 것을 백선철(white pigiron)이라 하며 입자가 가늘고, 아주 여물어 유동성이 나쁘므로 주조는 곤란하다.

2) 주철

선철에 파쇠 외에 여러 가지 원소를 가해서 용융한 것을 주철(cast iron)이라 하고 일반적으로 2.5~4.5%C, 0.5~30% Si, 0.5~1.5% Mn, 0.05~1.0% P, 0.05~0.15% S를 함유하고 있다. 주철은 가단성, 강도, 인성 및 전성이 나쁜 반면에 유동성이 좋고 압축강도와 감쇄능이 커서 여러 가지 모양으로 주조할 수 있으며 또 철강보다 값이 싸다.

3) 주철의 종류

- **보통 주철**
  - 회주철 : 파단면이 회색이며 시멘타이트+ 펄라이트(인장강도 $20\,kg/mm^2$)
  - 백주철 : 펄라이트+페라이트+흑연

- **가단 주철**
  - 흑심 가단 주철(인장강도 $35\,kg/mm^2$)
  - 백심 가단 주철(인장강도 $36\,kg/mm^2$)

- **특수 주철**
  - 니켈 주철
  - 크롬 주철
  - 몰리브덴 주철
  - 칠드 주철

- **미하나이트 주철**

1. 가단 주철

① **흑심 가단 주철(BMC)**

백선주물 안의 화합탄소를 풀림에 의해서 흑연화시킨 것으로 파단의 심부는 흑연으로 주변만이 풀림이 되어서 백색이다.(인장강도 $35\,kg/mm^2$)

② **백심 가단 주철(WMC)**

백선주물을 산화철로 싸고 900°C 정도의 고온에서 탈산시킨 것으로 파단면은 백색이다.(인장강도 $36\,kg/mm^2$)

③ **펄라이트 가단 주철**

흑연화를 목적으로 하나 일부의 탄소를 Fe_3C로 잔류시킨 주철이다.

2. 특수 주철

① 니켈 주철
Ni을 2% 이하와 10% 이상을 함유한 것이고 10%의 것은 비산성으로 내열성이 크다.

② 크롬 주철
보통 크롬은 5% 이하에서 경도와 강도가 증가하지만 1% 이상 가한 것은 마모와 열과 부식에 대한 저항이 크다.

③ 니켈-크롬 주철
니켈-크롬의 비를 2.5 : 1 정도로 하면 인장강도가 크고 내마모성이 큰 주물이 된다.

④ 몰리브덴 주철
질이 치밀하고 인장강도가 크며 마모와 부식에 대한 저항이 크다.

⑤ 바나듐 주철
바나듐을 0.1~0.5% 첨가하여 인장강도와 내마모성을 증가시킨 주물

⑥ 알루미늄 주철
산과 열에 대한 저항이 크지만 여리고 또 주조성이 나쁘다.

⑦ 구상 흑연 주철(GCD)
주철에 세륨(Ce) 0.02%를 가하면 흑연이 구상화한 강인한 주물이 된다. 세륨 대신에 마그네슘(Mg) 또는 칼슘(Ca)을 가해도 같은 결과가 된다. 인장강도 55~80 kg/mm^2, 연신율 2~6%, 브리넬 경도 H_B = 280~320(연성 주철, 노듈러 주철이라고도 함)

⑧ 칠드 주철(Chilled cast iron)
주조할 때 주물사 내에 냉각쇠를 넣어 백선화(chill)시켜서 경도를 높이고 내마모성, 내압성을 크게 한 주철이고 백선화한 부분은 취성이 있으나 경도가 커서 내마모성이 있고 내부는 강하고 인성이 있는 회주철이므로 전체로서는 취약하지 않다.

3. 미히나이트 주철

① Ca-Si을 접종시켜 미세한 흑연을 균일하게 분포시킨 펄라이트 주철로서 조직이 균일하다.

② 용도 : 브레이크 드럼, 기어, 크랭크축

③ 인장강도 : 35~45 kg/mm²

4. 고급 주철 제조법

① 란쯔법, 에멜법, 코오살리법, 피보와르스키법, 미히한법

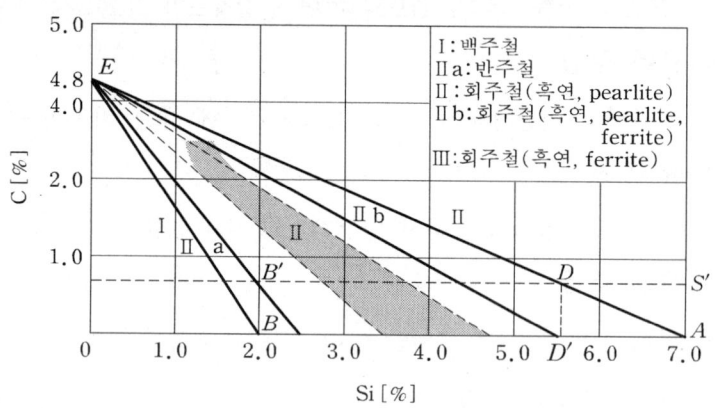

[그림 2.5 Maurer 조직도]

5. 마우러 조직도

마우러(Maurer)는 지름 75 mm의 원봉을 1250°C의 건조형틀에 주입 냉각 속도 일정시의 탄소와 규소의 조직도를 발표하였다.

6. 주철의 성장

주철은 600°C 이상의 온도로 가열, 냉각을 반복하면 그 체적이 점차 증가하여 나중에는 균열이 생기든지 강도가 저하된다. 이를 주철의 성장이라 한다.

주철의 성장 원인은 다음과 같다.

① Fe_3C의 흑연화에 의한 팽창

② 고용 원소인 Si의 산화에 의한 팽창

③ 불균일한 가열에 의해 생기는 파열 팽창

④ A_1 변태에서 체적 변화에 의한 팽창

⑤ 흡수한 가스에 의한 팽창

이와 같은 성장을 방지하는 방법은 다음과 같다.

  ㉠ 조직을 치밀하게 할 것
  ㉡ Cr, W. Mo 등의 시멘타이트 분해 방지원소를 첨가할 것
  ㉢ 산화원소인 Si를 적게 하거나 내산화성 원소인 Ni로 치환할 것

4) 주강

인장강도는 47~61 kg/mm²으로 주철에 비해 용해나 주입온도가 높으므로 응고시 수축이 크고 가스방출이 많다.

Section 03   비철금속재료

❏ 동 및 그 합금

(1) 동의 특징

① 전기, 열의 양도체이다.

② 유연하고 전연성이 좋으므로 가공이 용이하다.

③ 화학적으로 내식성이 크다.

④ Zn, Sn, Ni, Au, Ag 등과 용이하게 합금을 만든다.

(2) 동의 성질

① 물리적 성질 : 비중 8.93, 용융점 1083°C, 비등점 2600°C, 비열 0.092(20°C), 선팽창계수 $16.5 \times 10-6$, 열전도율 0.94(20°C), 주조수축율 1.42%, 원자량 63.57 풀림온도 400~600°C(30분~1시간)

② 화학적 성질 : 순동이 CO_2, SO_2, 습기 등과 접촉하여 염기성탄산동[$CuCO_3-Cu(OH)_2$] 염기성 황산동[$CuSO_4-Cu(OH)_2$]의 녹을 발생하여 보호피막을 형성한다.

(3) 황동(Cu+Zn)[Brass, 구기호 YB_sC1, 신기호 $CAC201$]

1) 물리적 및 기계적 성질

1. **저온소둔경화** : α-황동냉간가공재를 풀림할 때 재결정 온도이하에서 경화하는 현상

2. **경년변화(Secular change)** : 시간의 경과에 따라 경도 등 제성질이 악화하는 현상

2) 화학적 성질

1. **탈아연부식(Dezincification)** : 불순물이나 부식성물질, 소금물 등에서 용존하는 수용액의 작용에 의해 황동의 표면 또는 내부까지 탈아연되는 현상

2. **자연균열(Season cracking)** : 암모니아 (NH_3) 가스 중에서 황동가공제에서 잔류응력에 의해서 발생하는 균열

3. **고온탈 아연(Dezincing)** : 고온에서 증발에 의해 황동표면으로부터 탈아연되는 현상

3) 실용합금

1. **톰백(Tombac)** : 8~20% Zn을 함유한 α 황동으로 빛깔이 금에 가깝고 연성이 크므로 금박, 금분, 불상, 화폐제조 등에 사용(α 황동)

2. **7/3 황동(cartridge brass)** : 63~72%에 25~35% Zn을 함유한 α 황동, 부드럽고 연성이 풍부 압연압출이 용이

3. 6/4 황동(Muntz brass) : 58~62% Cu에 35~45% Zn이 함유한 α+β 황동. 내식성이 좋고 가격이 싸고 강도가 요구되는 부분에 사용

   4. YBsC : 황동주물, HBsC : 고강도 황동주물[$CAC301C$]

  4) 특수 황동

   1. 주석 황동(Tinned brass) : 황동(Tinned brass)+Sn으로 탈아연부식이 억제되어 내해수성이 요구되는 부품용으로 사용

      ① 어드미럴티(Admiralty) metal : 7/3 황동+1% Sn

      ② 네이벌(Naval) brass : 6/4 황동+1% Sn

   2. 니켈 황동(양은 : German silver) : Cu-Zn-Ni계 합금으로 7/3 황동에 7~30% Ni를 첨가, 냉간가공에 의해 내력, 전연성, 내피로성, 내식성 등의 우수하다(은그릇 대용).

   3. 델타 메탈(Delta metal) : 54~58% Cu+40~43% Zn, 1%내와 Fe의 것으로 P 또는 Mn으로 탈산하고 Ni, Pb 등을 첨가, 압연단조성이 좋다.

(4) 청동(Bronze)(BC)[구기호 $BC1C$, 신기호 $CAC401C$]

 1) 주석 청동의 성질

  ① 내식성이 크다.   ② 인장강도와 연신율이 크다.

  ③ 내해수성이 좋다.   ④ 황동보다 주조하기 쉽다.

 2) 실용주석 청동

  ① 1~2% 주석청동 : 송전선에 사용.

  ② 3~8% Sn+1% Zn : 화폐, 메달에 사용.

  ③ 8~12% Sn+1~2% Zn : 포금(gun metal)

3) 알루미늄 청동[구기호 $ALBC1C$, 신기호 $CAC701C$]

약 12%의 Al을 함유, 강도, 경도, 내식성, 내마모성이 우수 공업기기, 항공기, 선박, 자동차 부품에 사용(Arms Bronze, Dynamo bronze)

(6) 기타 동 합금

① 베릴륨동 : 2~3% Be를 함유하고 석출경화성이 있고 동합금 중에서 최고의 경도를 갖는다.

② 백동(Cupro nikel) : 15~25% Ni를 첨가. 압연성이 풍부, 상온가공을 계속 가능

③ Monel metal : 60% Ni를 함유하는 합금, 내식성이 좋고 고온에서 강도가 저하하지 않는 공업용 펄프, 증기밸브, 프로펠러에 사용

④ 켈멧(Kelmet) : 30~40% Pb의 합금이며 내압하중을 받는 베어링 용합금이다.

알루미늄과 그 합금

(1) 알루미늄의 성질

비중 2.7, 전기 및 열전도, 내식성이 우수 원료는 광석보크 사이트 (Boxite : 주성분 $Al_2O_3 \cdot 2H_2O$).

1) 물리적 성질

결정은 면심입방격자(f.c.c), 용융점 660°C, 비등점 2494°C, 원자량 26.97

2) 기계적 성질

인장강도는 고순도인 경우 $4~5kg/mm^2$, 가공재인 경우 $10kg/mm^2$, 표면에 Al_2O_3의 산화피막을 형성하여 내식성이 우수

(2) 알루미늄 및 그 합금

1) 일반용 Al 주물합금

1. Al-Si계 합금(실루민)
- ㉠ 계는 단일공정계상태도, 공정온도 577°C, 공정은 Si의 약 11.6%
- ㉡ 개량처리(modification) : 실루민 합금을 서냉하면 공정조직이 거칠게 발달하여 기계적성질이 저하되므로 용체에 미량의 Na, NaF를 첨가하여 조직을 미세화시켜주는 처리
- ㉢ γ-Silumin, alpax(10~14%)

2. Al-Mg계 합금
- ㉠ 내해수성, 내식성이크므로 선박용, 화학공업 부품용
- ㉡ 실용합금 : Magnalium(Al+약 10% Mg) 또는 하이드로날륨 (Hydronalium)

3. 주조용 Al-Cu-Si계 합금
- ㉠ 시효경화성 합금
- ㉡ Lautal 합금(3.5~7.0% Cu+2.5~8.5% Si+Al)

2) 내열용 Al 합금
(1) Y 합금(Al+4% Cu+2% Ni+1.5% Mg) : 피스톤, 실린더용
(2) Lo-Ex 합금(Low expansion : 12% Si+1% Cu+2% Ni+1% Mg+Al)
(3) 코비탈리움(cobitalium) : Y 합금+Ti+Cu

3) 탄력용 강력 Al 합금
(1) 듀랄루민(Duralumin) : Al+4% Cu+(0.5~1.0%) Mn+0.5% Mg : 700~800°C의 주조에서 생긴 조직을 고온 가공으로 430~470°C에서 단련하여 주조조직을 없애 버린 후 500~510°C에 담금질하고 시효경화시킨다. 실용합금, Alcoa 175

(2) 초두랄루민(super duralumin) : 인장강도 50kg/mm² 이상, 실용합금 Alcoa 25S

(3) 초초두랄루민(extra duralumin) : 인장강도 54kg/mm² 이상, 실용합금 Alcoa 75S

(4) 단련용 라우탈(Lautal) : (6% Cu + 2~4% Si + Al) 실용합금 Alcoa 25S

(5) 피스톤용 합금 : Y 합금은 Al-Cu-Ni계의 내열합금, Alcoa 18S, 32S, RR 합금(개량 Y 합금, Ti를 첨가 결정을 미세화)

4) 내식용 단련용 Al 합금

(1) 하이드로날리륨(Hydronalium) : Al-Mg계 합금, Al + 약 10% Mg, 내해수성이 좋다.

(2) 알민(Almin) : Al-Mn계 합금, 내식성이 양호

(3) 알드리(Aldrey) : Al-Mg-Si계 합금, 강도가 우수 내식성이 좋다.

(4) 알클래드(Alclad) : 강력 Al 합금 표면에 순 Al 또는 내식성 Al 합금을 피복 또는 접착시킨 합판재

5) Al 분말 소결체(Sintered aluminum Powder : SAP)

고도로 질화된 Al 분말을 가압성형 소결 후 압출, APM 제품(Hydonium 100)

🔲 베어링 합금

1) 종류

1. 화이트 메탈(White metal)

Sn-Sb-Pb-Cu계합금, 백색, 용융점이 낮고 강도가 약하다. 베어링용 다이케스팅용재료

2. 배빗 메탈(Babit metal)

Sn-Sb-Cu의 합금, 내식성, 고속베어링용

3. 켈멧(Kelmet)

20~40% Pb + Cu의 합금, 마찰계수가 작고 열전도율이 우수, 발전기 모터, 철도차량용 베어링용

베어링의 구비조건은 다음과 같다.

① 하중에 대한 내구력이 있는 경도 및 내압력이 있어야 한다.
② 축에 적응이 되도록 충분한 점성과 인성이 있어야 한다.
③ 주조성, 피가공성이 좋으며 열전도성이 커야 한다.
④ 마찰계수가 적고 저항력이 커야 한다.
⑤ 내식성이 좋아야 한다.

Section 04 비금속재료

기계를 구성하는 재료는 금속 재료가 주종을 이루고 있으나, 금속 재료가 모든 필요성을 만족시킬 수는 없으므로 비금속 재료의 특수한 성질을 이용한다. 여기서는 비금속 재료 중의 합성수지만을 취급한다. 합성수지는 경화현상으로 분류되며 열경화성 수지와 열가소성 수지로 나눌 수 있다.

① 열경화성 수지 : 한번 열을 받아 녹혀 성형을 하며 성형 후 다시 가열하여도 연하여지거나 용융되지 않고 오히려 분해되어 기체를 발생시킨다.

② 열가소성 수지 : 성형 후 가열하면 연하여지고 냉각하면 다시 본래상태로 굳어지는 성질

(1) 합성수지의 공통성질

① 가볍고 튼튼하다.(비중 1~1.5)
② 가공성이 크고 성형이 간단하다.
③ 전기절연성이 좋다.
④ 산, 알칼리, 유류 약품 등에 강하다.
⑤ 착색이 자유롭다.
⑥ 유리와 같이 빛을 투과시킬 수 있다.
⑦ 비강도가 비교적 높다.

(2) 합성수지의 분류

구 분	종 류	용 도
열가소성 플라스틱	폴리염화비닐 수지	가죽 대용품, 상·하수도관, 호스, 전선 피복, 화학 약품 저장 탱크 등
	폴리스틸렌 수지	단열재, 광학 제품, 1회용 용기, 자동차의 내부 장식, 냉장고 부품 등
	폴리에틸렌 수지	주방 용기, 전기 절연 재료, 장난감, 원예용 필름 등
	폴리프로필렌 수지	카드 파일, 수화물 상자, 주방 용기, 포장 재료, 화장품 용기, 자동차 가속 페달 등
	아크릴 수지	광고 표지판, 광학 렌즈, 콘택트 렌즈 등
	나일론	섬유, 플라스틱 베어링, 기어, 제도용 자 등
열경화성 플라스틱	페놀 수지	접착제, 전기 배전판, 회로 기판, 공구함, 전화기, 자동차 브레이크 등
	아미노 수지	식기류, 전기 스위치 덮개, 단추 등
	에폭시 수지	금속·유리 접착제, 건물 방수 재료, 도료 등
	폴리에스테르	나일론과 유사사용
	폴리우레탄	나일론과 유사, 신축성이 매우 좋으나 내구성이 나쁨

(3) 합성수지의 첨가제

① 가소제 : 합성수지를 부드럽고 유연하게 해준다.

② 활제 : 수지의 흐름을 좋게 한다.

③ 착색제 : 색깔을 아름답게 해준다.

④ 보강제 : 강도를 높여준다.

(4) 합성수지의 성형

합성수지의 성형방법에는 압축성형, 사출성형, 압출성형, 공기취입성형의 방법이 있다.

1. 압축성형

형틀에 성형재료를 넣고 가열한 다음 높은 압력으로 눌러 성형하는 방법

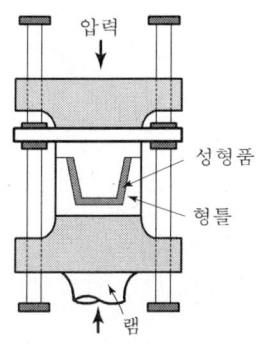

[그림 3.1 압축성형]

2. 사출성형

용융된 원료를 노즐을 통해 형틀에 부어 성형

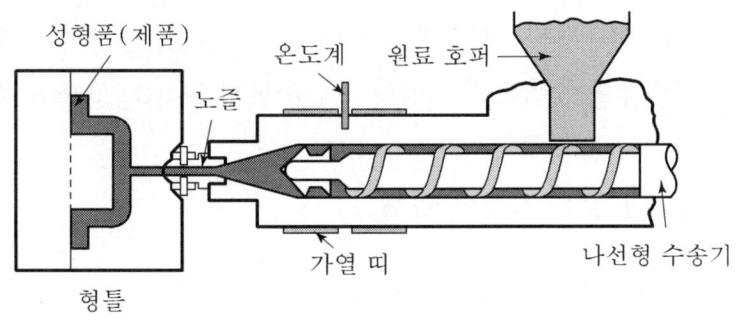

[그림 3.2 사출성형]

3. 공기취입성형

용융 직전의 부드러운 플라스틱관(플라스틱 패리슨)을 놓고 공기를 불어 모양을 만든 후 냉각시키는 성형방법으로 제조속도가 대단히 빠르다.

4. 압출성형

일정한 모양의 제품을 성형하거나 전선피복, 플라스틱 관 등을 만드는 방법으로 제품을 연속적으로 만들 수 있고 제품이 균일하다.

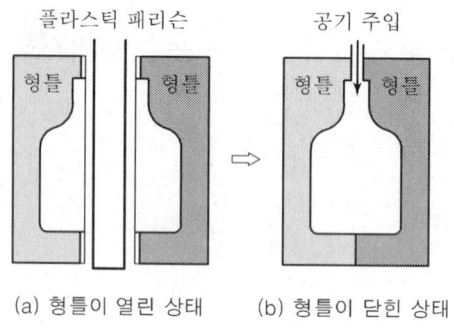

(a) 형틀이 열린 상태 (b) 형틀이 닫힌 상태

[그림 4.3 공기취입성형]

5. 세라믹스(ceramics)와 서멧(cermet) 세라믹 코팅(ceramic coating)

3000℃ 정도의 융점을 갖고 있는 탄화물(炭化物), 질화물, 산화물 등의 비금속 재료인 세라믹스와 세라믹스분말과 금속분말과의 결합체인 서멧(cermet)과 금속의 표면에 내열 피복을 하는 세라믹 코팅(ceramic coating)등이 고온강도특성의 우수하다. 세라믹스는 성분에 따라 산화물계(Al_2O_3, MgO, TiO_3), 탄화물계($SiCO_3$, TiC)와 질화물계(Si_3N_4, BN)로 분류하며 다음과 같은 특징이 있다.

① 용융점이 높다.(이온결합 + 공유결합)
② 내열·내산화성이 좋고, 고온강도가 크다.
③ 화학적으로 안정하나, 열전도율이 낮다.
④ 전기절연성이 크고, 투과성(透過性)이 우수하다.
⑤ 유전성(遺傳性), 자성(磁性), 압전성(壓電性)이 우수하다.
⑥ 충격에 약하고, 성형성과 기계가공성이 나쁘다.

서멧(cermet)은 "ceramics + metal"로부터 연유된 복합어로 금속 조직(metal matrix)내에 세라믹 입자를 분산시킨 복합 재료이며, 세라믹스(ceramics)와 금속의 특성을 겸하고 있는 초고온 내열 재료이다. 제트기, 가스터빈의 날개 등에 사용되며, 특히 900℃ 이상 고온에서 사용하는 경우 그 우수성이 탁월하다. 세라믹스는 고융점에서 산화에 대한 저항성이 있고, 금속은 강인성과 열전도성이 좋다. 그러므로 금속과 세라믹스의 복합 재료인 서멧은 고온에서 안정되며 강도가 높고 열충격에 강하다. 세라믹 코팅은 고온, 급열과 고온고속의 가스유동 등에 의한 침식 및 산화 방지에 응용되며 물리적 화학적 성질 및 밀착성이 좋아야 한다.

6. FRP(유기질, 강화 플라스틱)

강화성 섬유와 모재용 합성수지의 결합으로 모재와 혼합된 섬유에 하중을 부담시키고 모재의 변형을 경감시키는 특징이 있다.

㉠ 성질
　① 장점
　　ⓐ 성형이 용이하다.　　ⓑ 진동에 강하다.
　　ⓒ 내식성이 크다.　　ⓓ 열, 전기 부도체이다.
　　ⓔ 전파 투과성이 크다(비파괴 검사 기능)
　② 단점
　　ⓐ 내열, 내구성이 작다.　　ⓑ 크리프 발생이 크다.
　　ⓒ 경화시 수축이 크다.

㉡ 용도
　항공, 자동차 선박에 이용한다.

㉢ **FRM(섬유강화금속): 금속기 복합재료**
　PRM(입자강화금속)
　FRC(섬유강화세라믹)

제 4 장

기계공작법

SECTION 01　주 조(Casting)
SECTION 02　소성 가공법
SECTION 03　측 정
SECTION 04　용 접
SECTION 05　절삭이론
SECTION 06　선 반
SECTION 07　밀 링
SECTION 08　드릴링 · 보링
SECTION 09　세이퍼, 슬로터, 플레이너
SECTION 10　연 삭
SECTION 11　정밀입자 및 특수가공
SECTION 12　기어절삭
SECTION 13　수기가공 및 브로우칭

단기완성　기계일반

Section 01 주조(Casting)

금속은 가열하면 용해되며 이 용해된 금속을 형틀에 주입하여 주물을 만든다. 즉, 주조(Casting)란 주물을 만드는 작업이며 형틀을 만들어 주입하는 형을 주형(mould)이라 한다.

주조의 공정순서는

① 목형제도 ② 목형제작 ③ 주형제작 ④ 용해 ⑤ 주입 ⑥ 모래제거
⑦ 탕구제거 ⑧ 표면점검 ⑨ 완성으로 된다.

제품과 동일한 형으로 제도를 하고 그 형태로 적당한 목재로 목형을 만든 후 이 목형을 주물사 속에 넣어 다진 다음 목형을 빼내면 목형과 동일한 공간이 생기며 이때의 주물사를 주형이라 한다. 이 주형에 용해된 금속을 주입 후 냉각시키면 목형과 동일한 형의 제품이 되는데, 이 과정을 주조라 한다. 주조에서 나온 제품을 주물이라고 한다.

목형

(1) 목재

1) 목형용 목재의 구비조건

① 가공이 용이하고 표면이 고울 것 ② 잘 가공되어 수축이 적을 것
③ 질이 균일하고 마디가 없을 것 ④ 사용중 파손이나 마모가 없을 것
⑤ 값이 저렴할 것

2) 목재의 수축 방지 조건

① 양질의 목재 사용
② 건조재를 사용할 것
③ 노년기의 수목을 동기(冬期)에 벌채할 것
④ 많은 목편(木片)을 조합하여 사용할 것
⑤ 적당한 도장을 할 것

3) 목재의 수축

① 침엽수 〈 활엽수

② 겨울 〈 여름

③ 고목 〈 어린나무

④ 심재 〈 변재

⑤ 길이방향 〈 연수방향 〈 연륜(나이테)방향

4) 목재의 장단점

장점	단점
가공이 쉽다	조직이 불균일하다
가볍다	수축에 의한 변형이 크다
수리 개조가 쉽다	표면 정도가 낮다
가격이 저렴하다	

(2) 목재 건조법 및 방부법

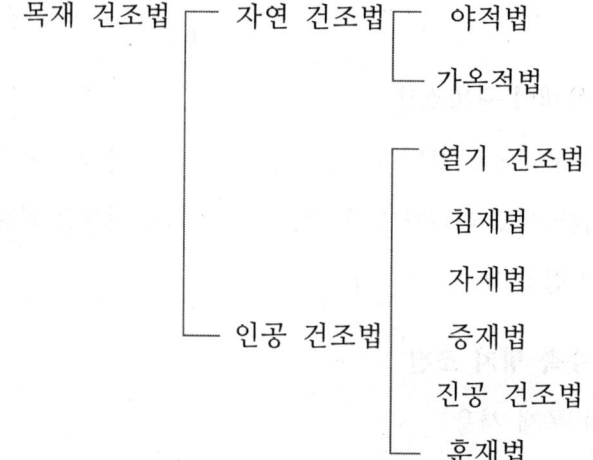

1) 자연 건조법

대류와 온도를 이용하여 나무의 수액과 수분을 배제하는 방법으로 햇빛의 직사를 피하고 공기의 유동을 좋게한다.

① 야적법 : 원목을 말릴 때

② 가옥적법 : 판재, 켠나무 말릴 때 주로 지붕 위에서 말린다.

2) 인공 건조법

① 침재법 : 목재를 채목하여 수상에 약 10일 정도 방치하여 수액과 수분이 치환된 후 공기유통이 잘 되는 곳에 이동시켜 건조하는 방법이다. 이 방법은 탄성력은 감소되나 균열을 방지할 수 있다.

② 온기 건조법 : 목재를 건조실에 넣고 환풍기를 이용하며 약 70℃의 열풍을 목재 사이에 보내서 건조하는 방법이다. 이 방법은 박판 건조에 이용된다.

③ 자재법 : 목재를 용기 속에 넣고 보일링하여 자연건조하는 방법이다. 목재가 약하고 무르며 백색 면색이 생기나 수축이 적으므로 이용도가 높다.

④ 훈재법 : 연소가스나 배기가스로 직접 건조하는 방법이다.

⑤ 전기 건조법 : 전기저항열 또는 고주파 열로써 건조하는 방법이다.

⑥ 진공 건조법 : 진공상태에서 건조하는 방법이다. 열원은 고주파 가열장치나 가스에 의해서 사용된다.

⑦ 증재법 : 목재를 용기에 넣고 2~3기압의 증기를 60분 가량 가열하는 방법이다. 강도가 적으나 건조가 빠르고 변형이나 수축이 적은 것이 특징이다.

⑧ 약재 건조법 : 밀폐한 건조실에 염화칼륨(KCl), 산성백토, 황산(H_2SO_4)과 같은 흡수성이 강한 건조재를 사용하여 건조하는 방법이다. 소량의 중요목재에 적당하다.

3) 목재의 방부법(防腐法)

① 도포법 : 목재의 표면에 크레오솔(creosol)유 또는 페인트 등을 주입 또는 도포 하는 방법

② 충진법 : 목재의 구멍을 파고 방부제를 주입하는 방법

③ 자비법 : 방부제를 끓여서 부분적으로 침투시키는 방법

④ 침투법 : 염화아연, 승홍, 유산동의 수용액 또는 크레오소오트(creosote)에 목재를 침륜시켜 흡수하는 방법

4) 목재의 흠집이나 균열이 발생하는 현상

① 심할 : 목재의 균열이 외피에서 수심을 향하여 발생한 것

② 성할 : 수심에서 외피로 향하여 발생한 것

③ 윤할 : 연륜을 따라 발생한 것

④ 측할 : 외피의 일부에 균열이 발생한 것

⑤ 전상할 : 벌채시 나무가 서로 부딪쳐서 발생한 것

(3) 목형의 종류

1) 현형(solid pattern)

제품과 대략 동일한 현상으로 된 것에 가공 여유, 수축 여유를 가산한 목형을 현형이라 한다.

① 단체형

단일체로서 제작되는 것이며, 간단한 것은 1개의 목편으로써 제작되는 것이지만, 목재의 수축 및 변형을 줄이기 위하여 여러 개의 목편을 못 또는 접착제 등으로 접합하여 제작하는 것을 말하며, 뚜껑, 레버, 화격자 등에 사용된다.

② 분할형

주형을 파괴하지 않고 주형 작업를 용이하게 하기 위하여 목형을 2개 또는 3개로 분할하여 만든 것으로서, 일반적으로 복잡한 주물에 많이 사용된다.

③ 조립형

분할형으로도 주형을 사용할 수 있으나 다시 몇 개로 나눈 목형을 조립하여 사용한다. 주로 복잡한 주물에 사용하여 조립형의 결합에는 다우얼(dowel), 소켓(socket), 더브테일(dovetail) 등을 사용한다.

2) 부분 목형(section pattern) : 대형 기어나 프로펠러

3) 회전 목형(sweeping pattern) : 회전체로 된 물체

4) 고르개 목형(skrickle pattern) : 가늘고 긴 굽은 파이프

5) 골격 목형(skeleton pattern) : 대형 파이프, 대형 주물

6) 코어 목형(core box) : 코어 제작

7) 매치 플레이트(match plate) : 소형 제품 다량 생산

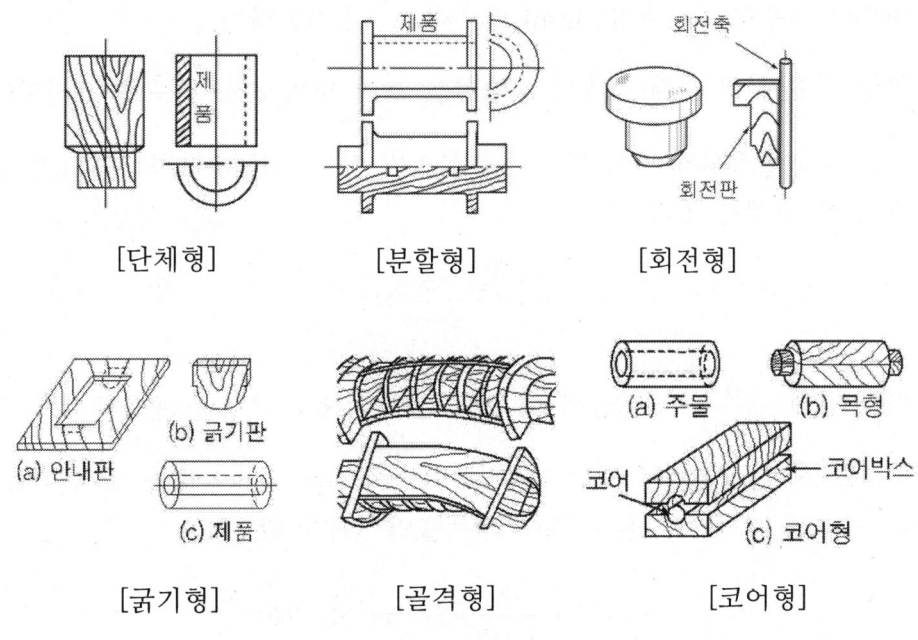

[그림 1.1 목형의 종류]

(4) 목형의 제작 순서

설계도 - 도면 - 현도 - 가공 - 조립 - 검사

(5) 주물의 제조 공정 순서

주조 방안 결정 - 모형 제작 - 주형 제작 - 용해 - 주입

(6) 목형 제작법

1) 현도 제작법

현도 제작과 주형제작과는 밀접한 관계가 있다. 주형제작공이 주형제작시 난이를 충분히 고려하여 현도를 작성하여 목형을 제작하여야 한다. 목형제작시 유의사항은 수축여유, 가공여유, 구배여유, 코어 프린트, 덧붙임, 라운딩이다.

1. 수축여유(shrinkage allowance)와 주물자(shrinkage scale)

응용금속을 주형에 주입하면 식어서 굳어질 때는 수축이 생기게 되어 목형보다 제품은 더 줄어든다. 따라서 목형은 줄어든 만큼 크게 만들어야 하는데, 이때 크게한 여분의 치수를 수축여유(shrinkage allowance)라 한다.

목형의 길이 L일 때 금속의 수축률을 ϕ라 하면 $\phi = \dfrac{L-\ell}{L}$로 표시된다.

ϕ는 금속의 재료에 따라 다르므로 목형의 치수 L은 주물의 치수 ℓ에 대하여 다음과 같은 관계가 있다.

$$L = l + \dfrac{\phi}{1-\phi} \times \ell$$

이와 같이 $\dfrac{\phi}{L-\phi} \times \ell$ 만큼의 여유를 주기 위해서 목형을 제작할 때는 수축여유를 고려한 자가 사용된다. 이것을 주물자(shringage scale) 또는 연척이라고 한다. 또한, 주물의 체적 수축률은 길이 수축률의 3배가 되므로

$$L^3 = (l + \dfrac{\varPhi}{1-\varPhi} \times l)^3 \fallingdotseq l^3(1+3\varPhi)$$

그러므로 목형의 중량 Wp와 목재의 비중 Sp를 알고 주물 재료의 수축률 ϕ와 비중 Sc를 안다면 주철의 중량 Wc를 다음 식으로 알 수 있다.

$$\dfrac{Sc}{Sp} = \dfrac{Wc}{Wp(1-3\varPhi)}$$

$Wc = \dfrac{Sc}{Sp}(1-3\varPhi)Wp$ 개략적으로 계산하면 $Wc = \dfrac{Sc}{Sp}Wp$ 이다.

재료	수축길이(mm)(1m에 대하여)	1m 주물자의 실제길이(mm)
주철	8.5~10.5	1008
주강	10.6~18	1015
황동	18~20	1020
청동	13~20	1015
알루미늄	20	1020

2. 가공여유(machining allowance)와 보정여유(compensation allowance)

① 가공여유(machining allowance) : 사상여유(finishing allowance)라고도 하며, 보통주물에서는 표면거칠기와 정밀도가 요구될 때 함으로써 치수가 적어지는 만큼 목형을 크게 만들어야 할 필요가 있다. 이 여유를 가공여유라 한다. 가공정도는 주물의 크기에 따라 다르며, 거칠기 다듬질에서 1~5mm, 보통정도 다듬질에 3~5mm, 고운 다듬질은 7~10mm로 한다.

② 보정여유(compensation allowance) : 주물의 변형은 수축여유, 가공여유에 의해서 방지할 수 있으나 이것만으로 주물의 변형방지가 되지 않는 부분에 있어서 설계도면의 치수수정이 불가피할 때 목형에서 그 부분의 치수를 증대시키는 것을 말한다.

3. 구배여유(slope allowance)

뽑기기울기(draft or taper) 또는 목형구배라고도 한다. 주형에서 수직인 면은 목형을 뽑아낼 때 주형이 상하지 않기 위해서 모형을 빼내는 방향으로 경사를 주는 것이다. 이것을 일명 인발구배(draft taper)라고도 하며, 1/4~1°가 보통이지만 기계조형은 20/100 이하, 손조형은 30/1000이며 기계안조형 경우는 30/1000 이하, 손조형 안조형일 때는 50/1000 이하로 한다.

4. 코어 프린트(core print)

주형 내부에서 코어를 지지하기 위해서 목형에 덧붙인 돌기 부분을 코어프린트 혹은 코어 지지대라고 한다.

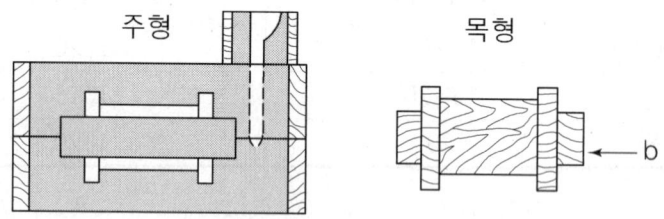

[그림 1.2 코어 프린트]

5. 덧붙임(stop off)

두께가 균일하지 않고 형상이 복잡한 부분은 냉각이 되면 내부응력을 일으켜 파손되기 쉬우므로 덧붙임으로 보강하고 주조한 다음 이것을 잘라낸다.

6. 라운딩(rounding)

쇳물이 응고할 때 주물의 표면에 직각방향으로 결정립이 성장하게 된다. 주물의 직각 부분은 결정립의 경계선이 형성되면 그 부분에 불순물이 모여 수축 또는 편석이 형성되어 취약한 경계면이 조성된다. 이를 없애기 위하여 모서리 부분을 둥글게 하는 것을 라운딩(rounding)이라 하는데, 직각의 외측은 라운딩(rounding)이라고 하며, 내측은 어렵기 때문에 목피나 왁스 등으로 못살(fillet)을 붙인다.

주조

(1) 주조의 개요

1) 주조 및 주물

1. 주조 : 금속을 녹여서 필요한 모양의 주형에 주입하고, 그 속을 냉각 응고시켜 제품을 만드는 과정을 말한다.
2. 주물 : 주조작업으로 얻어진 제품을 말한다.

2) 주물의 종류

1. 주형에 따른 분류

㉠ 모래형 : 생형, 건조형, 철주형, 그밖의 모형

㉡ 금형 : 다이캐스팅, 쉘주형, 원심주형, 시멘트형, 인베스트먼트 형

2. 재료에 따른 분류

① **철주물**

㉠ 주철주물 : 보통주철, 고급주철, 가단주철, 구상흑연주철, 합금주철

㉡ 주강주물 : 보통주강, 합금주강

② **비철주물**

㉠ 구리합금(황동, 청동)

㉡ 경합금(알루미늄합금, 마그네슘합금)

㉢ 납, 아연, 주석, 카드늄합금

(2) 주물사(moulding sand)

1) 주형의 재료

1. 주물사

① 주물사의 구비조건

㉠ 내화성이 클 것

㉡ 화학적 변화가 없을 것

ⓒ 주형제작이 용이할 것
ⓔ 통기성이 좋을 것
ⓜ 적당한 강도를 가질 것
ⓗ 열전도성이 불량하고 보온성이 있을 것
ⓢ 가격이 저렴하고 구입이 쉬울 것

② **주물사의 원료**

규사, 해변사, 산사, 점토로 분류 이 외에도 모래를 주성분으로 석영, 장석, 운모, 점토 등이 있다.

③ **주물사의 성질**

㉠ 입도

ⓐ 입도란, 주물사의 크기를 말하며 메시(mesh)로 나타낸다.
ⓑ 메시(mesh)는 1 inch 길이에 있는 정사각형 내에 있는 체의 구멍수

메시	입도	메시	입도
50 이하	조립	70~140	세립
50~70	중립	140 이상	미립

ⓒ 입도가 크면 주물표면이 거칠고 작으면 통기성이 나빠진다.

· 입도(%) = 체 위에 남아있는 모래의 무게(g)/시료(g)·100

· 입도지수 = $\Sigma Wn\ Sn\ /\ \Sigma Wn$

　Wn : 각 체 위에 남아있는 모래의 중량(%)

　Sn : 입도의 개수

㉡ 내열성 : 고온의 쇳물을 부었을 때 주물사가 고온에 견디는 성질

㉢ 성형성

ⓐ 주물사 서로간의 부착력을 말하는 것
ⓑ 완성된 주형이 견고하여 부서지지 않을 것
ⓒ 주물사의 입도, 점결제와 수분의 양에 따라 결정
ⓓ 통기성 : 가스가 주물사를 통하여 빠져나가는 정도

· 통기도(K) = Vh/APt(cm/min)

   V : 시험편을 통과한 공기량(cc)　　h : 시험편 높이(cm)

   P : 공기 압력(cm)　　　　　　　　A : 시험편의 단면적(cm^2)

   t : 통과 시간(min)

④ **모래 이외의 재료**

모래 이외의 보조재를 주물사에 배합하여 주물사의 성질을 개량한다.

㉠ 규산소다, 들기름 : 코어의 소결제

㉡ 당밀곡분 : 주강용 주물사, 코어 등의 점결성 증가

㉢ 톱밥, 볏집 : 주형내 가스방출

㉣ 흑연, 석탄 : 내 마모성이 큰 주물제작시 모래주형과 금속주형을 조립하여 시멘타이트 형성 모래 주형에 접촉된 부분은 서냉되어 흑연 탄소발달 회색주철이 됨

㉤ 블랙킹(blacking) : 주물사의 표면에 흑연 또는 석탄 분말을 발라 분리를 쉽게 하며 주물의 표면이 매끄럽게 한다.

⑤ **용해로의 종류**

㉠ 용광로 : (철광석을 선철로 만드는) 1일 생산량

㉡ 큐우펄로(용선로) : 주철(매 시간당 용해할 수 있는 중량)

㉢ 도가니로 : 일반합금, 주철, 합금주물(1회에 용해할 수 있는 구리의 중량)

㉣ 반사로평로 : 구리합금, 주철(1회 용해 가능 주강량)

㉤ 아아크 전기로 : 주강, 고급주철

㉥ 유도식 전기로 : 주강합금주물, 고급비철금속

㉦ 전기로 :

  종류 - 아크식 전기로, 유도식 전기로, 전기저항식 전기로

  장점 - 노 안의 온도조절이 용이하고 정확하며 금속의 용융손실이 작다

          가스발생이 적다.

㉧ 고온계 : 500 이상의 온도 측정

  · 열전대식 온도계　　　　　· 광학 온도계

  · 복사 고온계

(3) 주조품에 생기기 쉬운 결함과 대책

1) 수축공(shrinkage)

용융 금속이 주형 내에서 응고할 때 표면부터 수축을 하므로 최후의 응고부에는 수축으로 인해 쇳물이 부족하게 되어 공간이 생기게 되는 것을 말한다.

방지법으로는 쇳물 아궁이를 크게 하거나 덧쇳물을 붓는다.

2) 기공(biow hole)

주형 내의 가스가 외부로 배출되지 못해 기공이 생기며, 방지법은 다음과 같다.

① 쇳물의 주입 온도를 필요 이상 높게 하지 말 것
② 쇳물 아궁이를 크게 할 것
③ 통기성을 좋게 할 것
④ 주형의 수분을 제거할 것

3) 편석(segregation)

용융 금속에 불순물이 있을 때 이 불순물이 집중되어 석출되든지, 또는 무거운 것은 아래로 가벼운 것은 위로 분리되어 굳어지든지, 결정들의 각 부 배합이 달라지는 때가 있는데, 이 현상을 편석이라 한다.

4) 균열(crack)

용융 금속이 응고할 때 수축이 불균일한 경우에 응력이 발생하여 이것으로 주물에 금이 생기게 되는 현상을 말하며, 방지법은 다음과 같다.

① 각 부의 온도 차이를 적게 할 것
② 주물을 급랭시키지 않을 것
③ 주물의 두께 차이를 갑자기 변화시키지 않을 것
④ 각이 진 부분은 둥글게(rounding) 할 것

5) 치수 불량

주물의 치수 불량은 주물자의 선정 잘못, 목형의 변형, 코어의 이동, 주형 상자의 맞춤 불량에 원인이 있다.

6) 주물 표면 불량

주물 표면 거칠기는 모형제, 모래입자의 굵기, 용탕의 표면장력, 주형면에 작용하는 용탕의 압력 등의 영향을 받는다.

(6) 주형 제작시 고려할 사항

주형제작시 고려해야 할 사항은 탕구계, 덧쇳물, 다지기, 공기뽑기, 코어 받침대, 압상력, 플로우오프(flow off), 냉각쇠 등이며 세부적 사항은 다음과 같다.

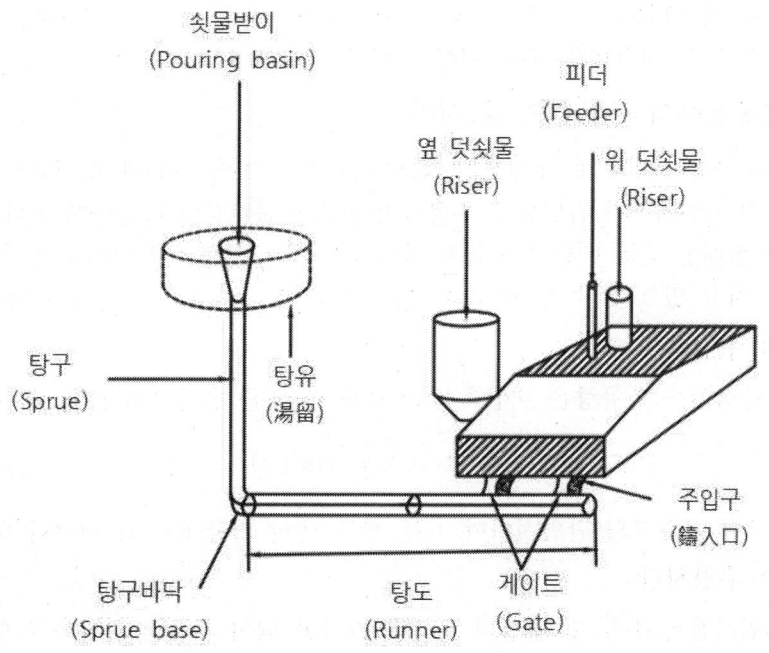

1. 탕구계(gouring system)

고우링 시스템은 쇳물 받이(pouring basin), 탕구, 탕도, 게이트, 주입구 등으로 구성된다. 쇳물받이는 일시적으로 쇳물을 저장하는 곳이며, 탕도는 탕구봉의 밑부터 게이트까지 쇳물을 유도하는 통로이고, 게이트는 탕도로부터 갈라져서 주입구로

들어가는 통로이며, 주입구는 주형의 초입구이다. 탕도는 간단한 주형으로 생략될 수 있고, 게이트가 극히 짧아 탕구봉이 게이트 역할을 한다. 일반적으로 탕구계는 다음과 같은 조건을 만족하여야 한다.

· 용융 금속이 최적 온도로 동시에 채우도록 한다.
· 쇳물의 흐름이 층류 상태를 유지해야 한다.
· 양호한 구배 온도를 주어 응고의 진행을 조절하여 균열을 방지해야 한다.
· 슬래그, 먼지 등이 주형에 유입되지 않고 탕구도중에 제거되어야 한다.

① **탕구비**

탕구비는 탕구계의 구성부인 탕구, 탕도 및 주입구의 단면적의 비를 가리키며 주철의 경우 탕구비는 1 : (1~0.75) : (0.75~0.5)이며, 주강에 대하여는 1 : (1.2~1.5) : (1.5~2)로 탕구비를 주는 것이 일반적인 통례이다.

② **용융금속의 주입속도 및 시간**

용융금속이 탕구계 내에서 유동한다는 것은 거의 난류가 일어나므로 금속의 표면이 붕괴되어 가스가 흡입되고 주형이 침식되어 불순물이 유입하게 된다. 그러므로 탕구계를 설계할 때는 난류가 가급적 일어나지 않는 상태에서 합리적인 선택 기준을 기본으로 하고 있으며, 수직 및 수평 탕로에 대한 유체유동의 원리를 적용하게 된다.

㉠ **주입속도**

용융금속의 유량은 비압축성 유체가 관 내를 충만하게 흐를 때 연속 방정식에서

$$Q = AC\sqrt{2gh}\,(cm^3/s)$$

A는 유출부의 단면적이며, C는 탕구 내의 저항에 따라 다르나 0.4~0.9이다.

㉡ **주입시간**

주입시간은 주철 및 주강의 주물을 제작할 때의 주물의 중량과 주입시간과의 관계를 나타낸 식은 다음과 같다.

$$T = S\sqrt{W}$$

T : 주입시간(sec)   S : 주물의 두께에 따른 계수
W : 주물중량(kg)

2. 덧쇳물(riser, feeder)

용융금속의 주입온도로부터 응고온도를 냉각될 때 액체수축, 응고수축 및 고체수축의 3 단계로 체적 수축이 일어난다. 이 중에서도 액체수축과 응고수축이 덧쇳물에 관계된다. 특히 주물의 상부 표피에서는 응고 초기에 체적이 수축하고 주물 속에 부분적으로 진공부를 생성시키게 되므로 수축공이 발생되면서 주물 내부로 빨림 현상이 일어나면서 표면천공이 생기게 된다. 이러한 결함을 없애기 위하여 덧쇳물을 설치하게 한다. 즉, 덧쇳물은 응고진행 중에 주형 내의 용탕에 압력을 가하고, 가스를 배출시켜, 공기의 발생을 억제시켜 수축공이나 편석 등의 원인을 방지한다. 또한 단면이 원형인 덧쇳물은 체적에 대한 표면적의 비가 작기 때문에 주형재료 방향의 열손실이 적다고 볼 수 있다. 단면이 정삿각형 또는 직사각형의 덧쇳물보다 효과적이므로 원형 덧쇳물을 주로 사용하고 있다.

덧쇳물의 직경과 높이의 비는, 개방 덧쇳물인 경우에는 2:1, 상면에 보온재 또는 발열재를 사용할 때는 (0.5~1.0) : 1을 넘지 않는 것이 좋으며,

일반적으로 덧쇳물의 높이는 직경의 1.5배 이항의 크기로 한다.

또한 어떤 주물이 완전응고에 요하는 시간은(주물체적/주물표면적)^{2}에 비례하며 간단한 형상의 주물에 사용되며 다음과 같은 식이 된다.

$$t_t = K(\frac{Vc}{Sc})^2$$

t_t : 응고시간　　　Vc : 주물의 체적

K : 상수　　　　　Sc : 주물의 표면적

그리고 주물이 응고할 때 응고층 δ는 다음 식으로 계산한다.

$$\delta = K\sqrt{t}$$

δ : 응고층의 두께 $\qquad$ t : 시간
K : 주형 및 주물의 재질에 따른 정수

덧쇳물을 설치하면 다음과 같은 이점이 있다.
① 주형 내의 쇳물압력을 준다.
② 금속의 응고 때 체적감소로 인한 용융금속 부족을 보충한다.
③ 주형 내의 용재 및 불순물을 밀어낸다.
④ 주형 내의 가스를 방출하여 수축공 현상이 안 일어난다.
⑤ 용융금속의 주입량을 측정할 수 있다.

3. 다지기(ramming)

주형을 다지기 위하여 주물사를 주형부위부터 다지고 다음에는 상자쪽을 다짐봉으로 다진다. 주형의 경도는 주물사의 종류, 중량, 크기에 따라 다르지만 너무 세게 다지면 통기도가 불량하고 적게 다지면 주형이 파손되던가 또는 용융금속의 하중으로 모래가 주형 안으로 스며들 염려가 있으므로 숙련에 의하여 다진다.

4. 공기 뽑기(venting)

주형 중에 공기 가스 및 수증기 등의 방출구인 배출공을 뚫는 작업을 말한다.

5. 코어 받침대(chaplet)

코어를 고정할 때 보존하는 것을 코어 받침대라고 한다. 코어 받침대는 코어의 자중·용융금속의 압력 및 부력 등으로 코어가 견디기 곤란한 때가 있을 때 사용한다. 코어받침대는 용융금속에 녹아버리도록 같은 재질을 사용하는 것이 좋다. 크기와 형상, 용도에 따라 다르지만 주형 및 코어에 직각으로 사용하는 것이 좋다.

6. 압상력

주형에 쇳물 주입시 주물 압상력으로 부력발생 상형이 압상되지 않도록 압상력의 3배 무게를 중추무게로 한다.

① 쇳물의 압상력 : P

$$P = AHS - G$$

② 주형 내에 코어가 있을 경우 코어의 부력은 $\frac{3}{4}$VS로 계산한다.

$$P = AHS + \frac{3}{4}VS - G$$

A : 주물을 위에서 본 면적
H : 주물의 윗면에서 주입구 표면까지의 높이
S : 주입 금속의 비중
G : 윗덮개 상자자중

7. 냉각쇠 (chilled plate)

냉각판이라고도 하며 부분적으로 급랭시켜 견고한 조직을 얻는 데나 두께가 같지 않은 부위를 같게 냉각시키기 위해 사용하며 가스빼기를 고려 주형의 측면이나 아래쪽에 삽입한다.

(5) 특수 주조법

1) 원심 주조법(centrifugal casting)

용융금속에 압력을 가하여 질이 좋은 주물을 만드는 방법으로서 주형을 회전시키면서 용탕을 주입시켜 그 원심력을 이용하여 주물에 가압하고 또는 주물 내외의 원심력의 차에 따라 불순물을 분리시키며, 특히 외주부에 양질의 부분을 얻는 방법이다.

1. 장점

① 중공 원통 제작에 응용되고 코어를 쓸 필요가 없음

② 탕 안의 가스가 쉽게 배출되므로 기공이나 기포의 발생이 적음

③ 실린더 라이너, 피스톤 링, 브레이크링 등 고급재질이 요구되는 것에 응용

2. 단점

① 내면이 거칠어서 가공할 때 가공 여유를 많이 붙여야 한다.

② 백선화할 우려가 있다.

③ 과열될 우려가 있을 때 외부를 냉각해야 한다.

2) 다이 캐스팅(die casting)

기계가공하여 제작한 금형에 용융한 알루미늄, 아연, 주석, 마그네슘 등의 합금을 가압 주입하고 냉각, 응고시켜 제조하는 방법이다.

1. 장점

① 표면이 아름답고 치수도 정확하므로 가공이 필요없다.

② 소형 주조로 대량 생산에 적당

2. 단점

① 기포가 생길 염려가 있다.

② 쇳물은 융점이 낮은 Al, Pb, Zn, Sn 의 합금이 적당

③ 주철은 곤란함

④ 금형 제작비가 비싸다.

3) 정밀 주조법(precision casting)

1. 셸 모울드법(shell mould casting)

조개껍질 모양의 통기성이 좋은 셸 모울드라는 주형을 사용하여 주물을 만드는 방법으로 크로우닝법이라고도 하며, 주조 그대로 기계 부품에 사용할 수 있다.

① SiO_2의 조형재료로 함유량이 많은 140~200메시의 규사에 열경화성 페놀수지 (formaldehyde resin)가루를 무게비로 5% 배합하고 충분히 혼합

② 조형재료를 180~250℃ 정도의 온도로 가열한 주철, 주강, 알루미늄합금 등을 금속 모형 표면에 융착시키고 30초 정도로서 약 10mm의 두께 피복을 만들어 이것을 다시 300℃ 정도의 온도에 2~3분 가열하여 경화시킨 후에 모형에서 분리시킨 것

③ 이것은 주조집이 거의 없고 주조껍질이 평활(철계주물 25~30μ, 청동주물 30~35μ)하고 치수정도가 높아 철계 및 청동계의 주물에서 0.2~0.5mm가 된다는 특징이 있다.

2. 인베스트먼트 주조법(investment casting)

제작하려고 하는 제품과 같은 모양의 모형을 초나 합성수지로 만들어 이 모형의 둘레에 유동성이 있는 조형재(investment)를 유입시켜 모형을 매설하여 건조 가열하고 경화시켜 납이나 합성수지를 녹여 내어 주형을 만들어 주조하는 방법이다. 인베스트먼트는 분말규사에 결합제(석고 또는 에틸실리케이트 등)를 가한 것으로 된 죽과 같은 유동성의 주형재이다. 이 방법의 특징은 주물의 치수정도가 높고 (0.05~0.1mm), 주물표면이 매끈한(10~20μ) 주물이 얻어지며, 복잡한 형상의 주물·기계가 없어도 정밀단조 불능인 경질·합금 등의 주조에도 쓰인다. 그러나 대량생산을 목적으로 하는 방법이므로 대형의 주물에는 적당하지 않다.

4) 쇼오 프로세스(shaw process)

이 주조법은 인베스트먼트 주조법과 비슷한 점이 많고, 주조요령은 다음과 같다.

① 제품과 같은 모형을 목재, 석고, 합성수지, 금속 등으로 만든다.

② 모형에 이형재를 바르고 적당한 크기의 틀로 둘러싸 내화물에 에틸실리케이트 경화제를 혼합한 주형재를 채운다.

③ 주형재가 경화되어 경질고무같이 되었을 때 모형을 주형에서 뽑는다.

④ 모형을 뽑는 주형을 급가열하여 약 1000℃로 구워 경화시키면 모형은 거의 변화하지 않는 정확한 주형이 된다.

⑤ 주형에 탕구 피이더를 붙여 주탕한다.

5) 이산화탄소법(CO$_2$ process)

규사에 5~6%의 물유리(sodium silicate)를 혼합한 주물사로 주형을 만들어 1.05~1.4kg/cm²의 압력으로 10~15sec정도 CO_2가스를 취입하면 물유리와 CO_2가스가 반응하여 실리카겔과 탄산나트륨으로 된다. 이 실리카겔의 결합력에 의하여 강도가 높은 주형이 된다.

6) 진공 주조법(vacuum casting)

철강을 대기압 이하에서 용해하여 그 용탕을 진공 상태에서 가스를 빼고 주조하는 방법이다. 용융금속이 냉각하여 응고될 때 다량의 가스가 발생하고 그 가스가 외기로 방출이 안 되어 주물 내에 남으면 핀 호울(pin hole)이나 블로우 호울(blow hole)이 없는 정밀도가 높은 주물이 된다. 주로 특수강 또는 고급 재료의 주조에 사용한다.

7) 분말야금법(powder metallurgy)

금속분말을 적당한 금형(die)에 넣고 프레스로 압축한 후 합금으로 하던가 또는 용착물질로 만들기 위해서 가열하여 주조하는 방법이다.

① **분말야금** : 금속분말 또는 금속 산화물 분말을 원료로 사용, 그 용융점보다 낮은 온도에서 가열 성형하여 제품만듬

② **분말야금 작업공정** : 분말제조 → 입도선별 → 혼합조정 → 가압성형 → 소결 → 완성성형 → 검사 → 제품

③ **분말제조 사용법** : 기계적 분쇄법, 용탕의 분말화법, 물리화학적 분말화법

④ **성형가공** : 압축성형, 분말압력 성형

8) 칠드주조법(chilled casting)

주형의 표면을 금형으로 한 주형에 주입하여 주물의 표면을 백선주철화하여 표면은 매우 단단하여 내마멸성이 우수하고 내부는 인성을 갖게하는 2중조직의 주철로서 압연롤과 같이 내마멸성과 강인성이 요구되는 부품의 주조에 적합하다.

9) 슬러시주조(Slush Casting)

미응고된 용탕을 거꾸로 쏟아 중력을 이용하는 주조법으로 가압주조와 저압주조(Low-pressure casting) 및 고압주조(high-pressure casting) 방법이 있다. 가압주조는 용탕이 아래에서 위로 주입되도록 가압하여 주입하는 방법이다

10) 소실모형 주조

소실모형주조는 내부에 공동부를 갖는 발포 모형의 표면에 도형제를 도포하여 이루어지는 방법으로 주형을 주물사 내에 묻은 후에, 상기 주형 내에 금속의 용탕을 쏟아 부어, 발포 모형을 소실시켜 상기 용탕과 치환 주조하는 방법으로 발포 모형의 내부에 충전한 주물사가 부상하는 것을 억제하여, 마무리 상태가 양호한 주물을 주조할 수 있게 한다.

소실모형 주조의 특징은 다음과 같다.

① 코어가 필요 없음
② 폴리스티렌 모형의 무게가 가벼움
③ 사형주조에 비해 용탕의 유동성이 우수함
④ 분리선이 발생한다
⑤ 주물의 마무리가 용이함.

Section 02 소성가공법

📎 소성 가공

재료에 하중을 가하면 재료 내부에는 응력이 발생하며 동시에 변형률도 발생한다. 하중을 제거 시에 원래 모양으로 돌아오면 탄성 영역이며, 변형이 남게 되면 소성 영역이라 한다. 소성 영역에서 남는 변형을 이용하는 가공을 소성 가공(Plastic Working)이라 하며 금속에서 이용하는 성질은 전성, 연성, 가단성, 가소성이다.

(1) 소성 가공의 종류와 특징

1) 종류

1. 냉간 가공

재결정 온도 이하에서 가공하는 방법 강도, 경도 증가, 탄성한도 증가, 연신율 감소 정밀한 제품을 얻을 수 있다.

2. 열간 가공

재결정 온도 이상에서 가공하는 방법

2) 특징

① 주물에 비해 치수가 정밀하다.

② 다량 생산이 가능하다.

③ 기계적 성질을 개량할 수 있다.

(2) 가공 경화와 재결정

1) 가공 경화

재료에 하중을 가해 탄성영역 이상의 응력이 발생하면 소성 영역이 되어 소성 변형을 일으키게 되는데, 가공하기 전보다 재료가 강하게 되는 현상을 가공 경화(Work Hardness)라고 한다.

2) 재결정

냉간 가공한 재료를 풀림하면 연하게 되는 과정중에 새로운 결정핵이 생기고 조직 전체가 새로운 결정으로 변하는 것을 재결정이라 한다. 일반적으로 재결정 온도는 가공도가 컸던 금속이 재결정 온도가 낮아진다. 다음은 일반적인 금속의 재결정 온도이다.

[주요 금속의 재결정 온도]

금속원소	재결정 온도(℃)	금속원소	재결정 온도(℃)
Au	200	Fe	350~450
Ag	200	Al	150~250
Cu	200~300	W	1000

(3) 소성 가공의 종류

소성 가공의 종류와 각각의 특징은 다음과 같다.

소성 가공(塑性加功)
- 1차 가공(一次加功)
  - 압연 가공
  - 인발 가공
  - 압출 가공
- 2차 가공(二次加功)
  - 단조 가공
  - 전조 가공
  - 냉간 단조 가공
  - 전단 가공
  - 굽힘 가공
  - 압축 가공
  - 기타 성형 가공

1) 소성 가공의 종류

1. 단조 가공(Forging)

보통 열간가공에서 적당한 단조기계로 재료를 소성 가공하여 조직을 미세화시키고 균일한 상태로 하면서 성형한다. 단조에는 자유 단조와 형 단조가 있다.

2. 압연 가공(Rolling)

재료를 열간 또는 냉간 가공하기 위하여 회전하는 로울러 사이를 통과시켜 예정된 두께, 폭, 또는 직경으로 가공한다.

3. 인발 가공(Drawing)

금속 파이프(Pipe) 또는 봉재를 다이(Die)에 통과시켜 축방향으로 인발하여 외경을 감소시키면서 일정한 단면을 가진 소재로 가공하는 방법

4. 압출 가공(Extruging)

상온 또는 가열된 금속을 실린더 형상을 한 컨테이너(Container)에 넣고 한쪽에 있는 램에 압력을 가하여 압출한다. 이것은 다이를 통하여 재료가 소성 가공되어 관재, 봉재, 단면재 등으로 제작되는 방법을 말한다.

5. 판금 가공(Sheet Metal Working)

판상 금속 재료를 형틀로서 프레스(Press), 펀칭(Punching), 절단, 압축, 인장 등으로 가공하여 목적하는 형상으로 변형 가공하는 것을 총칭하여 판금 가공이라 한다.

6. 전조 가공

작업은 압연과 유사하나 전조공구를 이용하여 나사(Thred), 기어(Gear) 등을 성형하는 가공 방법이다.

단조(Forging)

단조는 주로 열간 가공을 많이 사용하며 외력으로 타격 압축 등을 하여 원하는 형상으로 변형시키는 가공법으로 단조의 방법과 온도에 따라 구분된다.

(1) 단조의 종류

1) 자유 단조(Free Forging)
표준형의 공구를 사용한 단조로 주로 해머(Hammer)를 사용

2) 형 단조(Die Forging)
두 개의 다이(Die) 사이에 재료를 넣어 가압성형 방법으로 끝마무리가 쉬워 다량 생산에 적합하나 금형 제작이 필요하다.

(2) 단조온도에 따른 분류

단조는 냉간 단조보다는 주로 열간 단조가 많이 이용되며 외력으로는 충격을 이용하는 해머(Hammer) 단조와 정적압력을 이용하는 프레스(Press) 단조가 많이 사용된다.

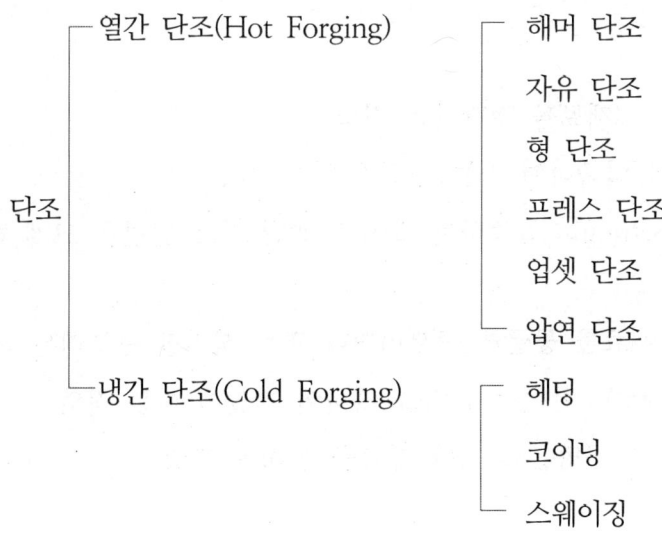

(3) 냉간 가공과 열간 가공

소성 가공은 금속의 재결정 온도에 의해 가공하는 것으로 재결정 온도 이하에서 가공하는 것을 냉간 가공(Cold Working)이라 하고, 재결정 온도 이상에서 가공하는 것을 열간 가공 (Hot Working)이라 한다.

1) 냉간 가공의 특징
① 가공면이 아름답고 정밀한 모양으로 가공된다.
② 가공 경화로 강도는 증가하나 연신율이 작아진다.
③ 가공 방향으로 섬유 조직이 생기고 판재 등은 방향에 따라 강도가 달라진다.

2) 열간 가공의 특징
① 가공이 용이하다.
② 재질의 균일화가 된다.
③ 가공도를 크게 할 수 있으므로 거친 가공에 적합하다.
④ 산화되기 쉽고 정밀 가공이 곤란하다.

3) 단조작업

1. 자유 단조
① 절단(Cutting Off) : 재료를 절단하는 작업
② 늘이기(Drawing) : 압축하여 가늘고 길게 하는 작업
③ 눌러 붙이기(Up-Setting) : 압축하여 길이를 짧게 하고 단면을 크게 하는 작업 ($\ell < 3d$)
④ 굽히기(Bending) : 재료를 둥글게 구부리거나 또는 작지만 구부리는 작업
⑤ 단짓기(Setting Down) : 한쪽만 압력을 가하여 가늘게 하는 작업
⑥ 구멍뚫기(Punching) : 구멍을 뚫거나 재료를 넓히는 작업

2. 형 단조 작업

형 단조(Die Forging)는 가열된 소재를 금형에 의해 성형하는 단조법으로 장점은 다음과 같다.

① 제품의 정밀도가 높아 다량생산에 적합하다.
② 다이가 타격력에 견디며 마모가 적어야 한다.

압연(Rolling)

압연 가공은 주로 전성을 이용하는 방법으로 회전하는 2개의 로올러(Roller) 사이에 재료를 통과시켜 그 단면적 또는 두께를 감소시키는 소성 가공법으로 주조나 단조에 비해 속도가 빠르며 생산비가 적게 든다.

(1) 압연의 원리

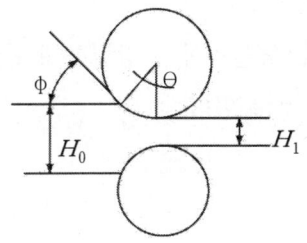

θ : 접촉각
B_0 : 압연 전 폭
ϕ : 마찰각
B_1 : 압연 후 폭
μ : 마찰계수
H_0 : 압연 전 두께
H_1 : 압연 후 두께

압하량 $= H_0 - H_1$ 압하율 $= \dfrac{H_0 - H_1}{H_0}$

폭증가 $= B_1 - B_0$

1) 압하율을 크게 하려면

① 지름이 큰 로울을 사용한다.   ② 압연재의 온도를 높여준다.
③ 로울의 회전 속도를 늦춘다.   ④ 압연재를 뒤에서 밀어준다.
⑤ 로울측에 평행인 홈을 로울 표면에 만들어 준다.

2) 자력으로 압연이 되는 조건

$\theta > \phi$: 압연불가

$\theta < \phi$: 자동압연

$\theta = \phi$: 소재에 힘을 가해 압연

$\mu > \tan\theta$: 자력으로 압연가능

$\mu = \tan\theta$: Al 같은 연성재료만 압연가능

$\mu < \tan\theta$: 전방 및 후방에서 힘을 가해야만 압연가능

재료의 통과 속도와 로울러의 원주 속도가 등속인 점을 중립점 또는 논스톱 포인트라고 한다.

(2) 압연의 구조

로울러는 압연 중 재료로부터 하중을 받아 변형이 생기며, 웨블러에는 강력하게 압연하기 위해 스플라인 키를 설치하고, 베어링은 배빗 메탈 및 포금을 사용한다.

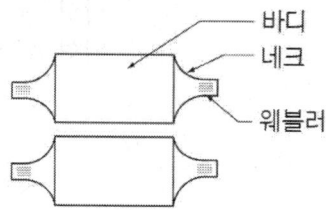

특히, 열간작업시의 몸체는 양쪽 끝부분에서 중앙보다 많은 열을 빼앗기므로 상대적으로 중앙에서 열팽창이 심하다. 따라서 판재를 성형하는 경우에는 모체의 중앙을 원래의 치수보다 조금 가늘게 설계하며 냉간작업시에는 모체를 중앙에서 변형의 크기가 가장 크므로 중앙부를 조금 굵게 한다. 이렇게 롤의 몸체를 조정하는 것을 캠버(Camber) 또는 크라운(Crown)을 붙인다고 한다.

인발(Drawing)

인발이란 테이퍼 구멍을 가진 다이를 통과시켜 금속재료를 잡아 당겨서 봉이나 선재를 만드는 가공법으로 주로 5~10mm 이하의 봉재나 두께가 1.5mm 이하의 파이프 등을 가공할 때 사용한다. 파이프 인발에는 심봉(mandrel)을 사용한다.

(1) 단면 수축률과 가공도

$$단면\ 수축률 = \frac{A_0 - A}{A_0} = \frac{d_0^2 - d^2}{d_0^2}$$

$$가공도 = \frac{A}{A_0} = \frac{d^2}{d_0^2}$$

A_0 : 가공 전의 면적
d_0 : 가공 전의 지름
A : 가공 후의 면적
d : 가공 후의 지름

(2) 인발력과 역장력

① 인발가공에 필요한 인발력은 다음과 같다.

㉠ 봉재의 직경을 작게 하는 힘

㉡ 내부면의 마찰력에 의한 힘

㉢ 유동방향을 바꾸기 위한 힘

② 역장력은 인장방향과는 반대 방향으로 역장력을 가하면 소재가 길어지며, 다이에서 받는 압력이 저하되어 마찰저항이 감소하고, 다이의 수명이 길어지며, 다이 자체의 마찰온도도 크게 상승하지 않는다.

(3) 다이의 형상

다이의 종류는 구멍형 다이와 로울러형 다이로 구분된다. 주로 사용되는 것은 구멍용 다이로서 경도가 큰 재료는 다이 각도를 작게 하고 경도가 적은 재료는 다이 각도를 크게 한다. 구멍용 다이의 형상은 다음과 같다.

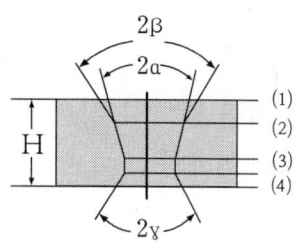

① 벨(bel 도입부) : 2β는 보통 60° 이다
② 어프로치(approach : 안내부)
③ 베어링(bearing : 정형부) : 정형부의 길이는 연질의 선에는 짧고 경질의 선에는 길게 한다.
④ 릴리이프(relief : 여유부) : 2γ는 보통 30~60° 정도이다.

(4) 윤활재의 구비조건

① 인발시 다이에 고압으로 가해지는 저항에도 윤활능력을 상실치 않고 강한 피막을 유지할 것(유체마찰)
② 마찰열 등의 온도 상승에도 윤활 능력을 상실하지 않을 것
③ 제품의 다듬질 면이 아름답고 광택이나 색의 변화가 없어야 하고 녹슬지 않아야 할 것
④ 경제적이고 취급이 용이할 것

> 마찰력 감소, 다이의 마모 감소, 냉각효과를 주기 위해 석회, 그리이스 비누, 흑연 등의 윤활제를 사용하며 경질 금속은 Pb, Zn을 도금하여 사용한다. 또한 S_n, P_b, Z_n 등은 윤활제를 보통 사용하지 않는다.

압출(Extrusion)

각종 형상의 단면재나 파이프 등을 제작시 소재를 강도가 큰 용기(Container)에 넣어 강력한 압력으로 다이(die)를 통과시켜 가공하는 방법으로 냉간 압출과 열간 압출로 구분된다.

냉간 압출 : Pb, Sn, Zn, Al, Cu 등의 연간 재질

열간 압출 : 취성이 큰 재질

(1) 압출 방법

1) 직접 압출(Direct Extrusion)
다이(die)로부터 소재가 압출될 때 램(ram)의 진행방향과 소재의 진행방향이 같을 때, 즉 램의 진행방향으로 소재가 압출될 때를 말한다.

2) 간접 압출(indirect Extrusion)
램(ram)에 다이를 정착 설치하여 램은 중공(中空)으로 하여 역식 압출(INVERSE EXTRUSION)과 같이 램의 진행 방향이 소재의 진행방법과 반대일 때를 말한다

3) 충격 압축(Impact Extrusion)
이 방법은 단 시간내에 압출이 완료된다. 상온가공으로 작업하고 크랭크 프레스가 보통 사용된다. 이때 다이에 소재를 넣고 펀치(Punch)를 타입하면 펀치(Punch)의 외축을 감싸면서 금속재가 성형된다.

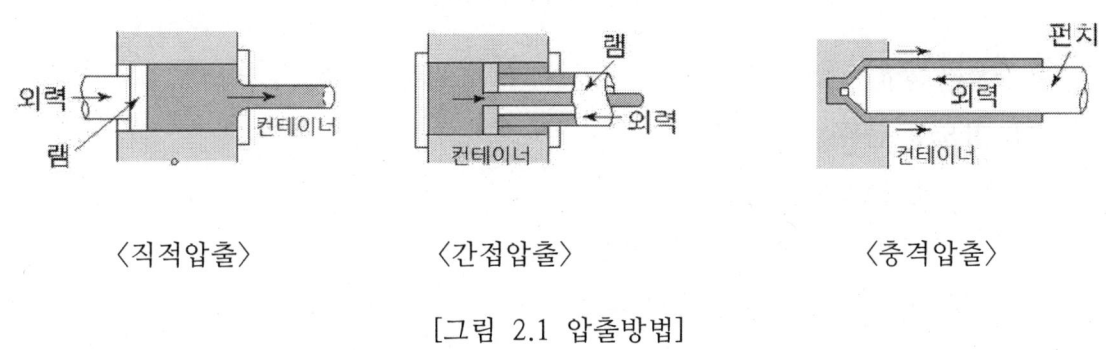

[그림 2.1 압출방법]

전조(Form Rolling Process)

전조는 다이 또는 롤러를 이용 소재를 회전시키며 국부적으로 형상을 만드는 소성가공법이다. 전조의 종류에는 나사 전조, 기어 전조, 볼 전조 등이 있다.

(1) 전조기의 종류
① 기계식 : 평형 다이식, 원형 다이식, 플레네트리식
② 유압식 : Pascal의 유압장치를 이용하여 적은 힘으로 큰 힘을 발생

(2) 전조 장치

선반의 공구자리에 나사상의 로울러를 지지구에 지지하고, 전조 가공을 행하면 비교적 단시간 내에 깨끗하고 정도가 높은 나사를 가공할 수 있다.

제관법(Piping)

(1) 강관

1) 강관의 특징
① 연관이나 주철관보다 가볍고 인장강도가 크다.
② 충격에 강하고 굴요성이 풍부하다.
③ 관의 접합이 비교적 쉽다.
④ 주철관보다 내식성이 작고 사용연한이 비교적 짧다.
⑤ 조인트 제작이 곤란하므로 종류는 적은 편이다.

2) 강관의 종류

1. 용도상 분류
① 유체 수송용
② 열교환용 : 보일러, 냉동기 등의 강관
③ 구조용 : 기계. 건축 등의 구조

2. 재질상 분류
① 단소강 강관
② 합금강 강관
③ 스테인리스 강관

3. 제조법상 분류

① 이음매 없는 관
- ㉠ 맨네스만 압연 천공법 : 저탄소강의 원형단면 빌렛을 가열 천공
- ㉡ 에르하르트 천공법 : 사각의 강편을 가열 후 둥근 형에 넣고 회전축으로 압축
- ㉢ 압출법
- ㉣ 커핑 방법

🔴 보통 열간 가공이나 정밀도가 요구되는 것은 냉간 가공

② 용접관
- ㉠ 단접관 : 소형(ϕ3~10mm)은 겹치기 단접, ϕ30~750mm는 맞대기 단접
- ㉡ 아크 용접관 : 서브머지드 아크 용접으로 제조
- ㉢ 가스 용접관 : ϕ50mm 이하의 가는 관

4. 표시방법

① 제조 방법 표시 기호

-E	전기저항 용접관	-E-C	냉간 완성 전기저항 용접관
-B	단접관	-B-C	냉간 완성 단접관
-A	아크 용접관	-A-C	냉간 완성 아크 용접관
-S-H	열간 가공 이음매 없는 관	-S-C	냉간 완성 이음매 없는 관

② 치수 표시

호칭지름(A 또는 B)×두께번호

A(mm), B(inch)

프레스가공(Press Working)

(1) 프레스 가공의 분류

1) 프레스 가공의 특징

① 가볍고 강하며 정확한 치수의 제품을 만들 수 있다.

② 가공 시간과 노력이 다른 가공법에 비하여 훨씬 적게 든다.

③ 대량생산에 적합하다.

④ 고도의 숙련이 필요하지 않다.

2) 프레스 가공의 분류

1. 전단 작업(shearing operations)

   ① 블랭킹(blanking)   ② 구멍뚫기(punching)

   ③ 전단(shearing)   ④ 트리밍(trimming)

   ⑤ 셰이빙(shaving)   ⑥ 브로우칭(broching)

   ⑦ 노칭(notching)   ⑧ 분단(parting)

2. 성형 작업(forming operations)

   ① 굽힘(banding)   ② 비틀기(twisting)

   ③ 인장(streching)   ④ 디이프 드로잉(deep drawing)

   ⑤ 벌징(bulging)   ⑥ 비이딩(beading)

   ⑦ 스피닝(spinning)   ⑧ 시이밍(seaming)

   ⑨ 커얼링(curling)   ⑩ 헤밍(hemming)

3. 압축 작업(squeezing operations)

   ① 압인(coining)   ② 엠보싱(embossing)

   ③ 스웨징(swaging)   ④ 버니싱(burnishing)

   ⑤ 충격압출 또는 압출(impact extrusion or extrusion)

(3) 전단 가공

1) 틈새와 전단각

전단가공시 펀치와 다이 사이의 틈새 또한 펀치와 다이면의 기울기에 따라서 균열이 서로 어긋나 파단면이 깨끗해지지 않거나 많은 동력을 소모하게 된다. 그러므로 전단면을 깨끗하게 하기 위해서는 틈새는 판의 두께, 경도, 전단방법 등에 따라 결정되나 판 두께의 약 $\frac{1}{10} \sim \frac{1}{20}$(연강이나 황동에서는 6~10% 비금속재료의 경우 2%이하이며 경도가 클수록 틈새를 크게 하며 틈새가 너무 작아지면 균열이 서로 어긋나게 되어 2차 전단현상이 발생하여 전단면이 지저분하게 된다.)이 적당하며 동력감소를 위해서는 약 1~4° 정도의 전단각(shear angle)을 주어야 한다. 또한 전단각은 펀칭에서는 공구에, 블랭킹에서는 다이에 주는 것이 좋다.

2) 용어 설명

① 스트리퍼 : 따내기를 한 후 판재가 펀치에 끼인 것을 제거하는 기능을 한다.

② 녹아우트 : 다이가 위로 올라갈 경우 다이 내에 있는 제품을 튕겨 나가게 하는 기능을 한다.

(4) 굽힘 가공

1) 스프링 백

굽힘 가공을 할 때 힘을 제거하면 판의 탄성 때문에 탄성 변형부분이 원상태로 돌아가 굽힘 각도나 굽힘 반지름이 열려 커지는 것

2) 스프링 백의 양

① 경도가 높을수록 커진다.

② 같은 판재에서 구부림 반지름이 같을 때는 두께가 얇을수록 커진다.

③ 같은 두께의 판재에서는 구부림 반지름이 클수록 크다.

④ 같은 두께의 판재에서는 구부림 각도가 작을수록 크다.

⑤ 탄성계수가 작을수록 커진다.

3) 굽힘에 요하는 힘

① V형 다이의 경우

$$P_1 = 1.33 \times (bt^2 \sigma/L)$$

P : 펀치에 가하는 굽힘력(kg/mm^2) b : 판의 폭(mm)
t : 판 두께(mm)
L : 다이의 홈 폭$(mm)[L=8t]$
σ : 판의 인장 강도(kg/mm^2)

② U형 굽힘의 경우

$$P_2 = 0.67 \cdot b \cdot t^2 \cdot \sigma/L$$

③ 원통의 굽힘

$$L = l_1 + l_2 + 2\pi \times \theta(R+kt)/360$$

(5) 프레스가공의 종류

1) 전단(Shearing)

판재를 필요한 형상으로 전단

2) 블랭킹(Blanking)

필요한 형상을 뽑는 것

3) 펀칭(Punching)

뽑힌 부분이 스크랩되는 것

4) 트리밍(Triming)

드로잉 후 둘레를 알맞게 잘라내는 것

5) 셰이빙(Shaving)

블랭킹한 제품의 거친 전단면을 다듬어 곱게 하는 것

6) 비딩(Beading)

오목 및 볼록형상을 한 롤러 사이에 함석판이나 양철판을 넣고 롤러를 회전시켜 재료에 홈을 만드는 작업

7) 컬링(Curling)

사형과 하형의 2개의 형틀에 판재를 넣어서 판재를 둥글게 하는 작업으로서 판재의 강도를 크게 하고 외관을 조정하여 접촉 감각을 부드럽게 하는 것

8) 시이밍(Seaming)

두 개의 부분을 겹쳐서 결합시키는 작업(박판)

9) 스웨이징(Swaging)

소재를 원하는 모양으로 짧고 굵게 만드는 것

10) 압인(Coinion)

동전이나 메달등의 앞, 뒤쪽면에 모양을 만드는 것

11) 엠보싱(Embosing)

소재의 두께를 변화시키지 않고 형상을 만드는 것

12) 딤플링(Dimpling)

미리 뚫려있는 구멍에 그 안지름보다 큰 지름의 펀치를 이용 구멍의 가장자리를 판면과 직각으로 구멍 둘레에 테를 만드는 가공이다.

13) 루블링(랜싱)

한쪽을 전단하여 다른쪽은 굽힘하는 방법이다

14) 니블링(Nibbling)

니블러라는 기계를 사용 스톡(stock)을 자르는 작업이다.

- 니블러 : 작은 원형이나 삼각형 펀치

15) 헤밍(Hemming)

판재의 끝단을 접어서 포개는 공정 두장의 판재를 겹쳐서 헤밍하면 시밍이 된다.

16) 테일러 블랭크

두께가 다른 판재를 레이저 용접을 한 후 용접 판재를 성형하여 최종형상으로 만드는 기술

17) 딥 드로잉(Deep drawing)

① 드로잉률(drawing coeffcient)

$$m = d/D \times 100$$

② 드로잉비(drawing ratio)

$$Z = D/d$$

D : 소재의 지름　　　d : 펀치의 지름

③ 소재의 크기

가공 제품	블랭크 지름 d_0	가공 제품	블랭크 지름 d_0
	$\sqrt{d^2+4dh}$		$\sqrt{d_1^2+2S(d_1+d_2)}$
	$\sqrt{d^2+4d(h-0.43r_p)}$		$\sqrt{d^2+2.28r_p d-0.56r_p^2}$
	$\sqrt{2d^2}=1.41d$		$\sqrt{d^2+4d(0.57r_p+h)-0.56r_p^2}$
	$\sqrt{2}\cdot\sqrt{d^2+2dh}$		

Section 03 측정

기계제작시 공작물의 치수 및 표면 거칠기를 확인하기 위해서는 가공작업 중이거나 종료 후에 검사 및 측정을 하여야 원하는 치수 또는 모양을 얻을 수 있으며, 정밀도가 높아질수록 측정의 중요성은 증대된다. 측정치는 물체의 온도상승이나 하강에 따라 측정오차가 발생하는데, 정밀측정의 표준온도는 20℃이다. 측정의 종류에는 직접측정, 비교측정과 간접측정이 있다.

① **직접측정** : 눈금이 있는 측정기를 사용하여 측정물의 실제 치수를 재는 것

② **비교측정** : 이미 알고 있는 표준편의 양과의 차를 비교하는 것

③ **간접측정** : 기하학적으로 간단히 측정할 수 없는 경우 피측정물에 Boll, Roller 등을 끼워 측정하는 것

측정기의 특성

측정기는 얼마나 정확하게 측정하는 계기인가를 판단해야 하므로 다음과 같은 특성을 살펴봐야 한다.

(1) 감도(sensitivity)와 배율(factor of magnification)

감도란 지시의 변화와 그것을 주는 측정량의 변화와의 관계이며, 길이 측정일 경우 감도 대신에 배율을 사용한다.

(2) 측정력

대다수의 측정기는 필요한 힘만큼을 계산해야 하므로 인자는 기체층, 유막, 지방막 등이 있다.

(3) 기계적인 변형

(4) 열팽창 및 광학적인 오차

오차(Error) 및 측정의 방식

오차가 발생하는 원인은 계통적인 것과 우연적인 것이 있다. 계통오차란 동일조건하에서 항상 같은 크기와 같은 부호를 가지는 오차이며, 이러한 오차의 원인은 주로 측정기, 측정 방법, 및 피측정물의 불완전성 등이다.

오차의 종류		원인	실례
우연오차	복잡한 영향에 의한 오차	갖가지 조건이 겹쳐서 일어나므로 원인 불명인 경우가 많다.	외부상황의 미세한 변동
고정오차	측정기의 고유오차	측정기의 구조상 또는 취급상에서 일어난다.	눈금, 나사 피치의 백래시, 측정압의 변화, 귀환오차.
고정오차	측정자의 개인오차	측정자의 버릇, 부주의, 숙련도에서 일어난다.	눈금을 읽는 버릇, 시차(視差)취급방법
고정오차	환경에 의한 오차	실온, 기압, 채광, 진동 등에서 일어난다.	온도변화, 압력변화, 탄성변형, 조명방법

· 오차 = 측정값 − 참값

- 상대오차 = $\dfrac{\text{오차}}{\text{참값(측정값)}}$
- 위치수허용차 = 최대허용치수 − 기준치수
- 아래치수허용차 = 최소허용치수 − 기준치수

- ◐ 아베의 원리(Abbe's principle) : "표준척과 피측정물은 동일 축 선상에 위치하여야 한다."이며 그렇지 않으면 측정 오차가 생긴다.
- ◐ 정밀도(Precision) : 우연오차 즉 측정치의 흩어짐의 정도를 의미하며 표준편차로서 나타낸다. 표준편차가 작을수록 우연오차가 적어지므로 정밀도가 좋아진다.
- ◐ 정확도(Accuracy) : 계통적 오차 즉 참값에 대한 모평균의 치우침의 정도이다.

측정기의 종류 및 재료

측정기를 분류하면 길이 측정기, 각도 측정기, 평면 측정기로 구분할 수 있다.

① 길이 측정기 : 강철자, 직각자, 퍼스, 디바이더, 마이크로미터, 버어니어 캘리퍼스, 높이 게이지, 다이얼 게이지, 두께 게이지, 표준 게이지, 리밋 게이지, 광학 측정기 등

② 각도 측정기 : 각도 게이지, 직각자, 분도기, 컴비네이션, 사인바, 테이퍼 게이지, 만능각도기(bebel protractor), 분할대 등

③ 평면 측정기 : 수준기, 직각자, 서어피스 게이지, 정반, 옵티컬플렛, 조도계 등

(1) 측정기의 재료

측정기의 재료는 특히 중요한 사항으로서 일반적으로 게이지 강을 사용하며 다음 사항을 만족하여야 한다.

- 열팽창 계수가 적고 변화율이 적을 것
- 경도가 커서 내마모성이 클 것
- 정밀 다듬질이 가능하고 가공성이 양호할 것

(2) 측정의 방식

1) 편위법

계측기 지침의 편위를 이용하여 측정하는 방법으로 용수철저울, 다이얼게이지, 가동코일식 전력계, 전류계 등 일반계측기의 대부분으로 정밀도를 높이기 곤란하지만 조작이 간단하여 널리 쓰임

2) 영위법

측정량과 가감할 수 있는 기지량을 균형시키고 그때의 균형량의 크기로 측정량을 구하는 방법으로 천칭에 의한 질량측정, 마이크로미터, 휘트스톤브리지 등이 있다. 0위치로부터의 불균형 검출하여 기준량을 조장함으로써 기준량의 정밀도를 높이므로 편위법보다 정밀도 높은 측정이 가능하다.

3) 치환법

측정하려는 양과 치수를 알고 있는 양과의 지시차를 구하여 측정량을 알아내는 방법으로 다이얼게이지 등이 있다.

$$H = H_0 + (h_2 - h_1)$$

4) 보상법

영위법과 편위법을 혼용한 방식으로 측정량에 가까운 보상량으로 균형시켜, 양자의 차에 해당하는 편위를 발생시키고 보상량에 편위의 지시치를 더하여 측정하는 방법

(3) 길이 측정

1) 버어니어 캘리퍼스(Vernier calipers)

버어니어 캘리퍼스는 두 개의 측정 조오(measuring jaw)를 강재 곧은자와 결합한 측정구이다. 측정방법은 일반적으로 부척의 한눈이 본척의 n-1개의 눈금을 n등분한 것이다. 본척의 한 눈금을 A라하면 읽을 수 있는 최소 치수는 $\frac{A}{n}$ 이다.

종류는 M1(0.05), M2(0.02, 이동장치), CM(0.02)등이 있다.

[그림 3.1 캘리퍼스]

2) 마이크로미터(micrometer)

정밀한 피치를 가진 나사 스핀들을 측정수단으로 하는 것으로 측정력을 일정하게 유지하기 위해 래칫 스톱(ratchet stop)으로 회전 모우멘트를 제한하도록 되어 있다. 종류로는 외측용, 지시용, 내측용, 깊이용 마이크로미터가 있다.

[그림 3.2 마이크로미터]

● 하이트 마이크로미터 : 블록게이지와 마이크로미터를 조합하여 사용하는 측정기로서 μm 단위의 높이를 설정하거나 또는 직교측정에서의 기준 게이지로 사용하는 측정기

3) 하이트 게이지(height gague)

정반 위에 설치하여 공작물에 평행선을 긋거나 높이를 측정하는 데 사용

[그림 3.3 하이트 게이지]

[그림 3.4 초경, 세라믹, 스틸블럭 게이즈]

4) 다이얼 게이지(dial gauge)

길이의 비교측정에 사용되며 평면이나 원통형의 진직도 또는 축의 흔들림 정도 등의 검사나 측정에 사용한다.

5) 미니미터(minimeter)

지렛대를 이용하여 측정량을 확대시키는 길이 측정기

6) 옵티미터(optimeter)

미니미터가 lever에 의한 측정자의 눈금확대인데 반해 옵티미터는 광학작용에 의해 측정하는 측정기이다. 그 외에 윤곽투상기(optical projector 또는 optical comparator) 전기 마이크로미터, 공기 마이크로미터 등이 있다.

(4) 단면측정

1) 블록 게이지(block guage)

각면을 밀착(wringing)시켜 필요한 치수를 만든 후의 길이를 기준으로 한다.

    AA-참조용   A-표준용

    B-검사용   C-공장용

2) 한계 게이지

가공의 치수를 통과측과 제지측을 두어 허용공차 이내에서 측정하는 게이지로서 허용치수에는 최대치수와 최소치수가 있으며, 사용장소에 따라 축용과 구멍용 게이지가 있고 구멍용에는 통과측이 최소치수이며 제지측이 최대치수이다.

또한 통과측은 사용에 따라 마멸을 고려, 마멸여유를 주어야 하며 구멍용에는 원통형 플러그 게이지, 평형 플러그 게이지, 판 플러그 게이지, 봉 게이지가 있고, 축용으로는 링 게이지, 스냅 게이지가 있다.

◎ 테일러의 원리.

"통과측에는 모든 치수 또는 결정량이 동시에 검사되며 정지측에는 각 치수가 따로 따로 검사되지 않으면 안된다"이다.

(5) 각도의 측정

각도의 측정은 worm과 worm gear에 의한 방법과 반사에 의한 방법을 주로 사용하므로 길이측정에 대해 정도가 낮다.

1) 각도 게이지

각도 게이지는 서로 조합하여 임의의 각도를 만드는 것으로 요한슨(johanson)식과 NPL(영국국립물리연구소)식 등이 있다.

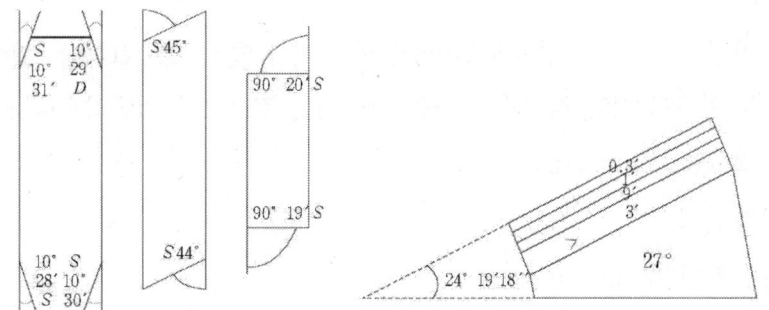

[Johanson식 각도 게이지]   [N.P.I식 각도 게이지]

[그림 3.5 각도 게이지]

① 분도기(protractor)

만능 분도기(universal protractor) : 분도기에 버니어가 붙어 5' 단위로 공작물의 각도를 측정

② 수준기(level)

수평선 또는 수평면을 구하기 위한 기구이며 기포관수준기(봉형(棒形)수준기)와 원형수준기 두 종류가 있다. 정밀한 것은 모두 기포관수준기로 한 눈금은 $2mm$이다. 기포의 중심을 눈금의 중심에 낮추면 수평이 된다.

③ 사인바(sine bar)

정밀가공된 바를 2개의 로울러(steel pin) 위에 올려 놓고 측정물의 경사가 일치되도록 블록 게이지 로울러(steel pin)를 지지하여 계산한다.

$$\sin\alpha = \frac{H-h}{L}$$

④ 탄젠트 바(tangent bar)

$$\tan\alpha = \frac{\Delta h}{L}$$

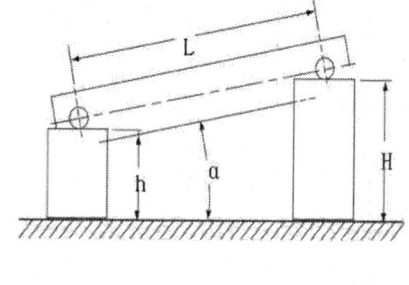

[사인 바]

거칠기

(1) 평면도와 진직도

평면도란 가공면이 이상적인 평면과 얼마만큼의 차이가 있는가를 나타내는 것이며, 진직도란 가공물의 직선부분이 이상적인 직선과의 차를 나타내는 것으로서 일반적으로 동시에 측정을 한다.

① 직정규(straight edge)

② 긴장강선

③ 광선정반(optical flat)

(2) 표면 거칠기(조도)(surface roughnes)

상대적으로 매우 작은 범위에서 면의 요철부분의 정도를 조도라 하며 높이, 폭, 방향으로 조도의 형상을 정해준다.

1) 조도의 표시방법
① 중심선 평균 조도
② 최대높이 조도
③ 10점 평균 조도

2) 조도의 측정방법
① 촉침법
② 광절단법
③ 광파간섭

나사측정

나사의 종류에는 사용목적에 따라 운동용 나사와 체결용 나사로 구분된다. 나사의 오차는 없도록 하여야 하며 체결용 나사에는 약간의 오차가 있더라도 큰 문제가 발생하지 않으나 운동용 나사에는 오차가 발생 시 공작기계 등의 정밀도에 큰 문제를 야기한다. 측정에 중요한 요인은 유효지름, 피치, 나사의 각도이다.

(1) 나사의 측정방법

1) 나사 마이크로미터에 의한 측정
나사용 마이크로미터 선단이 나사의 산과 골에 끼워지도록 되어 나사를 알맞게 끼웠을 때의 지시눈금이 유효지름이다.

2) 삼침법
나사의 골부에 적당한 굵기의 침을 3개 끼워서 침선의 밖에서 마이크로미터를 측정한 치수(M)를 식에 적용 유효지름을 계산하는 방식으로 가장 정확하다.

미터식나사 $d_2 = M - 3d + 0.86603p$

d_2 : 유효지름 d : 침의 지름

p : 나사의 피치

3) 광학적 방법(공구현미경)

4) 암나사 내부 유효지름의 측정

볼과 블록 게이지를 사용하여 측정하며 측정방법은 삼침법과 유사하다.

Section 04 용접

📘 용접의 개요

두 금속을 결합시키는 방법에는 볼트, 리벳, 심(seam)등의 기계적 접합과 융접, 압접, 단접, 납접 등의 야금적 접합이 있다. 일반적으로 용접이라함은 야금적 접합을 말한다. 융접이란 재료에 열을 가하여 용융상태에서 접합을 하는 방법이며, 단접은 반용융상태에서 가압하여 접합시키는 방법이고, 납접은 용접하고자 하는 재료는 용융시키지 않고 접합시키는 용가제만 용융 응고시켜 결합시키는 방법이다. 용접의 분류는 다음과 같다.

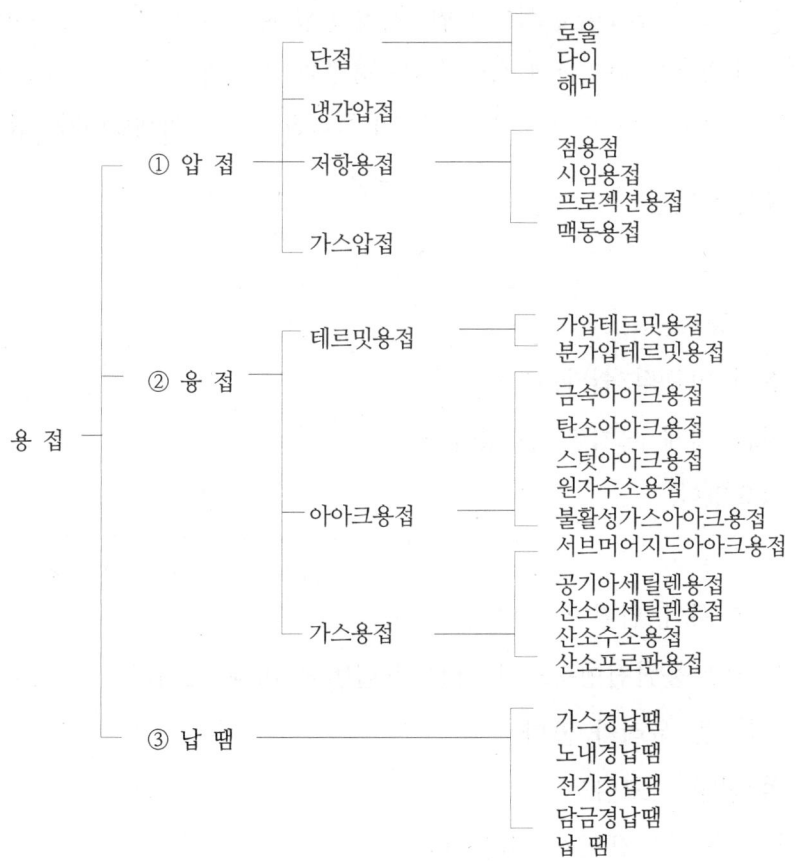

1) 용접이음의 장점

① 자재의 절약 ② 작업공정수 감소

③ 수밀, 기밀유지 ④ 접합시간의 단축

⑤ 비교적 두께의 제한은 적음

2) 용접이음의 단점

① 용접이음에 대한 특별한 지식 필요 ② 재질의 변질

③ 품질검사의 어려움 ④ 용접 후 잔류응력과 변형이 발생함

(1) 가스용접

가스용접이란, 가연성 가스와 산소를 혼합하여 연소시켜 발생하는 고온의 열을 이용하여 피용접물의 용접부를 가열하여 용융상태로 하여 접합시키는 용접법이다. 가장 양호한 야금적 용접부를 얻을 수 있는 가스는 아세틸렌가스이며, 보통 가스용접하면 산소 – 아세틸렌가스를 일컫는다.

1) 가스용접의 장점과 단점

1. 장점

① 응용범위가 넓다.

② 열량 조절이 비교적 쉽다.

③ 용접 장치를 쉽게 설치할 수 있다.

④ 전기가 필요없다.

2. 단점

① 폭발 또는 화재의 위험이 크다.

② 열효율이 낮아 용접진행속도가 다른 용접법에 비해 느리다.

③ 탄화 및 산화될 우려가 많다.

④ 용접 후의 변형이 크다.

⑤ 용접부의 기계적인 강도가 저하된다.

(2) 산소-아세틸렌 불꽃

1) 불꽃의 구성은 내염과 용접대인 속불꽃과 외염으로 구분된다.

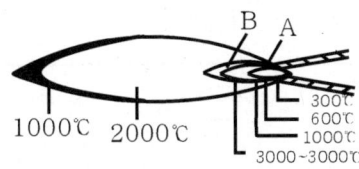

[그림 4.1 중성염의 구성]

2) 불꽃의 종류

① 아세틸렌과잉염 : 탄화불꽃이라고도 하며, 아세틸렌의 탄소분이 많아서 연소가 불충분하여 온도가 상승하지 않는다. 〈주황색〉

② 표준화염 : 중성화염이라고도 하며, 이론적으로 산소와 아세틸렌의 비가 2.5 : 1로 혼합시 얻어지는 불꽃이다. 그러나 대기 중에는 산소가 있으므로 실제적으로는 1 : 1로 하는 것이 적당하다.

③ 산화성화염 : 표준화염보다 산소의 양이 많을 때 발생한다. 높은 용접온도를 필요로 할 때 사용한다. 〈청색〉

3) 불꽃의 종류에 따른 피용접 금속

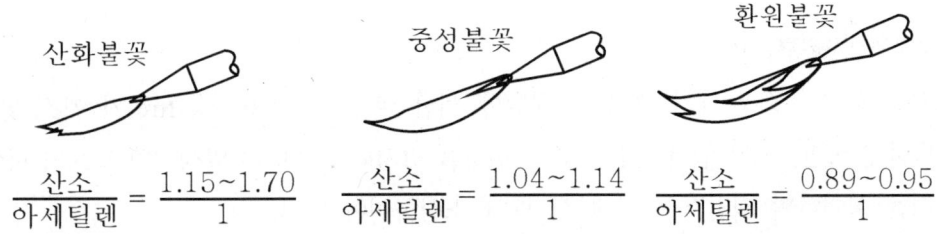

불꽃의 종류	혼 합 비	특 성
중 성 불 꽃	산소 1 : 아세틸렌 1	각종 용접에 적합
산 화 불 꽃	산소 > 아세틸렌	구리 및 구리합금 용접에 적합
환 원 (탄화) 불 꽃	산소 < 아세틸렌	연강 및 알루미늄 스테인레스 용접에 적합

(4) 가스용접 장치 및 기구

1) 산소용기 : 인장강도 $55 kg/mm^2$ 이상의 강을 무용접관용법으로 제조

① 내부용적은 40ℓ이며 35℃에서 150기압을 충전

② 산소조정기(regulator)를 사용, 압력을 5~20기압으로 감압

2) 가스청정기(gas cleaner)

아세틸렌 발생기에서 발생하는 유독가스를 여과시키는 기기로 규조토, 크롬산칼륨, 황산과물을 사용한다.

3) 토오치(welding torch)

손잡이·혼합실·팁의 3부분으로 구성되며 팁의 능력으로, 구분한다.

프랑스식	가변압식으로 표준불꽃 사용시 1시간당의 아세틸렌 사용량을 ℓ로 표시
독 일 식	불변압식으로 용접작업시 판의 두께를 mm로 표시

4) 안전장치(safety device)

토치 내부의 청소 상태가 불량 시 막힘에 의한 역류나 역화(back fire)가 가스 발생장치에 도달하면 폭발사고가 일어난다. 이러한 현상을 방지하기 위하여 발생기와 토오치 사이에 안정장치를 설치하며 저압가스 발생 시 특히 조심하여야 한다.

(5) 용접 방법

1) 전진 용접법

가스 토오치의 방향이 용접의 진행 방향과 같은 방향이며, 일반적으로 5mm 이하의 얇은 판이나 둘레용접에서 사용한다.

2) 후진 용접법

가스 토오치의 방향이 용접의 진행 방향과 반대 방향의 용접법이며 두꺼운 재료 및 다층용접에 사용하고, 가열 시간이 짧아 과열되지 않으며 용접 변형이 적고 속도가 빠르다.

(6) 용접 조건

판의 두께에 따라 모재의 형태가 변화한다.

4.5mm 이하	간격이 없음
4.5~6mm	1~2mm의 간격
6~12mm	V형
12mm 이상	X형, H형, 3~5mm 간격

1) 아크 용접(arc welding)

1. 개요

피복재를 입힌 용접봉과 모재 사이에 전기 아크를 발생시켜 그 열로써 용접하는 방법이다. 아크의 열은 최고 6000℃까지 발생하며, 용접봉과 모재를 녹여 용융풀(molten pool)에 용착(deposit)되고, 그곳에서 모재의 일부로서 융합되어 용접금속을 만든다.

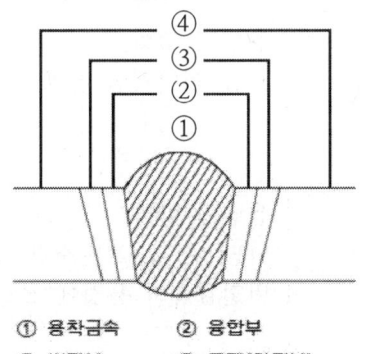

① 용착금속 ② 융합부
③ 변질부 ④ 모재(원질부)
열영향부(HAZ): 융합부+변질부

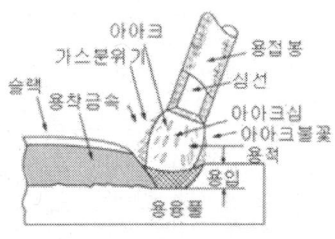

[그림 4.2 아크 용접]

2) 아아크용접기

아아크용접기에는 직류용접기(DC arc welder)와 교류용접기(AC arc welder)로 구분된다. 직류용접기는 정류기형과 발전기형, 엔진구동형 등이 있으며 교류용접기에는 탭전환형과 가동철심형, 가동코일형, 과포화리액터형 등이 있다. 직류용접기는 안정된 전원인 직류를 사용하므로 아크가 안정되고 용접성이 우수하나 발전기형은 낮은 효율과 많은 고장률, 엔진구동형은 소음과 많은 고장률 때문에 거의 사용하지 않으며 특수용접기에 주로 사용하는 것은 정류기형 직류용접기이다. 교류용접기는 일종의 변압기로서 구조가 간단하고 피복용접봉의 발달로 가격이 직류에 비해 저렴하여 널리 이용되고 있다.

3) 직류용접의 극성

교류아아크 용접은 안정성이 떨어지나, 직류아아크용접은 극성에 따라 다르다.
즉 열의 분배는 (+)극 쪽에 70%, (−)극 쪽에 30%정도가 된다.

① 정극성 : 모재를 (+)극으로 한 것으로 모재의 용입이 깊고 용접봉의 흐름이 느리고 비드폭이 좁아 일반적으로 사용한다.

② 역극성 : 모재를 (−)극으로 한 것으로 정극성과 반대의 특징을 가지고 있으며 주로 박판, 주철, 합금강, 비철금속에 사용한다.

극 성	상 태	특 징
정극성(DCSP)	열분배 −30% +70%	용입이 깊다. 보통 일반적인 용접에 쓰인다.
역극성(DCRP)	열분배 +70% −30%	용입이 얕다. 박판, 주철, 고탄소강, 합금강, 비철금속의 용접에 쓰인다.

(4) 용접기의 특성

① 아아크 쏠림(arc blow)

모재, 아아크, 용접봉에 흐르는 전류에 의해 주위에 자계가 발생하고 용접물의 현상과 아아크 위치에 따라 비대칭이 되면 아아크 쏠림이 발생하는 현상으로 주로 직류, 아아크 용접에서 발생한다. 방지법으로는 가접을 하여 사용하며 짧은 아아크와 긴 용접에는 후퇴법으로 하는 것이 좋다.

② 수하특성(drooping characteristic)

직류아아크용접이나 서브머지드 아아크용접에서 발생하는 현상으로 부하전류가 증가하면 단자전압이 낮아지는 특징이다.

③ 정전압특성(constant voltage characteristic)

부하전류가 변하여도 단자전압의 변화가 거의 발생하지 않는 특성이 있다.

④ 크레이터

아크를 끊을 때 발생되는 오목한 현상으로 균열, 부식 기타의 결함원인이 된다.

(5) 역률과 효율

교류용접기에서 무부하전압과 전류의 곱을 피상전력(소비전력) KVA로 표시한다. 소비전력과 입력전력과의 비를 역률이라 하며, 아크출력과 소비전력과의 비를 효율이라고 한다.

$$역률 = \frac{소비전력(KW)}{입력전력(KVA)} = \cos\theta \qquad 효율 = \frac{아크출력}{소비전력} \times 100\%$$

(6) 아크 용접봉

① 개요

금속아아크 용접의 용접봉에는 주로 자동이나 반자동에 사용하는 비피복용접봉과 수동아아크 용접에 사용하는 피복용접봉으로 구분하여 그 중 금속봉을 심선(core wire)이라고, 주로 모재와 재질이 같은 것을 사용한다. 연강용에는 저탄소 림드강을 사용한다.

② 피복제(flux)의 역할

㉠ 아아크를 안정
㉡ 용착 금속보호
㉢ 정련된 용착금속
㉣ 용착금속의 급냉방지
㉤ 용착금속에 필요한 원소 보충
㉥ 용착금속의 흐름을 양호하게 함
㉦ 슬래그 제거를 쉽게
㉧ 전기 절연 작용
㉨ 수직이나 위보기 등의 어려운 자세를 쉽게 함

(7) 용접자세 및 용접봉 표시 기호

① 용접자세 및 기호

㉠ 아래보기용접(F : flat position)   ㉡ 수직용접(V : vertical position)
㉢ 수평용접(H : horizontal position)   ㉣ 위보기(OH : over head position)

수평자세 필릿용접, 수직자세 필릿용접이 있으며 용접봉의 자세와 각도는 다음 그림과 같다.

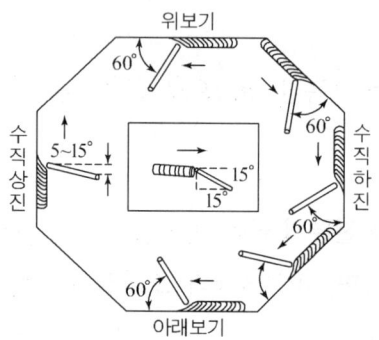

[그림 4·3 용접봉의 각도]

② 피복재 종류 및 용접봉 표시기호

㉠ 피복제의 종류와 특징

종 류	용착금속 보호형식	특 징 및 용 도
일미나이트계 (E 4301)	슬 래 그 생 성 식	작업성 양호, 일반 구조물의 용접에 쓰인다.
저 수 소 계 (E 4316)	슬 래 그 생 성 식	피복제가 흡습하기 쉬우므로 건조시켜 사용한다. 기계적 성질이 양호, 고장력강, 고탄소강, 합금강의 용접에 쓰인다.
철분산화철계 (E 4327)	슬 래 그 생 성 식	아아크의 안정 양호, 아래보기 전용
티 탄 계 (E 4324)	슬 래 그 생 성 식	준저수소계로 수직자세 작업성이 좋다.
고셀룰로오즈계 (E 4311)	가 스 발 생 식	피복이 얇고, 위보기, 수직자세에 좋다. 강도가 있는 중요 구조물, 고압 용기에 쓰인다.
고산화티탄계 (E 4313)	가 스 발 생 식	용입이 적은 박판 용접에 좋다.

㉡ 용접봉 표기 기호

연강용 피복 용접봉의 KSD 기호는 $E43\triangle\square$과 같이 나타내는데,
다음과 같은 의미를 가지고 있다.

· □ - 피복제의 종류(극성에 영향)
· △ - 용접 자세(0, 1 : 전자세, 2 : 아래보기 및 수평필릿 용접,
          3 : 아래보기, 4 : 전자세 또는 특정 자세의 용접)
· 43 - 용착 금속의 최저 인장 강도(kg/mm^2)
· E - 전극봉(electrode)의 첫글자

전자세 용접이란 아래보기, 수직·수평 위보기 자세이며 한정자세 용접은 아래보기, 수평자세 필릿·수직자세 필릿용접이다.

(8) 용접부의 결함과 원인

용접을 할 때의 준비작업은 표면 재료의 불순물을 완전히 제거 후 잘 건조된 용접봉을 선택하여 용접을 하여야 하며, 운봉법과 결함은 다음과 같다.

① 운봉법

　㉠ 직선 비드

　　ⓐ 용접봉을 용접 진행 방향으로 70~80° 기울여 사용

　　ⓑ 박판 용접 및 홈 용접의 백 비드 형성시 사용

　　ⓒ 비드 폭은 용접봉 지름의 2배 정도

　　　㉡ 위빙 비드

　　운봉 폭은 심선 지름의 2~3배로 하여 위빙 피치는 5~6mm가 되게 한다.

② 용접부의 결함

	명 칭	상 태	주 된 원 인
	오우버 랩	용융금속이 모재와 융합되어 모재 위에 겹쳐지는 상태	모재에 대해 용접봉이 굵을 때, 운봉의 불량, 용접전류가 약할 때
	기 공	용착금속 속에 남아 있는 가스로 인한 구멍	용접전류의 과대, 용접봉에 습기가 많을 때, 가스 용접시의 과열, 모재에 불순물이 부착
	슬래그섞임	녹은 피복제가 용착금속 표면에 떠 있거나, 용착금속 속에 남아 있는 것	운봉(運棒)의 불량 피복제의 조성 불량 용접전류, 속도의 부적당
	언 더 컷	용접선 끝에 생기는 작은 홈	용접전류의 과대로 모재가 과열 운봉(運棒)의 불량 용접전류, 속도의 부적당
	스 패 터	용착금속이 모재 위에 부착되는 것	① 전류가 높을 때 ② 용접봉의 흡습 ③ 아크 길이가 너무 길 때 ④ 아크 블로가 클 때

	피트	금속표면에서 가스가 반쯤 방출되었을 때 응고되어 생긴 홈	수분, 녹 및 모재의 성분
	은점	용접부 파단시 물고기 눈모양의 파면	수소가스가 원인이며 용착금속의 연성감소
	용입불량	저부가 용입상태로 되기 전에 상부의 모재가 용융되는 현상	① 루트간격이 작을 때 ② 전류가 낮을 때 ③ 용접속도가 빠를 때 ④ 아크길이가 길거나 용접봉의 지름이 클 때

전기저항 용접

용접할 금속의 접촉부에 전류를 통하여 전기의 저항열로서 금속을 국부적으로 용융압력을 가해 접합시키는 방법이다. 저항열은 주문의 법칙에 의하면

$$Q = 0.24\, I^2 Rt$$

Q : 저항열(cal)　　I : 전류(A)
R : 저항(Ω)　　t : 시간(sec)

전기저항 용접의 3대 요소는 용접전류, 통전시간, 가압력이며 종류로는 점용접, 심용접, 프로젝션용접, 업셋용접, 플래시용접이 있다.

(1) 점용접(spot welding)

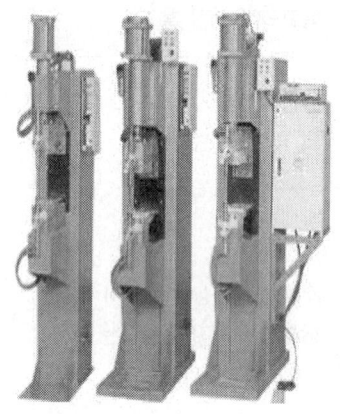

[그림 4.4 점 용접기]

구리합금제 전극 사이에 용접재료를 넣고 가압하면 점(spot) 모양으로 융합되며, 이 부분을 네이커(nacre) 접합부라 한다.

(2) 심용접법(seam welding)

점용접을 연속적으로 하는 것으로서 점용접의 전극 대신 로울러 형상의 전극을 사용하여 주로 기밀, 수밀, 유밀을 요하는 탱크 용접이나 자동차 용접에 많이 사용한다.

(3) 프로젝션 용접(projection welding)

모재 용융부에 여러 개의 돌기(projection)를 만들어 용접하는 방법으로 두께가 다른 판이나 용량이 다른 판의 용접을 쉽게 할 수 있다.

(4) 업셋 용접(upset welding)

버트 용접이라고도 하며, 주로 봉모양을 맞대기 용접시에 사용한다. 모재를 맞대어 가압부에 통전을 하면 접합부가 가열되어 적당한 압접온도에 달할시 업셋인 국부적 소성변형으로 접합시킨다.

🌀 장점

① 불꽃의 비산이 없다.
② 접합부가 새지 않는다.
③ 용접이 간단하며 저렴하다.
④ 업셋부분의 접합이 균등하다.

(5) 플래시 용접(flash welding)

업셋 용접과 비슷한 방법이나 온도가 어느 정도 올라가면 강한 불꽃을 일으켜서 가압하여 용접하는 방법이다.

[그림 4.5 심용접기]

🌀 장점

① 박판 및 얇은 파이프 용접이 가능하다.
② 모재가 다른 금속의 용접이 가능하다.

(6) 퍼커션 용접

알루미늄(Al)이나 구리(Cu) 등과 같이 산화의 발생이 많은 금속선 및 모재가 다른 금속선의 용접에 사용하며, 전기 에너지를 매우 짧은 시간에 방전시켜 용접에 필요한 열을 얻는 방법이다.

🌙 그 밖의 특수 용접법

(1) 불활성 가스 용접(Inert gas shielded arc welding)

아크용접은 용접 후의 변형을 수반하여 심각한 영향을 주는 경우가 있다. 이러한 변형을 막기 위해 다른 원소와 화합하기 어려운 불활성 가스를 사용 대기 중에서 용융지가 대기와의 결합을 막는 용접법으로 용제를 사용하지 않으며 아크가 집중, 안정되어 균일한 용접이 된다. 여기에 사용되는 가스를 실드가스(Sheild gas)라 하며 알곤(Ar)과 헬륨(He)을 많이 사용한다.

① **Tig 용접**

전극을 텅스텐봉으로 하고 별개의 용가제를 사용하는 용접

② **Mig 용접**

전극을 금속비피복봉인 용가제로 하여 하는 용접

③ 탄산가스(CO_2) 아크용접

고가인 불활성가스 대신 탄산가스를 사용하는 소모식 용접법으로 MIG의 고능률성을 살리고 경제성을 확보하여 이용도 높은 철강 구조물의 고속도 용접을 목적으로 개발되었다.

(2) 테르밋 용접(thermit welding)

알루미늄분말과 산화철(Fe_3O_4)을 중량비로 1:3의 비로 혼합한 물질을 마그네슘(Mg)이나 과산화바륨의 반응열을 이용 화학반응에 의해 열을 얻어 용접을 하는 방법으로 용접 후 변형이 적고 용접시간이 짧다. 주로 운반이송이 곤란한 파손부분의 수리에 사용한다.

(3) 잠호 용접

서브머지드(Submerged) 아크용접 또는 유니온 멜트(Union melt)라고 하며 용제를 용접부에 쌓고 그 속에서 아크를 발생시켜 하는 용접법이다.

(4) 일렉트로슬래그 용접(electroslag welding)

두께가 큰 재료의 용접에 사용하며, 용접 와이어와 용접 슬래그 사이에 통전된 전류의 저항열을 이용하는 용접법이다.

(5) 전자빔 용접(electro bream welding)

고진공 전자빔용접이라고 하며, 고진공의 용기 중에서 전자빔을 사용하는 방법으로 지르코늄(Zr)의 용접이 가능하다.

(6) 플라즈마 용접

기체를 가열시 기체 원자는 전리되어 이온과 전자로 분리된다. 플라즈마란 이와 같이 전자와 이온이 혼합되어 도전성을 띤 가스체인데, 냉각 가스를 이용 10000~30000℃까지 온도를 높일 수 있다.

(7) 레이저빔 용접(Laser beam welding)

laser란 유도광선 증폭기(light amplification by stimulated emission of radiation)의 첫글자이다. 그 외에 18kHz 이상의 초음파를 이용하여 진동마찰을 발생시켜 압접하는 초음파용접법과 고주파전류를 이용하는 고주파용접법이 있다.

(8) 스터드 용접(Stud welding)

지름이 5~16mm의 강 또는 동제품인 환봉, 볼트, 못 등의 스터드(stud)를 모재 표면에 수직 또는 어떤 각도로 세워 접합하는 용접법을 스터드 용접(Stud welding)이라 한다. 모재와 스터드의 중간에 반도체로 만든 보조환을 끼워 놓고, 스터드에 압력을 가하면서 통전하면, 스터드와 모재 사이에서 아크가 발생하여, 1초 이내에 모재의 접합부가 용융된다. 이때 보조환도 가열되어 무너지며 스터드는 가해지는 압력에 의해 모재와 밀착하게 되면 전원이 자동적으로 차단되어 용접이 완료된다. 여기서 보조환은 용가재와 용제의 기능을 갖게 된다.

(9) 원자수소 용접법(Atomic hydrogen welding)

2개의 텅스텐 전극 끝에 아크를 발생시키고 전극봉의 주위에서 분출하는 수소 가스를 아크의 중심부에 분출시켜 이때 발생하는 고열을 이용하는 용접법

(10) 납접(soldering)

납접은 다른 두 금속을 접합할 때 모재금속을 용융시키지 않고 용접모재보다 융점이 낮은 금속을 용가제로 하여 용접하는 방법으로 용융점이 450℃이하를 연납이라 하며 450℃ 이상에서의 납접을 경납이라고 한다.

가스절단

(1) 가스절단의 개요

가스절단 장치는 절단토치 이외에는 용접용 장치와 같은 것을 사용하며 프랑스식 절단토치와 독일식 절단토치로 구분된다. 프랑스식 절단토치는 팁을 혼합가스를 이중으로 된 중심원의 구멍에서 분출시키는 동심형으로 일반적으로 많이 사용하며 독일식 절단토치는 절단 산소와 혼합가스를 각각 다른 팁에서 분출시키는 이심형으로 예열팁과 산소팁이 별도로 되어 있어 예열용 팁이 있는 방향으로만 절단이 가능하며 직선절단과 완만한 곡선에 능률적이다.

(2) 가스절단의 원리

적열된 강과 산소의 화학작용으로 강의 연소를 이용, 절단을 한다.

$$2Fe + 2O_2 \rightarrow Fe_2O_4 + 267 Kcal$$

(3) 절단조건

① 금속의 산화연소하는 온도가 그 금속의 용융온도보다 낮을 것
② 산화물의 용융온도가 금속의 용융온도보다 낮을 것
③ 산화물이 유동성이 좋고 재료의 성분 중 연소방해 원소가 적을 것

절단이 약간 곤란한 금속	경강, 합금강, 고속도강
절단이 곤란한 금속	주철
절단이 불가능한 금속	알루미늄, 아연, 주석, 납, 구리합금

Section 05 절삭이론

절삭의 정리

공작물보다 경도가 높은 공구를 사용하여 공작물에서 칩(chip)을 깍아내는 것이 절삭(cutting)이며, 절삭하는 기계를 공작기계라고 할 수 있다. 절삭기계의 종류는 가공방법에 의한 분류 즉 기구학적 운동에 의한 분류로 나눌 수 있으며 다음과 같다.

가공방법에 의한 분류

① 공구가 직선운동을 하며 절삭 : 선반, 세이퍼, 플레이너, 브로칭 머신
② 공구가 회전운동을 하며 절삭 : 밀링, 보링, 호빙
③ 공구가 회전운동과 직선운동을 동시에 하며 절삭 : 드릴링 머신

절삭이론

(1) 절삭이론의 개요

절삭이론에서 항상 고려해야 할 중요한 요소는 절삭의 기구, 절삭저항, 절삭온도, 다듬질면, 공구수명, 피삭성, 진동, 공작액 등이며 이들을 고려해야만 능률적이고 합리적으로 절삭이 가능하다.

(2) 절삭공구의 각도 명칭

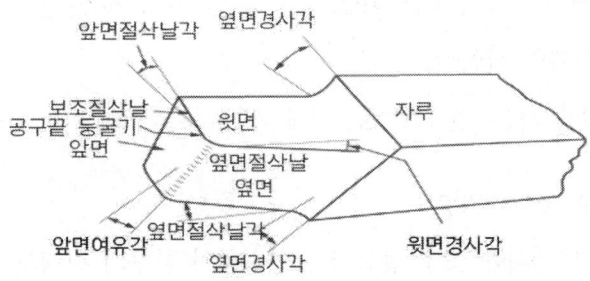

[그림 5.1 공구 각부 명칭]

(3) 칩의 종류와 형태

절삭이 시작되면 공작물은 공구에 의해 칩으로 제거되며, 칩의 모양은 크게 4가지로 구분할 수 있다.

1) 유동형 칩(flow type chip)

재료 내의 소성변형이 연속해서 일어나 균일한 두께의 칩이 흐르는 것처럼 연속하여 나오는 것
① 신축성이 크고 소성 변형하기 쉬운 재료(연강, 동, 알루미늄 등)
② 바이트의 경사각이 클 때
③ 절삭속도가 클 때
④ 절삭량이 적을 때

2) 전단형 칩(shear type chip)

압축을 받은 바이트 윗면의 재료는 칩이 연속적으로 발생하다가 가로방향으로 끊어지는 상태로 나오는 것이다. 칩의 두께가 자주 변하므로 절삭력도 변하며 진동을 일으키게 된다. 그러므로 가공면이 거칠다.
① 비교적 연한 재료를 작은 윗면 경사각으로 절삭시
② 유동형에서보다 뒷면 경사각이 클 때

3) 열단형 칩(tear type chip)

재료가 공구전면에 정착 공구 위를 미끄러지지 않고 아래 방향으로 균열이 발생한다. 그러므로 가공면은 뜯은 흔적이 남는다.
· 점성이 큰 재질을 작은 경사각으로 절삭 시

4) 균열형 칩(crack type chip)

열단형과 균열이 발생하는 것은 같으나 균열방향이 공구의 진행과 함께 절삭각이 작을 때는 비스듬히 위로 향하며 칩이 발생한다. 그러나 절삭각이 커지면 아래로 향하게 된다. 그러므로 다듬질면은 요철이 남고 절삭저항의 변동도 커진다.

① 주철과 같은 취성이 큰 재료를 저속 절삭 시

② 절삭 깊이가 크거나 경사각이 작을시

(4) 구성인선(built up edge)

바이트 등에 의해 절삭작업을 할 때 연강, 스테인레스강, 알루미늄 등과 같은 연질의 재료를 절삭시 절삭된 칩의 일부가 바이트 끝에 부착하여 절삭날과 같은 작용을 하면서 절삭을 하는 것을 구성인선이라 하며 발생 → 성장 → 분열 → 탈락 → 일부잔류 → 성장을 반복한다. 구성 날끝을 방지하려면 다음과 같은 것에 주의하여야 한다.

① 절삭깊이를 적게 하고 경사각의 윗면 경사각을 크게 한다.

② 절삭속도를 빠르게 한다.

③ 날 끝에 경질 크롬도금 등을 하여 윗면 경사각을 매끄럽게 한다.

(5) 절삭저항

바이트 절삭에서 절삭저항의 크기 및 방향은 여러 가지 원인에 의해 변화하나 일반적으로 절삭방향의 분력인 주분력, 이송방향의 분력인 횡분력, 절삭깊이 방향의 분력인 배분력으로 되며 분력의 크기는 주분력, 배분력, 이송분력의 순으로 주분력이 가장 크다.

(6) 공구수명

1) 공구의 수명은 바이트에서는 일정한 조건에서 더 이상 절삭할 수 없을 때까지의 시간(min)이거나 구멍을 뚫을 때는 절삭한 구멍 깊이의 총 절삭시간을 분(min)으로 나타낸 것이다.

2) **바이트에서의 절삭공구 수명 판정**

① 백휘대 현상 : 가공면이 둔한 광택(크레이터링)

② 가공치수의 증대 : 플랭크 가공면의 마찰량 0.7mm

③ 절삭 저항 중 배분력과 주분력이 급격히 증가시

3) 절삭속도와 공구수명

테일러는 칩의 생성에 절삭속도가 공구수명의 중요인자라는 것을 실험을 통해 알아내었다.

① 크레이터 마멸(Crater wear)

공구 경사면이 칩과의 마찰에 의하여 오목하게 마모되는 것으로 유동형 칩의 고속절삭에서 자주 발생한다.

② 플랭크 마멸(Flank wear)

가공면과 공구 여유면과의 마찰에 의한 공구 여유면의 마멸현상으로 절삭날에 직각방향으로 측정한 마멸대의 폭으로 표시하고 이 마멸대의 폭이 일정한 값에 도달할 때를 수명으로 한다.

③ 날의 파손

절삭가공 중 기계적인 충격, 진동 및 열충격 등으로 인하여 날끝부분이 미세한 파손을 일으키는 현상을 치핑(Chipping)이라 하고 주로 초경공구, 세라믹공구 등에서 우발적으로 발생한다.

$$VT^n = C$$

- V : 절삭속도[m/min]
- T : 공구수명[min]
- n : 공구와 일감에 의해 변하는 지수
  - 일반적 : 0.1~0.2
  - 고속도강 : 0.1~0.25
  - 세라믹 : 0.4~0.55
- C : 공구수명을 1분으로 할 때의 절삭속도, 공구, 일감, 절삭조건에 의해 변화함

상수 n은 수명선도의 기울기로서

$$n = \tan\theta = \frac{\log V_1 - \log V_2}{\log T_2 - \log T_1}$$

(7) 공구의 마모

공구 마모는 실제적으로 여러 가지 요인이 복합적으로 작용하여 발생하게 된다. 그러나 간단하게 구분하면 마찰이나 충격, 진동 등 기계적 원인에 의한 마모와 열적·화학적 작용에 의한 마모로 구분할 수 있다. 정상 마모의 대표적인 형태는 여유면 마모(Flank Wear)와 크레이터 마모(Crater Wear) 두 가지로 구분할 수 있으며, 일반적으로 여유면 마모는 기계적 원인, 크레이터 마모는 열적, 화학적 작용의 영향을 더 많이 받는다.

● 공구마모의 종류 및 대책

1) **열적 작용으로 인한 마모의 구분**

   ① 열확산 : 고온으로 인한 열진동에 의해 공구와 피삭재의 구성 성분이 서로 혼합되는 현상

   ② 용착 : 피삭재가 재결정 온도 이상으로 가열되어 공구면에 응착

   ③ 압착 : 재결정 온도 이하의 피삭재가 절삭시의 높은 압력으로 공구면에 응착

2) **화학적 작용으로 인한 마모의 구분**

   ① 화학적 반응에 의한 마모 : 고온에서 공구재, 피삭재, 절삭유제(특히, 극압첨가제)의 화학적 반응에 의한 마멸로서 산화유, 염화유의 부식작용 등으로 마모 증대

   ② 전기 화학적인 마모 : 고온에서 공구재, 피삭재 중의 불순물로 인해 발생한 기전력으로 화학반응이 촉진되어 마모 속도 증가

3) **기타 열 피로(Thermal Fatigue), 열 균열(Thermal Crack) 등**

(8) 절삭제

절삭제란, 칩의 생성부에 붓는 액체이며 3가지 작용을 한다.

① 공구의 절삭면과 칩 사이의 마모감소, 공구수명 연장(윤활작용)

② 온도상승방지(냉각작용)

③ 칩의 용착방지(세척작용)

1) 절삭유의 장점
   ① 절삭저항 감소
   ② 공구수명 연장
   ③ 다듬질면 향상
   ④ 치수 및 정밀도 유지
   ⑤ 절삭칩의 흐름을 도움

2) 절삭유의 종류
   ① 수용성 : 냉각작용이 큰 물에 방청제나 유화제를 첨가, 주로 광물성 기름을 비눗물에 녹인 것으로 유백색의 색깔임
   ② 불수용성 : 광물유, 동식물유와 두 가지를 혼합한 혼합유 및 절삭공구가 고압상태에서 마찰을 받을 시 사용하는 극압유가 있다. 극압유의 첨가재로는 황, 염소, 납, 인 등의 화합물 첨가

Section 06 선반

가공방식

선반은 공작물에 회전운동을 주고 절삭공구에 직선운동을, 즉 주축에 고정한 일감을 회전시키고 공구대에 설치된 바이트에 절삭깊이와 이송을 주어 일감을 절삭하는 기계로서 공작기계 중 가장 많이 사용한다.

① 바깥지름 절삭 : 바이트를 회전축에 평행하게 보내어 원주 등의 외주를 깎는다.

② 단면절삭 : 환봉의 면을 깎는 것으로 축과 직각방향으로 바이트 날끝을 보내어 깎는다.

③ 절단작업 : 바이트를 축에 직각으로 보내어 재료를 절단한다.

④ 테이퍼절삭 : 바이트를 회전축과 경사시켜 보내면서 외면 또는 내면을 깎는다.

⑤ 곡면절삭 : 바이트에 전후, 좌우의 복합이송을 주어 깎는다.

⑥ 구멍뚫기 : 바이트를 회전축에 평행하게 보내어 구멍을 뚫거나 내면을 깎는다.

⑦ 나사절삭 : 바이트를 좌우방향으로 규칙적으로 보내어 나사의 모양을 만든다.

⑧ 정면 절삭 : 넓은 면을 절삭하는 것으로 바이트의 날끝을 깎는 면과 직각으로 하여 축과 직각방향으로 보내어 깎는다.

⑨ 총형절삭 : 특수형상의 날끝의 바이트를 축과 직각방향으로 보내어 깎는다.

⑩ 롤렛작업 : 롤렛을 원통의 외주에 밀어 넣어 좌우방향으로 보내어 껄끄럽게 만드는 것이다.

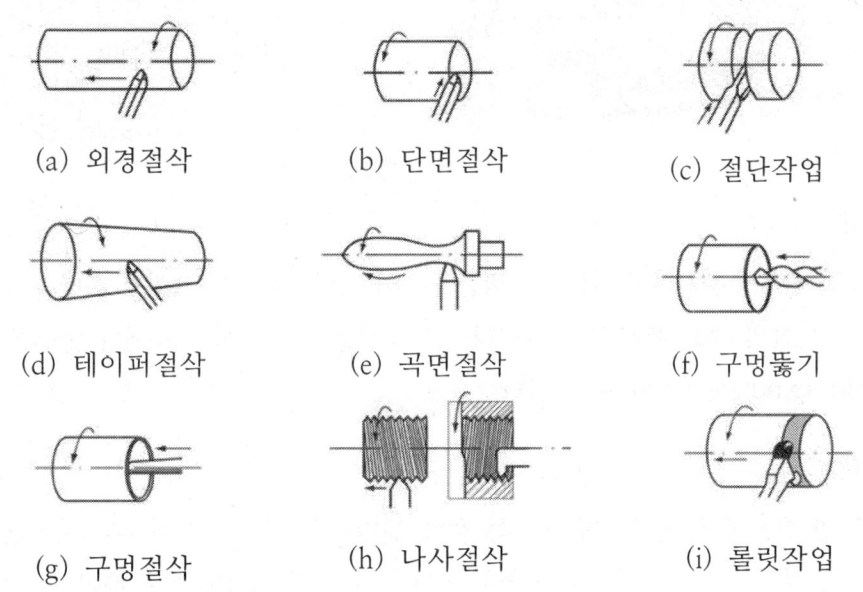

[그림 6.1 선반의 기본작업의 종류]

선반의 구조와 명칭

선반은 일반적으로 주요 구성부분을 표시하면 주축대, 심압대, 왕복대 및 베드와 다리로 구성되어 있다.

 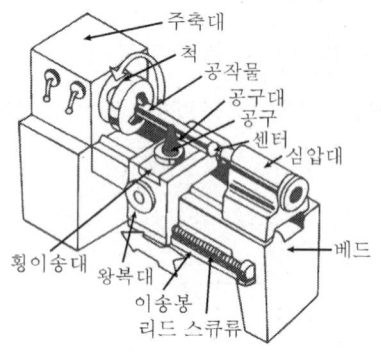

(1) 주축대

베드의 윗면 왼쪽에 위치하며 전동기의 회전을 받아 스핀들을 여러 속도로 회전시키는 변속기어장치를 가진 선반의 주요 부분의 하나이다. 긴 봉재를 스핀들에 물리거나 콜릿척을 장치하도록 주축(main spindle)은 속이 비어 있다.

(2) 심압대

베드의 윗면 오른쪽에 위치하며 오른쪽 끝을 센터로 지지하는 것이 본래의 역할이나 센터를 빼고 드릴을 부착 구멍뚫기에도 사용한다. 또한 편위 조절 나사를 이용 테이퍼 절삭도 가능하다.

(3) 왕복대

왕복대는 베드 윗면에서 주축대와 심압대 사이를 미끄러지면서 운동하는 부분으로 에이프런(apron), 새들(saddle), 복식공구대(compound tool rest) 및 공구대(tool post)로 구성되어 있다.

① **에이프런** : 이송기구, 자동장치, 나사 절삭장치 등이 내장되어 있으며 나사절삭시 이송은 하프너트(half nut or split nut)를 리드 스크루에 맞물리고 왕복대를 이동시켜 전달한다.

② **복식공구대** : 임의의 각도로 회전시키며 큰 테이퍼 가공이 가능하다.

③ **새들** : 베드면과 접촉하여 이송하는 부분이며 H자로 되어 있다.

(4) 베드(bed) 및 다리(leg)

베드는 공작 정도를 유지하는 선반의 몸체로서 강력한 구조로 하고 안내면은 정도와 내구성을 갖도록 하여야 한다. 다리는 기계전체를 필요한 높이로 지지하기 위한 것으로 소형선반에서는 일체의 박스형으로 한다.

선반의 종류

[표 6.1 선반의 종류와 크기 표시법]

종 류	크 기 표 시 법
보 통 선 반	베드 위의 스윙, 양 센터 사이의 최대거리 및 왕복대 위의 스윙
탁 상 선 반	
모방선반(模倣旋盤)	
다 인(多刃) 선 반	
공 구 선 반	
릴 리 빙 선 반	
정 면 선 반	베드 위의 스윙 또는 면판의 지름 및 면판에서 왕복대까지의 최대거리
터 릿 선 반	베드 위의 스윙, 왕복대 위의 스윙, 주축 위 터릿면 사이의 거리
탁 상 터 릿 선 반	터릿대의 최대이동거리 및 봉재공작물의 최대지름
자 동 선 반	공작물의 최대지름 및 최대길이

선반의 부속장치

(1) 척(chuck)

공작물을 고정하기 위한 조(jaw)가 있어서 이것으로 공작물을 물어서 고정하는 일종의 바이스

① **단동척** : 4개의 조가 각각 별도로 움직여서 강한 체결력이 있다. 단동척의 크기는 척의 외경으로 표시한다.

② **연동척** : 스크롤 척이라고 하며, 3개의 조(jaw)가 동시에 움직여서 체결력이 적다.

③ **콜릿척** : 환봉이나 각봉재를 가공할 때 자동선반이나 터릿선반 등에서 사용하는 척으로 척이 원판 스프링의 힘에 의해 고정된다.

④ 복동척(combination chuck) : 단동척과 연동척을 겸용할 수 있으며, 불규칙한 현상의 가공물이 많을 때 편리하다.

(2) 면판(face plate)

크기가 다르거나 복잡한 형상의 공작물을 고정할 때 구멍에 볼트 또는 보조 고정구를 사용하여 고정한다.

(3) 센터(center)

주축이나 심압대 축에 끼워 공작물을 고정할 때 사용한다.

① 회전센터 : 주축에 삽입하여 주축과 함께 회전
② 정지센터 : 심압축에 끼워 정지상태로 사용하는 센터
     ex) 하프센터 : 센터구멍이 뚫린 부분의 단면을 절삭
③ 센터의 각도는 보통 60°로 하며, 센터자루의 테이퍼는 모스테이퍼(1/20)로 되어 있다.

(4) 회전판과 돌리개(dog of carrier)

회전판은 센터작업시 주축의 회전을 공작물에 전달하기 위해서 주축의 앞끝을 고정하는 원형판이며, 돌리개란 센터작업시 공작물에 고정해서 회전판의 회전이 공작물에 전달되도록 연결시키는 부품이다.

(5) 심봉(mandrel)

기어나 풀리(pulley)와 같이 중앙에 구멍이 있을 시 구멍에 맨드럴을 끼워 고정하고 맨드럴을 센터로 지지한 다음 작업한다. 종류로는 단체 맨드럴, 팽창식 맨드럴, 너트 맨드럴, 테이퍼 자루 맨드럴, 갱 맨드럴 등이 있으며, 갱 맨드럴은 여러 개의 공작물을 맨드럴에 끼우고 다른 끝을 너트로 죄어 고정하는 방식으로 두께가 얇은 공작물을 동시에 많이 가공할 때 사용한다.

(6) 방진구(stedy rest)

공작물이 지름에 비해 길이가 너무 길 때는 굽힘이 발생하여 진동을 수반한다. 이를 방지하기 위해 중간에 지지구를 사용한다.

① **고정식 방진구** : 베드 위에 고정하여 3개의 조로 공작물 고정
② **이동식 방진구** : 왕복대 위의 새들에 방진구를 설치 공구의 좌우이송과 더불어 이송

절삭조건 및 선반가공

(1) 절삭조건

1) 절삭속도

$$V = \frac{\pi dn}{1000} \text{m/min}$$

바이트에 대한 일감의 표면속도를 말하며, 경제적 절삭속도는 60~120분 정도이다.

2) 이송

매회전시마다 바이트가 이동되는 거리를 말하며 mm/rev로 표시한다.

3) 절삭깊이

바이트가 일감의 표면에서 깎는 두께를 절삭깊이라고 하며 mm로 표시한다.

(2) 테이퍼 절삭 작업

① **심압대 편위에 의한 방법** : 일감이 길고 테이퍼가 작을시 적합

$$x = \frac{(D-d)L}{2l} \quad \text{(편위량)}$$

② **복식공구대에 의한 방법** : 일감의 길이가 짧고 경사각이 큰 테이퍼 가공시 적합

$$x = \frac{(D-d)}{2} \quad \text{(테이퍼량)} \qquad 테이퍼 = \frac{D-d}{L}$$

③ 테이퍼 절삭장치에 의한 방법

선반 뒤의 테이퍼 절삭장치에 왕복대를 연결하고 왕복대를 이동시켜 테이퍼 절삭을 하는 장치로서 테이퍼각은 절삭장치 슬라이드의 기울임 각으로 정한다.

(3) 표면 거칠기

표면 거칠기의 최대 높이 H는 다음과 같이 구할 수 있다.

$$H = \frac{S^2}{8r}$$

여기서 r : 바이트의 날끝 반지름
S : 이송

H는 다듬질 표면 거칠기의이론값이다. 이론적으로 바이트 날 끝 반지름이 크면 거칠기의 값이 작아지나 바이트 날끝 반지름이 너무 크면 절삭 저항이 증가되고, 바이트와 일감에 떨림이 발생되어 가공면을 해치게 된다.

(4) 나사절삭작업

1) 절삭원리

왕복대 에이프런 내의 하프너트(half nut, split nut)를 리드 스쿠루에 연결, 나사를 가공하며 자동반복을 매공정마다 하기 위해서는 체이싱 다이얼을 이용한다.

2) 변환기어

나사를 절삭하기 위해서는 단차가 필요하며, 영국식 선반과 미국식 선반이 있다.

① 영국식 선반 : 잇수가 20개에서 120개까지 5개씩 증가 인치계 나사를 절삭하기 위해 127개 잇수 1개

② 미국식 선반 : 잇수가 20개에서 64개까지 4개씩 증가 이외에 72, 80, 120, 127개 잇수 1개

3) 변환기어 계산

변환기어에는 2단걸기와 4단걸기가 있는데, 감속비가 6보다 클 때는 4단 걸기로 한다.

2단걸기 $\quad \dfrac{\text{절삭할 나사의 피치}}{\text{리드 스쿠루 피치}} = \dfrac{A}{D}$ (단식)

4단걸기 $\quad \dfrac{\text{절삭할 나사의 피치}}{\text{리드 스쿠루 피치}} = \dfrac{A \times C}{B \times D}$ (복식)

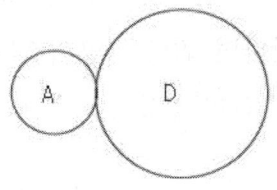
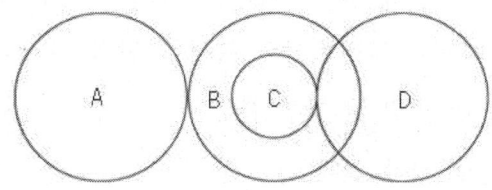

4) 릴리빙(Relieving)

공구를 가로방향으로 간헐 왕복운동시켜 커터의 여유면 등을 절삭하는 방법

5) 나사가공 계산

$$\dfrac{N}{n} = \dfrac{p}{P} = \dfrac{Z_A}{Z_D}$$

여기서 n : 주축 회전수 $\qquad N$: 리드스크루 회전수

p : 공작물 피치 $\qquad P$: 리드스크루 피치

Z_A : 주축변환기어 잇수 $\qquad Z_D$: 리드스크루 변환기어 잇수

Section 07 밀링

밀링 머신의 개요

밀링 머신은 회전하는 절삭공구에 가공물을 이송하여 원하는 현상으로 가공하는 공작기계이다. 이때 절삭공구를 밀링 커터라고 한다. 밀링 머신은 가장 만능적인 공작기계로서 평면절삭과 복잡한 면의 절삭 모두에 적합하며 밀링 가공의 작업은 다음과 같다.

① 평면 및 단면 절삭
② 홈파기 및 곡면 절삭
③ 나사 절삭
④ 캠 절삭
⑤ 각종 기어 절삭
⑥ 스플라인 축 절삭

위와 같이 작업 범위가 넓으므로 공장에서 필수 불가결한 공작기계이다.

[그림 7.1 밀링 머신]

밀링 머신의 크기 및 구조

표준형 밀링 머신의 크기는 테이블의 이동량(좌우×전후×상하)으로 표시하며, 테이블의 크기(길이×폭), 주축 중심선으로부터 테이블면까지 최대거리 등으로 표시한다.

(1) 밀링 머신의 주요부분

1) 칼럼 및 베이스

기계의 본체로 베드와 일체로 되어 있고 전면에는 니, 상부에는 오버암, 내부에는 주축, 주축 변속장치, 주축 구동용 모터 등이 있으며 베이스 내부에는 절삭유 탱크가 있다.

2) 니(Knee)

칼럼 앞부분의 뻗어나온 부분으로 칼럼의 미끄럼면을 상하로 이동하며 새들과 테이블을 지지하고 있다.

3) 오버암(Over arm)

칼럼 상부에 설치되고 스핀들과 평행방향으로 이동할 수 있는 롤의 일부이며 아버 및 여러 부속장치를 바로잡고 절삭력에 의한 아버의 굽힘을 적게 하기 위해 버팀쇠(brace)를 장치한다.

4) 주축(Spindle)

주축은 칼럼 윗면에 직각으로 설치되어 고속 강력 절삭에 적합하도록 테이퍼 롤러 베어링으로 지지되어 있으며 3점지지 방법으로 강성이 크다.

5) 새들(Saddle)

새들은 니 상부에 있으며 테이블의 좌우 이송볼트와 너트 방향 전환장치, 백래시(back lash)제거장치 등이 있다.

6) 테이블(Table)

새들 위에 설치되며 길이 방향으로 이송을 주며 작업면에는 T홈이 파져 있어 T볼트를 사용하여 공작물 또는 고정구를 고정할 수도 있다.

(2) 밀링 머신의 부속장치

1) 아버(arbor)

밀링 머신 스핀들 끝 테이퍼 구멍에 고정하고 다른쪽 단의 지지에 의해 커터의 위치를 조정한다.

2) 어댑터와 콜릿(Adapter and collet)

엔드 밀과 같이 생크(shank)의 크기나 테이퍼가 주축구멍과 다를 때에는 어댑터와 콜릿을 사용하여 주축에 고정 후 가공한다.

3) 밀링 바이스(milling vise)

일감을 고정하는 데 사용하며 평행 바이스, 또는 바이스 밑에 각도 눈금이 있는 회전대가 있어 수평면 내에서 임의 각도 조절이 가능한 회전 바이스와 수평면과 수직면 내에서 임의의 각도로 조정할 수 있는 만능식 바이스가 있다.

4) 회전 테이블(rotary table)

원형으로 밀링 가공할 때 공작물을 회전시키는 장치이며, 분할판이 부착되어 있어 간단한 분할도 가능하다.

5) 기타 부속장치

슬로팅 장치, 랙 밀링장치, 나사 밀링장치, 수직 밀링장치, 만능 밀링장치

밀링 커터 및 절삭 가공

(1) 밀링 커터의 종류

밀링 커터의 종류는 가공하는 일감의 모양, 치수 재질의 모양에 따라 적당히 선택하여야 한다.

1) 플레인 밀링 커터(plane milling cutter)

원주에 절삭날이 등간격으로 붙어 있어 평행인 평면을 절삭한다. 절삭날은 보통 나선이며 15° 정도이다.

2) 엔드밀 커터(end-mill cutter)

엔드밀은 솔리드(solid) 엔드밀과 셸(shell)형 엔드밀이 있으며 주로 홈, 측면, 좁은 평면을 절삭한다.

3) 메탈 소(metal saw)

절단작업 및 홈가공에 사용한다.

4) 그밖의 커터

측면 밀링 커터, T홈 밀링 커터, 총형 밀링 커터 등

(2) 절삭 가공

1) 커터의 절삭방향

밀링 커터의 회전 방향과 공작물의 이송 방향에 따라서 상향 절삭과 하향 절삭으로 나눈다.

① **상향 절삭** : 절삭공구의 회전 방향과 공작물의 진행 방향이 반대 방향

② **하향 절삭** : 절삭공구의 회전 방향과 공작물의 진행 방향이 같은 방향

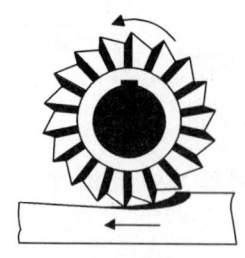
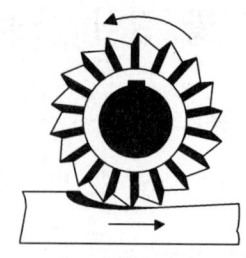

[상향 절삭]　　　　　　[하향 절삭]

③ **상향 절삭의 특징**

㉠ 커터와 공작물을 격리시키므로 언더컷을 일으키지 않는다.

㉡ 공작물의 표면에 흑피와 모래가 녹아붙는 경향이 없다.

㉢ 절삭공구는 고속도강 커터가 유리하다.

㉣ 다듬질 표면이 하향 절삭에 비하여 곱지 못하다.

④ **하향 절삭의 특징**

㉠ 절인의 수명이 길다.

㉡ 밀링 커터의 초경질인 경우 중절삭에 유리하다.

㉢ 공작물 설치는 이송 방향의 고정에 주의하면 좋으며, 공작물이 상하로 요동이 적다.

㉣ 공작물 이송에 요하는 동력이 상향 절삭에 비하여 적다.

㉤ 회전마크 영향이 적다.

㉥ 다듬질면이 양호하다.

㉦ 뒤틀림(back lash) 제거장치가

㉧ 속도가 부적절할 시 날이 부러질 염려가 있다.

(3) 절삭 속도와 피드

1) 절삭 속도

절삭 속도란 밀링 커터의 인선이 공작물을 절삭통과하는 속도이므로 보통 원주 속도로 생각한다. 절삭 속도는 1분간에 대한 길이의 단위로 나타내며

$$V = \frac{\pi d N}{1000}$$

2) 이송

밀링 커터날 1개마다의 이송을 기준한다. (f_z)

$$f = f_z \times Z \times N \quad \therefore \quad f_z = \frac{f}{Z \times N}$$

Z : 커터 날의 수, f_z : 커터의 1날당 이송량(mm)
N : 커터의 회전수 f : 테이블의 이송속도(mm/min)

3) 절삭 속도와 이송의 고려사항

① 커터의 지름과 폭이 작을 경우 고속으로 절삭하며, 거친 절삭에는 이송을 크게 한다.

② 고운 가공면 즉 다듬절삭일 때는 절삭 속도를 크게하고 이송은 적게하며 절삭깊이를 작게하면 날끝이 커지므로 0.3~0.5mm로 한다.

③ 일반적으로 높은 절삭 속도와 낮은 이송을 주면 좋은 가공면을 얻을 수 있으나 경도가 높은 재료는 절삭 속도를 낮춘다.

분할법

밀링 작업에는 각도의 분할이 요구되는 작업이 많이 있다. 예를 들면 기어의 잇수를 가공 시 임의의 수로 등분하여 가공하여야 한다.
분할에 사용되는 분할법은 다음과 같다.

- 직접 분할법(direct indexing Method)
- 단식 분할법(simple indexing Method)

· 차등 분할법(differential indexing Method)

(1) 직접 분할법(direct indexing)

주축의 선단이 고정된 직접 분할판을 이용하는 방법으로 24등분의 구멍이 설치되어 있으므로 24의 약수 즉 2, 3, 4, 6, 8, 12, 24등분만이 분할할 수 있다.

(2) 단식 분할법(simple indexing)

직접 분할판으로 분할되지 않는 분할을 할 때 속비가 $\frac{1}{40}$인 웜과 웜엄휠을 이용하여 분할 크랭크 1회전에 가공물이 $\frac{1}{40}$ 회전하도록 한 분할법이다. 즉 N등분하기 위하여 가공물은 $\frac{1}{N}$ 회전을 하여야 한다.

$n = \frac{40}{N}$ (브라운 샤프형, 신시내티형) N : 분할수

n : N등분에 요하는 분할 크랭크 핸들의 회전수 $n = \frac{5}{N}$ (밀워키형)

(3) 각도 분할법

등분으로 분할하지 않고 각도로 분할할 경우 사용하는 방법으로 분할 크랭크가 1회전하면스핀들은 $\frac{360°}{40} = 9°$ 회전한다. 그러므로 t= $\frac{D°}{9}$ 이다.

(4) 차등 분할법

분할판의 구멍수로 분할할 수 없는 등분에서 분할하는 방법으로 변환기어와 아이들 기어를 사용하여 치차열을 이용 분할하는 방법이다.

변환기어로는 24(2개), 28, 32, 40, 44, 48, 56, 64, 72, 86, 100의 12개가 있다.

다음은 분할판의 구멍수에 대한 표이다.

종 류	분할판	구 멍 의 수
브 라 운	No. 1	15, 16, 17, 18, 19, 20
	No. 2	21, 23, 27, 29, 31, 33
샤 프 형	No. 3	37, 38, 41, 43, 47, 49
신시내티형	표　면	24, 25, 28, 30, 34, 37, 38, 39, 41, 42, 43
	이　면	46, 47, 49, 51, 53, 54, 57, 58, 59, 62, 66
밀워어키형	표　면	100, 96, 92, 84, 72, 66, 60
	이　면	98, 88, 78, 76, 68, 58, 54

예 **브라운 샤프형 분할대를 써서 32등분하라**

직접 분할대로 분할할 수 없으므로 단식 분할법으로 분할한다.

$$n = \frac{40}{N} = \frac{40}{32} = 1\frac{1}{4}$$

크랭크를 1회전과 1/4회전하면 된다.
여기서 1/4의 분모 4의 배수 구멍수를 가진
분할판을 찾으면 No.1에 16이다.

$$\frac{4}{16}$$ ……… (크랭크를 돌린 구멍수)
……… (분할판의 구멍수)

따라서 No.1의 분할판의 16구멍을 써서
크랭크를 1회전과 4구멍씩 돌리면 32등분이 된다.

Section 08 드릴링 · 보링

드릴링 머신은 주로 드릴을 사용하여 구멍을 뚫는 공작기계이다. 이 기계는 드릴에 회전운동과 이송을 주는 스핀들과 공작물을 고정하는 테이블과 프레임으로 구성되며, 보링머신은 보링 바아(boring bar)에 바이트를 고정시켜 주축과 같이 회전시켜 뚫려 있는 구멍을 원하는 치수로 넓히는 기계이다.

(1) 드릴 및 보링 작업의 종류

① 드릴링(구멍뚫기, drilling) : 드릴로 구멍을 뚫는 작업

② 리머가공(reaming) : 드릴로 뚫은 구멍의 내면을 리머로 다듬질하는 작업

③ 보링(boring) : 뚫려 있는 구멍의 내면을 넓히는 작업

④ 카운터보링(자리파기, counter boring) : 작은 평나사 등의 머리부를 공작물 내로 끼울 수 있도록 파내는 작업

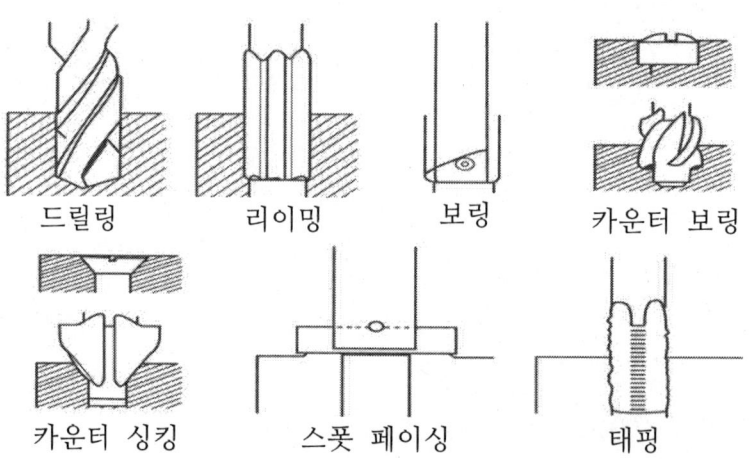

[그림 8.1 드릴링 머신에 의한 작업종류]

(2) 드릴링 머신의 종류

1) 탁상 드릴링 머신

탁상 드릴링 머시인은 작업대에 고정하여 사용하는 소형 드릴링 머신이며 드릴의 직경이 $\frac{1}{2}$ inch(13mm)이하의 드릴을 드릴척에 물려서 사용하는 수동형이다.

2) 래이디얼 드릴링 머신

래이디얼 드릴링 머신은 공작물이 커서 이동이 곤란할때 컬럼의 중심으로부터 멀리 떨어진 곳의 구멍을 뚫을 때 사용한다.

3) 다축 드릴링 머신

다축 드릴링 머신은 동일 평면내에 있는 다수의 구멍을 뚫을 때 사용된다.

4) 다두 드릴링 머신

다두 드릴링 머신은 여러개의 스핀들이 나란히 있어 하나의 공작물에 치수가 다른 구멍을 뚫거나 리이밍, 카운터 보링 등의 기타의 작업을 연속 작업시 공정순서대로 작업하면 능률적 작업이 가능하다.

(3) 드릴의 종류 및 각부 명칭

1) 드릴의 종류

① 트위스트 드릴(twist drill)

가장 널리 사용되며 2개의 비틀림 홈이 있어 절삭성이 좋고 칩의 배출이 좋다.

② 종류

직선자루 - 자루의 직경이 13mm($\frac{1}{2}$ inch) 이하

테이퍼자루 - 자루의 직경이 13mm 이상의 자루에 사용하며 테이퍼 자루가 크고 작아서 맞지 않을 경우에는 슬리브 또는 테이퍼 소켓에 드릴을 끼워서 사용한다.

③ 센터 드릴(center drill)

공작물을 센터로 지지할 때 센터의 테이퍼와 동일한 원추각 같은 구멍을 뚫을 때 사용한다.

④ 평 드릴(flat drill)

트위스트 드릴에 비해 약하며 칩제거가 곤란하므로 황동이나 얇은 판의 구멍 뚫기 용이다.

2) 드릴의 각부 명칭

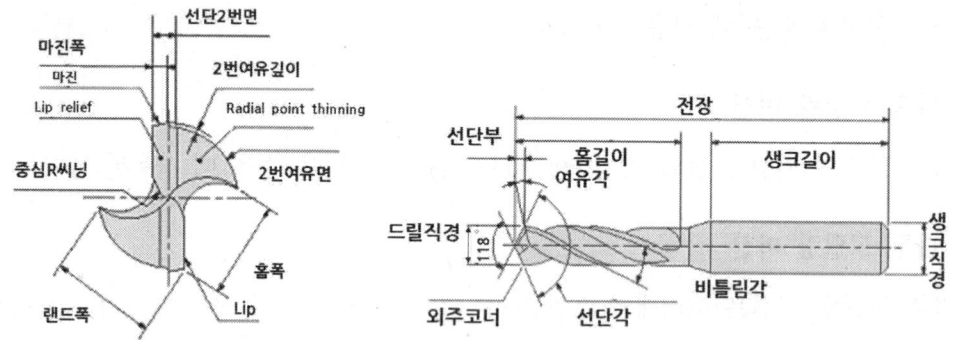

① **드릴끝(drill point)** : 원추형으로 드릴의 끝부분이고 절삭날은 이 부분에서 연삭한다.

② **몸통(body)** : 드릴의 본체이며 홈이 있다.

③ **홈(flute)** : 드릴 본체에 직선 또는 나선으로 짜여진 홈이며 칩을 배출하고 또 절삭유를 공급하는 통로가 된다.

④ **자루(shank)** : 드릴 고정구에 맞추어 드릴을 고정하는 부분이며 곧은 것과 테이퍼 진 것이 있다.

⑤ **꼭지(tang)** : 테이퍼자루 끝을 납작하게 한 부분이다. 드릴에 회전력을 주며 드릴과 소켓이 맞는 테이퍼를 손상시키지 않고 드릴의 회전을 주는 역할을 한다.

⑥ **사심(dead center)** : 드릴끝에서 두 절삭날이 만나는 점이다.

⑦ **마진(margin)** : 드릴의 홈을 따라서 나타나 있는 좁은 면으로 드릴의 크기를 정하며 드릴의 위치를 잡아준다.

⑧ **절삭날(lips)** : 드릴끝에서 드릴링을 할 때 재료를 깎아내는 날 부분이다.

⑨ **웨브(web)** : 홈 사이의 좁은 단면이며 드릴의 척추가 된다. 자루 쪽으로 갈수록 커진다.

⑩ **드릴끝각(point angle)** : 드릴끝에서 절삭날이 이루는 각이다.

⑪ **홈 나선각(helix angle)** : 드릴의 중심축과 비틀림 사이에 이루는 각이다.

⑫ **몸통여유(body clearence)** : 마진보다 지름을 작게한 드릴 몸통부분이며 절삭할 때 공작물에 드릴 몸통이 닿지 않도록 여유를 두기 위한 부분이다.

3) 드릴 날끝각과 공작물의 관계

드릴 날끝각과 공작물과의 관계는 다음과 같다. 일반 재료 118°, 경강 150°, 연강 125°, 스트레인레스강 125~135°, 주철 90~100°, 황동, 동합금 100~118°, 구리 100°, 목재 60°, 경질 고무 60~90°, 알루미늄 합금 140° 등으로 경도가 클수록 날끝각을 크게 한다.

(4) 절삭속도와 이송

1) 절삭속도

$$V = \frac{\pi d n}{1000} \mathrm{m/min}$$

2) 이송

$$T = \frac{t+h}{ns}$$

n : 드릴의 회전수(rpm)　　　　d : 드릴의 직경(mm)
t : 공작물 구멍깊이　　　　　　h : 드릴원뿔 높이
s : 1회전당 이송

(5) 드릴의 연삭

드릴의 절삭날은 연삭하여야 절삭능률이 저하되지 않으므로 재연삭하여 사용하여야 한다.

① 재연삭시 주의 사항

㉠ 드릴의 날 끝각 및 여유각을 바르게 연삭

㉡ 드릴의 중심선에 대칭으로 연삭

㉢ 치즐포인트(chisel point)의 폭을 좁게 연삭

② 시닝(thinning)

웨브의 끝은 작업중 절삭이 되지 않고 드릴을 이송할 때의 저항으로 된다. 강도를 감소시키지 않고 절삭을 증가시키기 위해 끝의 일부를 연삭하는 작업이다.

Section 09 셰이퍼, 슬로터, 플레이너

셰이퍼

셰이퍼는 바이트를 직선왕복시키고 공작물을 절삭운동에 수직 방향으로 이송시켜 평면을 가공하는 공작기계이다.

(1) 셰이퍼의 구조

1) 셰이퍼의 각부 명칭

[그림 9.1 수평형 보통셰이퍼]

2) 램의 운동기구

① 급속귀환 운동기구 : 절삭행정 때보다 귀환행정이 빨리 되돌아오는 장치

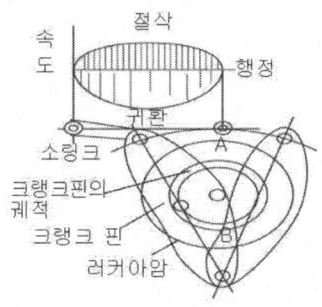

[그림 9.2 급속귀환운동 원리]

② 클래퍼 : 귀환행정시 바이트를 약간 뜨게 하여 충격을 없이 하는 장치

(2) 세이퍼 작업

1) 세이퍼 바이트

선반바이트와 비슷하나 가공면의 치수 정밀도와 바이트의 파손을 적게 하기 위해 생크 부분이 굽은 바이트를 사용한다.

2) 절삭 속도

$$V = \frac{\ell N}{1000a}$$

- V : 절삭속도 m/min
- ℓ : 행정길이 mm
- N : 램의 1분간 왕복횟수 stroke/min
- a : 절삭행정시간과 바이트 1왕복시간과의 비

슬로터

세이퍼를 수직형으로 한 것으로 수직 세이퍼(vertical shaper)라고도 한다.

(1) 슬로터의 구조

슬로터의 주요 부분은 베드와 컬럼, 램의 안내면이 있으며, 베드 위에는 2중의 새들과 그 위에 테이블이 있다.

◉ 램의 운동기구
① 크랭크식
② 휘트워어스 급속귀환 운동기구식
③ 랙과 피니언식
④ 유압식

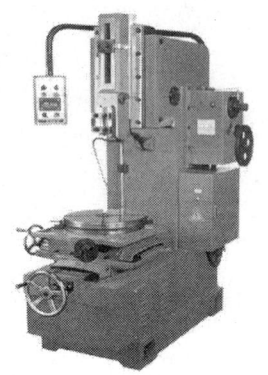

(2) 슬로터의 작업

직립 세이퍼라는 말처럼 구멍을 키홈이나 내접기어 스프라인구멍을 가공한다.

🔳 플레이너

공작물은 테이블 위에 고정되어 수평 왕복운동을 하고, 바이트는 공작물의 운동방향과 직각 방향으로 이송시켜 절삭하는 공작물이다.

(1) 플레이너의 종류

플레이너는 컬럼의 수에 따라 쌍주형 플레이너와 단주형 플레이너로 구분된다.

1) 쌍주식 플레이너

공작물의 크기는 제한을 받으나 기계 본체의 강성이 높으므로 강력한 절삭을 할 수 있다.

2) 단주식 플레이너

한쪽에만 컬럼이 있으므로 폭의 크기는 제한받지 않으나 절삭력은 약해진다.

(2) 플레이너의 크기 표시

플레이너의 크기는 테이블의 최대행정과 가공할 수 있는 공작물의 최대 폭 및 높이로 나타낸다.

Section 10 연삭

(1) 연삭가공

연삭가공은 연삭숫돌에 고속회전을 시켜 가공물에 상대운동을 주어 숫돌 표면의 절삭작용으로 공작물의 표면을 깎아내는 작업이다.

(2) 연삭기의 가공분야

1) 특징

연삭기는 다른 공작기계로 이미 가공된 많은 공작물에 대하여 더욱 표면정밀도를 필요로 하는 다듬질 가공이나 경질재나 담금질 등으로 경화된 공작물의 정밀가공에 사용한다.

① 칩이 대단히 작으므로 가공정도가 높고 가공면이 매끈하다.

② 숫돌 입자의 경도가 커서 경화된 공작물의 가공에 적합하다.

③ 다른 절삭공구와 같이 연삭할 필요가 없다.

2) 가공분야

연삭기의 가공분야는 외경연삭, 내면연삭, 평면연삭으로 구분된다.

(3) 연삭기의 종류

1) 외경 연삭기(cylindrical grinding machine)

원통형 공작물 외주의 연삭가공을 하는 것으로 숫돌의 이송과 절입을 동시에 하는 트래버스 연삭과 절입만을 하는 플런지 컷(plunge cut) 연삭법이 있다. 일반적으로 주축대 심압대 숫돌대로 구성되어 있다.

2) 센터리스 연삭기(centerless grinding machine)

가공물을 다량 생산하기 위해 가공물의 외경을 조정하는 조정숫돌과 지지판을 이용 가공물에 회전운동과 이송운동을 동시에 실시하는 연삭기로서 외경, 나사, 내면, 단면 연삭도 할 수 있다.

3) 내면 연삭기(internal grinding machine)

가공물의 내면을 연삭하기 위하여 연삭숫돌을 내면에 넣고 연삭하는 기계로서 플레인(plain) 형태와 플라네타리 형태가 있다.

① 플레인(plain) 형태

소형의 내면 연삭방식으로 가공물의 축방향 이송 및 연삭숫돌의 왕복운동을 행한다.

② 플라네타리(planetary) 형태

유성형 연삭기라고 하며, 내연기관의 실린더 중에서 대형이며, 균형이 잡히지 않은 원에 적합하다.

[그림 10.1]
Nc Micro 내경 연마기

4) 평면 연삭기(surface grinding machine)

공작물의 평면을 연삭하는 연삭기

5) 기타 연삭기

① 공구 연삭기 ② 스플라인축 연삭기
③ 베드 연삭기 ④ 나사 연삭기

(4) 연삭숫돌

1) 숫돌바퀴의 구성

숫돌 바퀴의 3대 요소는 숫돌입자·기공·결합제이며, 5대요소로 구분하면 숫돌입자·입도·결합도·조직·결합제이다.

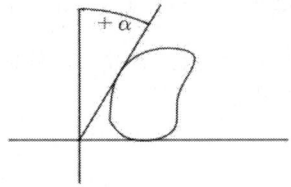 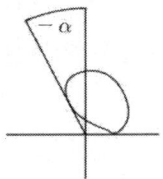

① **숫돌입자(abrasive)**

연삭숫돌 재료에는 천연산과 인조산이 있다. 그러나 현재 사용되고 있는 것은 거의가 인조의 것이며 알루미나(Al_2O_3)계와 탄화규소(SiC)계를 사용한다.

㉠ **산화알루미늄계(Al_2O_3)**

알루미나를 전기로에서 고온 용융시킨 것으로 알런덤이라고도 함
- ⓐ WA(백색) : 담금질 강의 연삭에 사용
- ⓑ A(암갈색) : 결합력이 강하여 강의 연삭에 적합

㉡ **탄화규소(SiC)** : 규소(S_iO_2)와 코우크스 등을 전기로에서 가열하여 만든 것으로 카버 런덤 이라고 함
- ⓐ GC(녹색) : 초경합금, 칠드주철연삭
- ⓑ C(흑색) : 주철, 비철금속, 유리의 연삭

㉢ **천연산 다이아몬드(D)** : 보석, 초경합금. 연삭

㉣ **CBN** : 입방정 질화붕소의 미결정입자로서 철의 연삭에는 부적합하며 공구강이나 열처리강 연삭

② **입도** : 입도의 크기를 말하며 선별하는 데 사용한 체의 1인치당의 체눈의 수로 표시하며 메시(mesh)라고 한다(번호가 높을수록 곱다).

③ **결합도** : 결합제의 결합상태의 강약을 표시하는 것이며 입자 자체의 경도와는 무관하다.

[표 10.1 결합도]

결합도 번호	E. F. G	H. I, J. K	L. M. N. O	P.Q.R.S	T.U.V.W.X.Y.Z
결합도 호칭	극 연	연	중	경	극 경

결합도가 큰 숫돌은 거친 연삭이나 연질의 재질을 연삭 시 사용하며
결합도가 작은 숫돌은 치밀한 연삭이나 경질의 재질을 연삭 시 사용한다.

결합도가 높은 숫돌	결합도가 낮은 숫돌
연한 재료를 연삭할 때	단단한 재료를 연삭할 때
숫돌바퀴의 원주 속도가 느릴 때	숫돌바퀴의 원주 속도가 빠를 때
연삭 깊이가 얕을 때	연삭 깊이가 깊을 때
접촉 면적이 작을 때	접촉 면적이 클 때
재료 표면이 거칠 때	재료 표면이 치밀할 때

④ 조직과 지립률

숫돌단위 체적당 입자의 수를 조직이라 하며 일반적으로 공작물의 재질이 연하고 연성이 큰 경우는 조한조직, 여린 경우는 밀한 조직을 사용한다.

● 지립률이란, 연삭 지석의 전용적에 대한 인조 연삭재의 지립의 용적 비율을 말한다.

⑤ 결합제

연삭입자를 결합하여 적당한 숫돌 형상을 유지하는 물질로서 무기질 결합제와 유기질 결합제로 구분된다.

㉠ 무기질 결합제
- 비트리파이트 결합제(v)
- 실리케이트 결합제(s)

㉡ 유기질 결합제
- 레지노이드 결합제(B)
- 러버 결합제(R)
- 셀락 결합제(E)

2) 연삭숫돌의 표시법

WA　　46　　H　　8　　V　　1호　405 × 50 × 38
↓　　　↓　　　↓　　↓　　↓　　↓　　↓　　↓　　↓
입자　입도　결합도　조직　결합제　모양　외경　두께　구멍지름

이 외에도 사용 원주속도범위, 제조자명, 제조번호, 제조년월일 등을 기입한다.

(5) 연삭작업 및 연삭숫돌의 수정법

연삭숫돌의 주 속도는 숫돌의 재질과 공작물의 재질에 따라 적당한 속도를 선정해야 한다.

1) 연삭숫돌의 원주속도

$$V = \frac{\pi D N}{1000}$$

2) 연삭숫돌의 결함

연삭이 진행됨에 따라 적당한 속도와 결합제가 되었다면 입자는 무디어지고 절삭력이 적어져서 결국에는 탈락되고 새로운 입자가 생기는 자생작용이 일어나야 한다. 만일 자생작용이 일어나지 않게되면 눈메꿈 현상이나 글레이징 현상이 일어났다고 보아야 되며, 즉시 연삭을 정지하고 원인을 찾아 해결한 후 드레싱을 하여 새로운 입자가 나오도록 해야 한다.

① **눈메움(로딩) : 숫돌입자의 표면이나 기공에 연삭칩이 꽉차있는 상태**

[원인]

㉠ 숫돌입자가 아주 가는 눈일 때
㉡ 조직이 너무 치밀할 때
㉢ 연삭 깊이가 깊을 때
㉣ 숫돌차의 원주속도가 너무 느릴 때

② **무딤(글레이징)**

마멸된 입자가 탈락되지 않는 현상으로 공작물이 타거나 크랙(crack)이 발생한다.

[원인]

㉠ 연삭숫돌의 결합도가 클 때
㉡ 연삭숫돌의 원주속도가 너무 클 때
㉢ 숫돌재료가 공작물의 재료에 부적합 할 때

③ **입자탈락** : 입자가 연삭을 하지 않고 쉽게 탈락하는 현상

3) 수정작업

① 드레싱 : 드레서라는 공구를 사용하여 결함부분을 벗겨내어 새로운 입자를 나오게 하는 작업

② 트루잉 : 숫돌의 모양을 바로잡아 연삭에 유리한 형태로 만드는 작업으로 드레서 사용

4) 연삭조건 및 공작물에 따른 숫돌의 선정방법

	입도	결합도	조직
연질이고 연성이 큰 재료	거친 입도	높은(단단한) 숫돌	거친 조직
거친 연삭	거친 입도	무관	거친 조직
접촉면적이 클 때	거친 입도	낮은(연한) 숫돌	거친 조직
원주속도가 느릴 때	무관	높은(단단한) 숫돌	무관
재료표면이 거칠 때	무관	높은(단단한) 숫돌	무관
연삭깊이가 클 때	거친 입도	낮은(연한) 숫돌	무관

Section 11 정밀입자 및 특수가공

▰ 정밀입자 가공

(1) 래핑(lapping)

1) 개요

랩이란 공구와 일감 사이에 랩제를 넣고 운동을 시킴으로서 매끈한 다듬질 면을 얻는 가공방법

① 블록게이지, 각종 측정기의 평면, 광학렌즈 등의 다듬질 등에 쓰인다.

② 정밀도가 높은 제품을 만들 수 있으며 다량생산이 가능하다.

③ 가공면은 내식성, 내마모성이 좋다.

2) 랩 : 일반적으로 주철을 사용한다.

3) 랩제 : 탄화규소(SiC) 알루미나계(Al_2O_3)

4) 랩 작업

습식법과 건식법이 있다.

① 습식법 : 래핑액을 랩제와 혼합하여 사용하는 방법으로 거친 다듬질에 사용

② 건식법 : 랩제만으로 다듬질하며 정밀 다듬질에 사용

(2) 호닝(honing)

1) 개요

혼(hone)이라는 고운 숫돌 입자를 방사상의 모양으로 만들어 구멍에 넣고 회전운동과 직선운동으로 구멍의 내면을 정밀하게 다듬질하는 방법

2) 혼(hone)

① 알루미나 : 강 ② 탄화규소 : 주철, 질화강
③ 다이아몬드 : 유리, 초경합금

(3) 슈퍼 피니싱(super finishing)

원통외면, 평면구면 등의 표면을 정밀가공하는 방법으로 숫돌은 미세한 입자를 결합제로 결합시켜 공작물 표면에 누르고 공작물에 이송운동을 주고 숫돌은 빠른진동을 주면 짧은 시간에 정밀한 다듬질면을 얻을 수 있다.

(4) 액체 호닝(liquid honing)

연삭입자를 액체와 혼합하여 압축공기로 고속도로 분출시켜 표면에 부딪치게 하여 표면을 다듬는 정밀 가공방식이다.

① 산화피막 제거용이
② 피이닝 효과로 피로한도 증가
③ 복잡한 모양의 일감도 다듬질 가능

(5) 버핑(buffing)

모, 면, 직물 등으로 원반을 만들고 이것에 윤활제를 섞은 미세한 연삭입자의 연작작용으로 공작물의 표면을 매끈하게 광택이 나게 하는 작업

(6) 텀블링

배럴이라는 통속에 가공물과 미디어, 컴파운드, 공작액 등을 넣고 이것에 회전 또는 진동을 주면 표면의 스케일이 제거되고 피로강도가 높여지는 가공법

(7) 샌드 블라스트

모래를 압축공기에 의해 분사시켜 이것을 공작물 표면에 닿게 하여 주물의 표면을 청소하거나 도장이나 도금의 바탕을 깨끗이 하는 가공법

(8) 숏피닝

숏이라는 강구를 공작물에 분사시켜 표면 강도를 증가시키며 녹이 슨 부분을 없애 버리는 가공법

◪ 특수 가공

(1) 방전 가공(electric discharge machining)

1) 개요

액 중에서의 방전에 의하여 직접 기계가공을 하는 가공법으로 방전전극의 소모현상을 이용한 것이다.

2) 조건

① 가공재료 : 초경합금, 담금질 열처리강, 내열강 등

② 가공액 : 경유, 변압기유, 유화유 등이 쓰이나 등유를 가장 널리 사용

③ 공작물을 양극 공구를 음극으로 하여 직류전류를 통하여 단속적인 방전을 발생 공작물 재료를 미소량씩 용해시켜 가공

④ 전극은 일반적으로 황동이 쓰이고 있으며, 동텅스텐은 등을 사용

⑤ 전극은 공작물 가공모양의 반대 모양으로 만듦

3) 특징

① 열의 영향이 적어 가공변질층이 얇다.

② 내마멸성, 내부식성 높은 표면을 얻을 수 있다.

③ 작은 구멍, 좁고 깊은 홈의 가공에 적합하다.

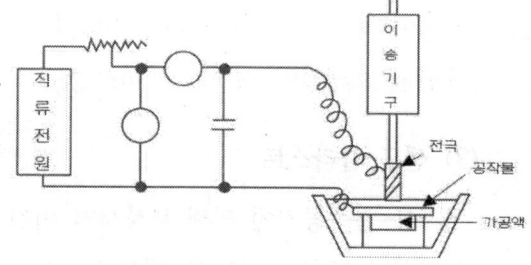

[콘덴서 방전가공회로]

(2) 전해 연마(electrolytic polishing)

호우닝, 슈퍼 피니싱, 래핑은 숫돌이나 숫돌입자 등으로 연삭, 마찰로서 다듬질하는 방법이며, 전기 화학적 방법으로 표면을 다듬질하는 것을 전해 연마라 한다.

가공물을 인산이나 황산 등의 전해액 속에 넣어서 (+)전극을 연결하여 직류 전류를 짧은 시간 동안 세게 흐르게 하여 전기적으로 그 표면을 녹여 매끈하게 하여 광택을 내는 방법으로서 원리적으로는 전기도금의 반대적인 방법이며, 기계적으로 연마하는 방법에 비해서 훨씬 아름답고 매끈한 표면처리를 단시간에 할 수 있다. 드릴의 홈이나 주사침의 구멍 다듬질에 적용한다.

(3) 초음파 가공(Ultra-sonic machining)

1) 개요

봉 또는 판상의 공구에 초음파 주파수의 진동을 주고 공작물과 공구사이에 연삭입자를 두어 공작물을 정밀하게 다듬는 방법이다. 전기 에너지를 기계적 에너지로 변화시키는 가공법이기 때문에 전기의 양도체이거나 부도체거나를 불문하고, 정밀가공에 광범위하게 이용된다.

2) 특징

① 공구재료 : 황동, 연강, 피아노선 모넬메탈 등
② 가공분야 : 보석 귀금속 가공 및 구멍가공

(4) 전자빔 가공(電子 beam 加工) [고진공]

전자총에서 방출되는 전자 빔을 물체에 죄어서 생기는 열에너지로 재료를 가공하는 방법으로 금속, 보석류 따위의 미세한 가공을 높은 정밀도로 할 수 있다.

(5) 레이저 가공(Laser 加工)

레이저 광선을 이용한, 정교하는 미세한 가공 기술. 재료의 절단, 용접, 표면 처리와 반도체 집적 회로의 프로세스 기술 따위에 응용된다.

(6) 플라스마 가공(Plasma 加工)

플라스마란 자유로이 운동하는 음양(陰陽)의 하전입자(荷電粒子)가 중성 기체와 섞여 전체적으로는 전기적 중성인 상태. 기체 방전으로 인한 기체 분자의 전리상태에 있는 물질의 상태이므로 매우 높은 온도를 얻을 수 있어 이 온도를 이용하는 가공

Section 12 기어절삭

(1) 개요

기어절삭의 방법에는 주조나 전조의 방법도 있으나 대부분 절삭에 의한 가공을 하며 기어절삭기를 사용하면 효율적이다. 치형가공법에는 형판에 의한 방법, 총형커터에 의한 방법, 창성법과 오돈토 그래프에 의한 방법이 있다. 성형법에는 형판에 의한 기어모방절삭과 총형커터에 의한 방법이 있으며, 창성법에는 래크커터, 피니언커터에 의한 방법과 호브에 의한 방법이 있다.

(2) 제작방법

1) 성형에 의한 방법

① 형판에 의한 방법

세이퍼 테이블에 소재를 설치하고 형판을 치형과 같은 곡선으로 하여 안내봉을 형판으로 지지하고 테이블을 이송하면서 치형을 만들며 가공되나 정밀한 치형을 가공하기는 어렵다.

② 총형커터에 의한 방법

플레이너나 세이퍼를 이용가공하며 치차이홈의 단면 모양을 가진 총형커터로서 1피치씩 분할기로 회전시키며 가공하는 방법이다.

2) 창성에 의한 방법

랙커터에 의한 기어 셰이핑(gear shaping)과 호브를 이용하는 기어 호빙(gear hobbing) 방법이 있으며 치형모양의 공구를 구름접촉에 의해 공구에 축 방향 왕복운동을 시켜 치형을 깎는 방법으로 인볼류트 치형을 정확히 가공할 수 있다.

3) 오돈토그래프

미리 거칠게 가공된 치형을 원호와 같은 간단한 곡선으로 치형을 가공하는 방법이다.

(3) 기어절삭기

1) 호빙 머신(hobbing machine)

호빙 머신은 밀링 머신의 일종으로 호브라는 커터를 소재에 주어 창성법으로 기어의 이를 절삭한다. 대형기어는 수직형으로 하며 작은기어는 수평형으로 하며, 스퍼기어, 헬리컬기어, 웜기어 가공을 한다.

2) 기어 셰이퍼(gear shaper)

기어 모양으로된 커터를 사용하여 주로 스피어 기어와 인터널 기어 등을 깎는 기어이다.

3) 베벨기어 절삭기

베벨기어를 창성법으로 절삭하는 기계이다.

Section 13 수기가공 및 브로칭

📄 금긋기 작업

금긋기란 도면을 토대로 하여 공정 순서에 따라 공작물에 가공상 기준이 되는 선을 그어 주는 것을 말한다.

● 작업을 시작하기 전에 주의할 점
① 도면을 완전히 이해할 것
② 공작 순서와 가공 방법을 잘 알고 있을 것
③ 기준면을 어디로 할 것인가를 결정할 것
④ 금긋기용 공구의 정확한 사용 방법을 알고 있을 것

(1) 금긋기 작업용 공구

1) 서어피스 게이지
주로 정반에서의 금긋기 작업 또는 선반에서의 공작물 중심내기, 공작물의 평면검사에 사용된다. 바늘의 한쪽은 곧게, 다른 한쪽은 90°로 굽혀져 있으며 바늘끝은 열처리가 되어 있다.

2) 직각자
두면의 직각도, 수직도 등의 주로 90°를 필요로 하는 곳에 사용된다.

3) V-블록
금긋기에서 재료를 지지하고 그 중심을 구할 때 사용되는 V자형 블록이다.

4) 곧은 자(Straight edge)
① 종류
 소형 : 단면이 삼각형 또는 판상(板狀)으로 가공
 대형 : 단면이 I형이며 주물로 만듬

② 용도 : 선을 그을 때, 평면을 검사할 때

5) 정반(Surface plate)

가공물의 완성 가공할 형상의 기준선을 그을 때 가공물을 올려놓는 평면대이다.

6) 트로멜

큰 지름의 원을 그릴 때 사용한다.

7) 하이트 게이지

정반 위에 올려서 높이를 측정하거나 공작물에 평행선을 정밀하게 그을 때 사용한다.

8) 펀치

① 센터펀치 : 가공물의 중심위치 표시, 드릴위치 구멍표시에 쓰인다. (펀치 각도 60°)

② 표지펀치 : 금긋기 한 것의 흔적을 표시할 때(펀치각도 50°)

9) 평행대 및 앵글 플레이트

① 평행대 : 복잡한 형상을 한 공작물을 금긋기 할 때 사용

② 앵글 플레이트 : 작은 공작물을 금긋기할 때 선반 플레이너 등에 가공할 가공물의 고정에 사용한다.

(2) 금긋기용 도료

1) 흑피용(黑皮用)

호분(조개 껍질을 태운 분말), 백묵, 백색 페인트

2) 다듬질용

청죽, 알코올 황산동 액, 매직 잉크

(3) 줄작업

1) 줄의 종류

① **단면형에 의한 분류**

평형, 원형, 반원형, 각형, 삼각형 등이 있다.

② **줄날의 종류에 따른 분류와 그 특성**

㉠ 홑줄날 : 구리, 알루미늄 등의 유연한 재료나 얇은 판의 가장자리 다듬질에 쓰인다.

㉡ 겹줄날 : 강, 주철 등의 보통 다듬질에 쓰인다.

㉢ 라아스프날 : 목재, 비금속 또는 연한 금속의 거친 깎기에 쓰인다.

㉣ 곡선날 : 알루미늄, 납 등의 절삭에 쓰이며 절삭력도 크다.

2) 줄 작업

① 직진법 : 좁은 곳에 행하는 방법

② 사진법 : 거친 다듬질에 행하는 방법

③ 횡진법 : 좁은 곳에 최후로 행하는 방법

3) 줄 작업할 때 유의할 점

① 새줄 사용시는 연한 재료에서부터 경한 재료의 순으로 사용할 것

② 줄눈 전체를 사용하여 작업할 것

③ 와이어 브러시로 줄눈 방향으로 털어 사용할 것

④ 줄 작업후 서로 겹쳐놓아 줄눈이 상하는 일이 없도록 할 것

(5) 스크레이퍼 작업

스크레이핑은 세이퍼나 플레이너 등으로 절삭 가공한 평면이나 선반으로 다듬질한 베어링의 내면을 더욱 정밀도가 높은 면으로 다듬질하기 위해서 스크레이퍼(scraper)를 사용해서 조금씩 절삭하는 정밀 가공법의 하나이다.

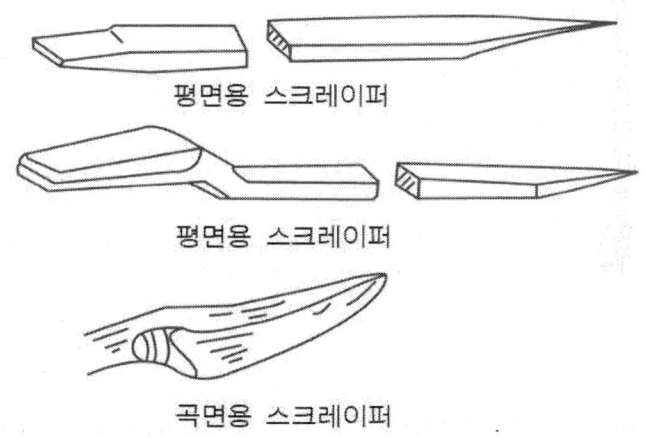

[그림 13.2 스크레이퍼의 종류]

스크레이퍼 작업의 가공 정도는 1인치 평방의 면적당 접촉점 수로서 나타내는데 거친 가공은 1~6, 정밀 가공은 6~19, 초정밀 가공은 20 이상이다.

(6) 탭 작업

나사를 만드는 방법은 여러 가지가 있는데, 수나사는 다이스(dies), 암나사는 탭(tap)을 써서 가공한다. 탭으로 나사를 만드는 것을 태핑(tapping)이라 한다.

(7) 리머 작업

드릴로 뚫은 구멍을 정밀하게 다듬는 작업을 리이밍(reaming)이라 한다. 리이머 작업시 리이머가 들어가는 구멍의 지름이 작으면 절삭저항이 커 날의 수명이 짧고 다듬면도 거칠다. 또 크면 드릴 자국이 남아 좋은 다음 면이 되지 않는다.

[그림 13.3]

Tapping Machine

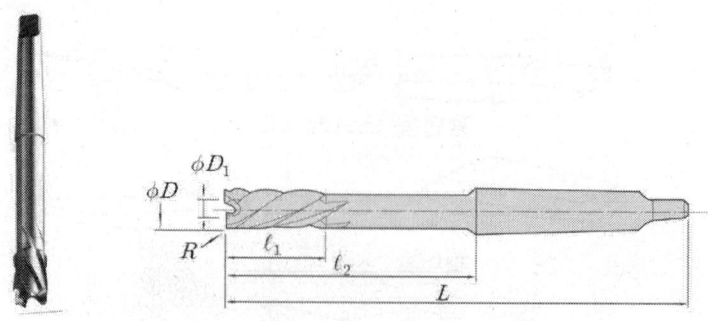

(8) 브로우칭

브로우칭(broaching)은 많은 절삭인선을 가진 브로우치라는 공구로서 형상을 가공하기 위해 인발 또는 압입하여 키홈 등의 내면과 외면을 절삭하는 기계로 다량생산에 적합하다.

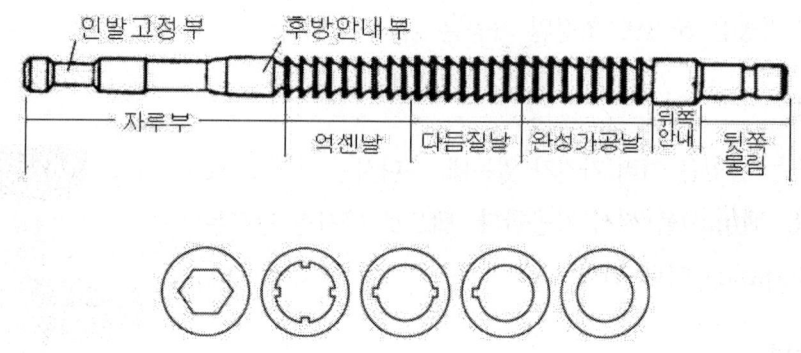

◎ 브로우칭 머신의 종류

① 운동 방향에 의한 분류 : 수평 브로우칭 머신, 수직 브로우칭 머신
② 가공 방식에 의한 분류 : 내면 브로우칭 머신, 외면 브로우칭 머신
③ 구동 방식에 의한 분류 : 인발식 브로우칭 머신, 압출식 브로우칭 머신

제 5 장

자동차공학

SECTION 01 자동차의 정의
SECTION 02 열기관
SECTION 03 각 기관의 연소
SECTION 04 윤 활
SECTION 05 흡기 · 배기 계통과 소기 · 과급
SECTION 06 가솔린 기관
SECTION 07 디젤 기관

단기완성 기계일반

Section 01 자동차의 정의

자동차의 정의

자동차는 차체에 장비한 원동기를 동력원으로 하여 궤도나 가선(공중에 가로 질러 놓은 전력선)에 의하지 아니하고 주행하며, 사람이나 화물을 운반하거나 각종 작업을 하는 기계를 말한다. 그러므로 궤도를 사용하는 궤도차량이나 무궤도전차인 트롤리(Trolley)버스는 자동차에 포함되지 않는다.

자동차는 차체(Body)와 섀시(Chassis)로 구분하며, 섀시는 엔진, 동력전달장치, 현가장치, 제동장치 등으로 구성된다.

자동차의 분류

(1) 기관 및 에너지원에 의한 분류

내연기관 자동차	연료를 이용하여 원동기를 회전시켜 바퀴를 구동하는 형식으로 가솔린자동차, 디젤자동차, LPG자동차, CNG자동차 등이 있으며, 현재 자동차의 대부분을 차지하고 있다.
전기자동차	연료전지, 축전지 등의 전기에너지를 이용하여 전동기를 회전시켜 바퀴를 구동시키는 자동차로서 자동차공해와 석유자원문제로 최근 개발이 한창 진행 중이다.
하이브리드 전기자동차	내연기관자동차의 기관 + 전기자동차의 배터리와 전동기를 함께 적용하여 각각의 장점을 살리고 단점을 보완한 자동차

> **TIP**
>
> **외연기관과 내연기관**
> 1. 외연기관 : 작동유체 밖에서 연료를 연소시켜 작동유체를 고온고압의 증기를 만들고, 이것으로써 기계적인 일을 얻는 열기관이다. 증기기관, 증기 터빈, 원자력 기관 등이 있다.
> 2. 내연기관 : 작동유체 안에서 연료를 연소시켜 고온고압의 가스를 만들고, 이것으로써 기계적인 일을 얻는 열기관이다.

구동방식 및 기관의 위치에 의한 분류

(1) 구동방식에 의한 분류

앞바퀴 구동차 (Front wheel drive car)	앞바퀴에 동력을 전달하여 구동하는 자동차이다.
뒷바퀴 구동차 (Rear wheel drive car)	뒷바퀴에 동력을 전달하여 구동하는 자동차이다.
전륜(全輪) 자동차 (All wheel drive car)	앞·뒤 바퀴에 모두 동력을 전달하여 구동하는 자동차이다. 4륜 구동차(4 Wheel drive car : 4×4), 6륜 자동차(6 Wheel drive car : 6 × 6) 등이 있다.

(2) 기관의 위치에 의한 분류

앞기관식 (Front engine type)	자동차 앞에 기관이 있는 방식
뒤기관식 (Rear engine type)	자동차 뒤에 기관이 있는 방식
차실바닥밑기관식 (Under floor engine type)	차의 바닥에 설치되는 방식으로 버스 등과 같이 바닥 밑의 공간이 큰 자동차에 사용되는 방식

(3) 기관과 구동바퀴의 조합방식에 따른 분류

① 앞기관-뒷바퀴 구동방식

   ㉠ FR방식(Front engine rear wheel drive type vehicle)

   ㉡ 기관 및 변속기를 차체 앞부분에 설치하고 프로펠러 샤프트(propeller shaft)에 의해 뒷바퀴를 구동

   ㉢ 기관과 동력전달장치의 위치선정이 자유로워 설계가 용이하고, 중량배분도 차량 전후로 적절하여 조종성과 안정성이 뛰어남

   ㉣ 프로펠러 샤프트가 후륜 쪽으로 지나가야 하므로, 뒷좌석 중앙에 볼록 튀어나오는 부분이 생김

   ㉤ 부품이 FF방식에 비해 비쌈. 중형승용차에 많이 사용

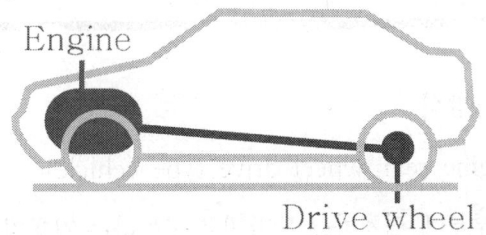

> **TIP**
>
> 프로펠러 샤프트(Propeller shaft) : FR 자동차에서, 변속기로부터 구동축에 동력을 전달하는 추진축으로 자재 이음과 슬립이음으로 되어 있으며, 밸런스가 맞지 않을 경우, 차체 진동의 주요 원인이 된다.

② 앞기관-앞바퀴 구동방식

   ㉠ FF방식(Front engine Front wheel drive type vehicle)

   ㉡ 기관과 변속기를 차체 앞부분에 설치하고 앞바퀴를 구동하는 방식으로 동력 및 전달장치를 모두 앞부분에 탑재하였기 때문에 실내를 넓게 이용할 수 있고 경량화 및 비용을 절감할 수 있으나 차량의 무게가 앞쪽으로 집중되어 있으므로 코너링할 때 언더스티어링의 현상이 발생할 수 있다.

ⓒ 소형 및 경자동차에 대부분 사용

> **TIP**
>
> 언더스티어링(Under-steerig) : 회전하고자 하는 목표치보다 덜 회전하여 밖으로 회전하는 현상
> 오버스티어링(over-steerig) : 회전하고자 하는 목표치보다 더 회전하여 안으로 회전하는 현상

③ 뒷기관-뒷바퀴 구동방식

ㄱ RR방식(rear engine rear wheel drive type vehicle)

ㄴ 기관을 후륜의 뒷부분에 설치하고 뒷바퀴로 구동하는 자동차로서 동력 및 전달장치를 모두 뒷부분에 탑재하였기 때문에 실내를 넓게 이용할 수 있고 주행소음이 실내로 유입되기 어려운 이점이 있으나 트렁크의 체적이 작게 되고 코너링할 때 오버스티어링의 우려 있음

ㄷ 최근 승용차에는 많이 사용하지 않고, 주로 버스에 사용한다.

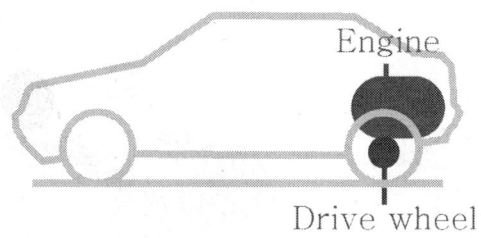

④ 4륜바퀴 구동방식

㉠ 4WD(four wheel drive)

㉡ 앞, 뒷바퀴 모두에 구동력 전달이 가능한 자동차로서 지형이 험한 오프로드(off- road) 또는 미끄러운 도로에서 안정된 주행을 위해 개발된 방식으로 항상 4바퀴로 주행하는 상시 방식(full-time 4WD)과 필요에 따라 2WD와 4WD를 선택하는(part-time 4WD)로 구분한다.

자동차의 기본구조

자동차의 주요부분은 차체와 섀시로 구분할 수 있다.

〈차체와 섀시〉

차체(Body)	사람이나 화물을 싣는 부분. 기관실(Engine room), 트렁크(Trunk), 지붕, 옆판 및 바닥 등으로 구성된다.
섀시(Chassis)	자동차의 차체를 제외한 나머지 부분이며, 주행의 원동력이 되는 엔진, 동력전달장치, 조향장치, 현가장치, 제동장치 등으로 구성된다.

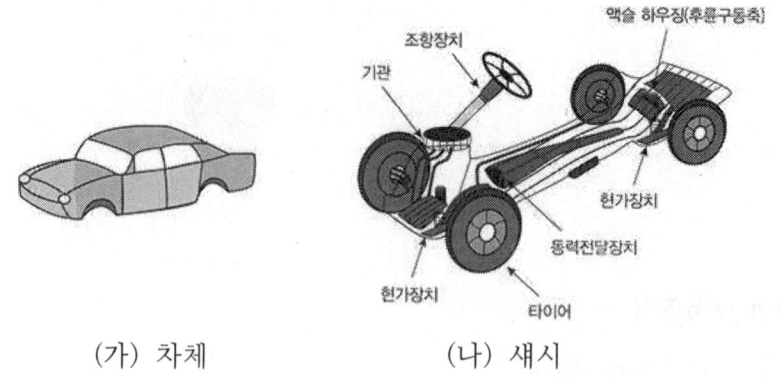

(가) 차체   (나) 섀시

(1) 엔진(기관)

① 엔진은 자동차가 주행하는데 필요한 동력을 발생하는 장치이며, 가솔린 엔진, 디젤 엔진, LPG 엔진 등이 있다.

② 엔진은 본체 및 윤활, 연료, 냉각, 흡배기, 시동, 점화 등의 여러 부속장치로 구성되어 있다.

(2) 동력전달장치

동력전달장치는 엔진에서 발생한 동력을 구동바퀴까지 전달하는 장치를 말하며, 클러치, 변속기, 추진축, 종감속 기어, 차축 등으로 구성되어 있다.

(3) 조향장치

조향장치는 자동차의 진행방향을 바꾸기 위한 장치이며, 일반적으로 조향핸들을 돌려서 바퀴로 조향한다.

(4) 현가장치

현가장치는 자동차가 주행할 때 노면에서 받는 진동이나 충격을 흡수하기 위한 장치이며 일반적으로 프레임과 차축 사이에 완충장치를 설치하여 승차감을 좋게 하고, 자동차의 각 부분의 손상을 방지한다.

(5) 제동장치

제동장치는 주행하는 자동차를 정지시키거나 감속하며 주차를 확실하게 하는 장치이다.

(6) 타이어와 바퀴

타이어와 바퀴는 하중의 분배, 완충 및 진동감쇠, 주행 시에 발생하는 구동력과 제동력 등의 작용을 한다.

(7) 보조장치

자동차가 안전하게 운행하기 위해서는 위의 장치 외에 조명이나 신호를 위한 등화류, 차량의 속도나 엔진의 운전 상태를 알리는 계기류 외에 경음기, 윈드 시일드 및 와셔가 장치되어 있다.

Section 02 열기관

내연기관 : 가솔린 기관, 디이젤 기관, 로우터리 기관, 가스터어빈, 제트기관
외연기관 : 증기기관, 증기터어빈

(1) 내연기관의 장점과 단점

1) 장점

1. 소형 경량 마력당 중량 적다.
2. 연료가 경제적이다.
3. 시동정지 및 속도의 조정이 쉽고 시동 전과 정지 후의 열손실이 거의 없다.
4. 시동 준비시간이 짧고 역전 성능이 좋다.
5. 고체 연료에 비해 재처리가 불필요하며 매연이 비교적 적다.

2) 단점

1. 압력 변화가 크다(충격과 진동).
2. 자력시동(self starting)이 불가능하며 저속시 회전력이 약해지고 미속운전 및 그의 계속이 불가능하다.
3. 고도의 공작정도가 필요하다.
4. 고온, 고압이므로 윤활과 냉각에 주의하다.
5. 관성차(fly wheel)가 있어야 한다.
6. 저급연료 사용 곤란하며 마모, 부식이 수반된다.

(2) 내연기관의 분류

1) 사용연료에 의한 분류

1. 가스 기관
2. 가솔린 기관
3. 석유 기관 - (등유, 경유) 시동시 가솔린 사용
4. 중유 기관

2) 동작 방법에 의한 분류

1. 2사이클 기관

크랭크축 1회전(피스톤 2행정)에 1사이클을 완성하는 기관

2. 4사이클 기관

크랭크축 2회전(피스톤 4행정)에 1사이클을 완성하는 기관

3) 점화방법에 의한 분류

1. 전기 점화 기관

공기와 가솔린의 혼합기를 실린더 내에서 점화 플러그에 의해 점화

예 가솔린 기관, 석유 기관, 가스 기관

2. 압축착화 기관

고압으로 압축된 공기에 연료를 직접 분사함으로써 자연 착화 점화하는 기관

> 예) 디이젤 기관

3. 소구점화 기관

공기만을 압축한 후 연료를 직접분사, 소구(hot bulb)를 적열시켜 점화시키는 기관, 세미 디이젤(semi diesel)이라고도 함

4. 연료분사 전기점화 기관(fuel injection spark ignition engine)

전기점화와 압축착화의 중간적인 방식

> 예) 헷셀만(Hesselman) 기관

4) 밸브 설치 위치에 따른 분류

밸브 설치 위치에 따라서 크게 I형 L형 F형 T형 타입으로 구분할 수 있다. 각각의 타입은 흡배기 밸브가 실린더 헤드 또는 블록에 부착된 모양에 따라 이름이 불린다. I형은 흡/배기 밸브가 실린더 헤드에 모두 위치한 형태로 오늘날 자동차에 사용되는 밸브 배치 방식의 가장 대표적인 형태다. L형과 T형은 흡배기 밸브가 I형과 달리 실린더 블록에 설치되는 방식으로 캠샤프트도 엔진의 측면 또는 하부에 장착된다. F형은 흡기 밸브는 실린더 헤드에 배기밸브는 실린더 블록에 나누어 배치되는 형태를 가진다. 3가지 타입 모두 현재는 거의 사용되지 않고 있는 방식이다.

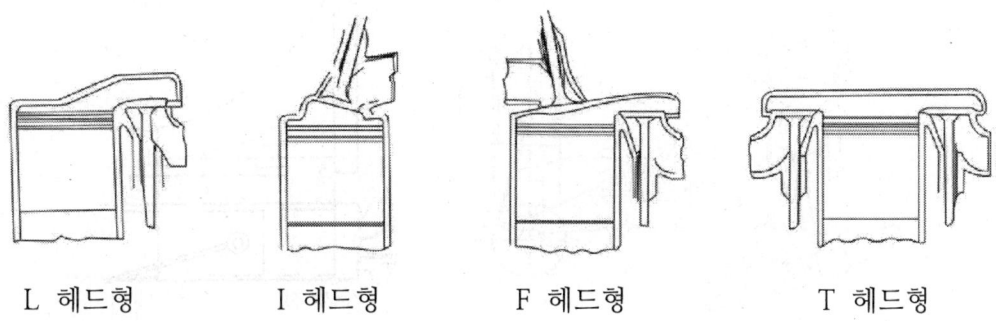

L 헤드형   I 헤드형   F 헤드형   T 헤드형

(3) 내연기관의 구조 및 작동의 개요

- 총행정 체적(total stroke volume, V)

$$V = V_s \cdot Z = \frac{\pi}{4} D^2 \cdot S Z$$

- 압축비(compression ratio, ϵ)

$$\epsilon = \frac{V_c + V_s}{V_c} = 1 + \frac{V_s}{V_c}$$

　　V_c : 연소실 체적　　　V_s : 행정 체적

　　λ : 통극($\frac{V_c}{V_s}$)　　$V_c + V_s$: 실린더 체적

- 피스톤의 평균속도

$$V = \frac{2nL}{60} \ [m/\sec]$$

　　n : 기관의 [$r.p.m$]　　L : 행정길이 [m]

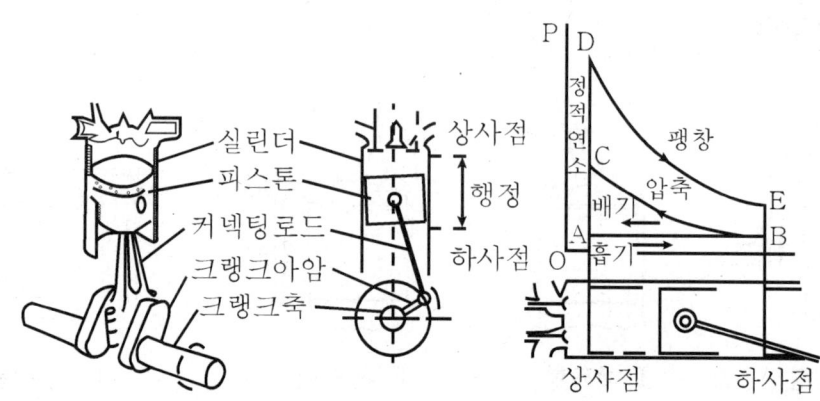

[4사이클 가솔린 기관의 p-v선도]

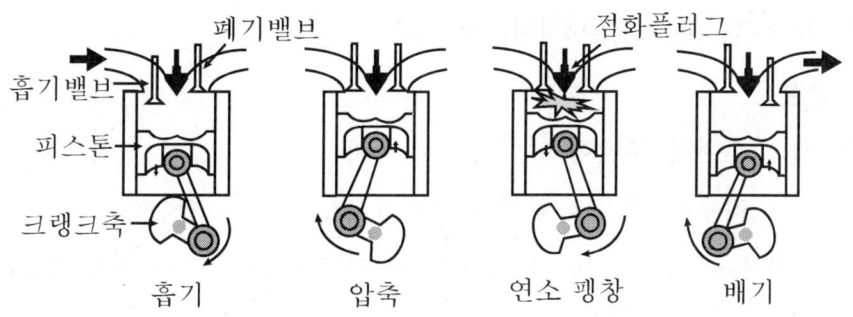

[4사이클 가솔린 기관의 작동]

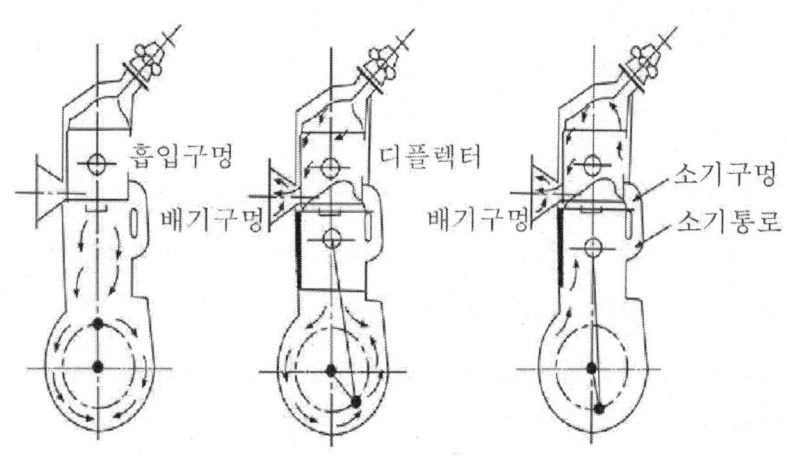

[2사이클 가솔린 기관의 작동]

1) 2사이클 기관의 장·단점(4사이클에 비교)

　1. 장점

　　① 매 회전마다 폭발이 일어나므로 마력이 크다(1.7 ~1.8배).

　　② 밸브 기구가 없거나 있어도 간단하므로 구조가 간단하다.

　　③ 고속에서도 주철 피스톤을 사용할 정도로 피스톤 기구의 관성력이 적다.

　　④ 회전력이 균일, 플라이 휠을 소형경량으로 할 수 있다.

　　⑤ 역전이 쉽다.

　　⑥ 시동이 편리하다.

　2. 단점

　　① 소기펌프가 필요, 소음이 높다. → 고속시 문제 발생

　　② 회전 속도를 높이지 못하고 밸브기구의 관성력 때문에 최고속도 제한된다.

　　③ 유효 행정이 짧아 열효율이 낮다.

　　④ 연소 전에 손실되는 연료량이 있으므로 연료소비율이 높다(단락손실).

　　⑤ 윤활유 소비량이 많다.

　　⑥ 과열되기 쉽다.

2) 디이젤 기관의 장·단점(가솔린 기관과 비교)

　1. 장점

　　① 압축비가 높아 열효율이 좋다. 연료소비량이 적다.

　　② 연료비가 싸다(저질연료사용가능).

　　③ 점화장치, 기화장치 등이 없어 고장이 적다.

　　④ 안정성이 좋다(화재의 위험성이 적다).

　　⑤ 저속에서 큰 회전력이 발생한다.

2. 단점

① 압축압력이 가솔린의 기관의 1.5~2배 가량이므로 강도상 튼튼히 제작

② 폭발압력이 높기 때문에 굉음과 진동이 큼

③ 동일 체적의 실린더로는 가솔린보다 마력이 떨어짐

④ 민감한 연료분사장치 필요

⑤ 압축비가 높아 냉시동의 어려움

3) 밸브의 개폐시기

1. 리이드(lead, 앞세우기) : 사점 전에서 밸브를 개폐

흡기 밸브 열림(S.O) : 상사점 전 10~25°

배기 밸브 열림(E.O) : 하사점 전 45~70°

2. 래그(lag, 늦추기) : 사점을 지난 후에 밸브를 개폐

흡기 밸브 닫음(S.C) : 하사점 후 50~80°

배기 밸브 닫음(E.C) : 상사점 후 10~30°

3. 오우버 랩(over lap, 겹치기) : (가솔린 30°, 디이젤 40°)

상사점 부근에서 흡기 밸브와 배기 밸브가 동시에 열려있는 기간

lap : 흡기 밸브와 배기 밸브가 열려있는 기간

[4 사이클 기관의 밸브 개폐시기]

- 위상각(Crank angle)

$$\theta_1 = \frac{360 \times 2}{Z} \text{(4cycle)} \qquad Z = \text{기통수}$$

$$\theta_2 = \frac{360}{Z} \text{(2cycle)}$$

- **4기통 점화순서**

   1342, 1243

[1342의 점화순서인 경우]

- **6기통 점화순서**

   우수식 : 1 5 3 6 2 4

   좌수식 : 1 4 2 6 3 5

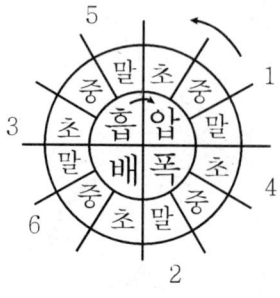

[우수식에서 1번이 압축 중인 경우]

Section 03 각 기관의 연소

(1) 연소용어

1) 인화점(Flash Point)
① 불꽃에 의하여 붙는 가장 낮은 온도
② 착화원의 존재하에 타기 시작하는 온도
③ 점화원에 의하여 인화되는 최저온도
④ 폭발범위의 하한값에 도달되는 온도

2) 발화점(Ignition Point) = 착화점
① 점화원 없이 스스로 발화되는 최저온도
② 열을 가했을 때 발화되는 최저온도
③ 외부에서 가해지는 열에너지에 의해 스스로 타기 시작하는 온도

3) 연소점(Fire Point)
① 점화원을 제거하여 지속적으로 발화되는 온도
② 한번 발화된 후 연소를 지속시킬 수 있는 충분한 증기를 발생시킬 수 있는 최소온도로서 인화점보다 약 5~10℃ 높다.
③ 연소가 지속적으로 확산될 수 있는 최저온도

4) 온도가 높은 순서
인화점 < 연소점 < 발화점

5) 실화(misfire)
연소실 내의 혼합 가스의 연소 상태를 나타내며 점화 플러그의 전극에 불꽃이 튀지 않는 현상인 비화 불량과 불꽃에 의해서 한번 생긴 화염이 도중에 소멸하는 현상인 불꽃 전파 불량이 있다.

(2) 연소

공기 비(air ratio) 혹은 공기 과잉률

$$\lambda = \frac{\text{공급된 공기량}}{\text{이론 공기량}}$$

연료비(fuel ratio) = $\dfrac{1}{\text{공기비}} = \dfrac{1}{\lambda}$

혼합비(mixture ratio) 혹은 공연비(air fuel ratio)

혼합비 = $\dfrac{\text{완전 연소에 필요한 공기의 중량}}{\text{연료중량}}$

연소속도 : 점화시 화염면이 형성, 화염면의 전파속도

정상 : 20~25m/s

이상 : shock wave(300~200 m/s) detonation 파가 생겨 압력과 온도가 급격히 발생 혼합기가 순식간에 연소

(3) 가솔린기관의 연소

1) 노크

실린더 내에 충격파가 발생/ 심한 진동/ 금속을 때리는 폭발음이 발생

- **프리 이그니션(pre-ignition)**

조기 점화현상, 점화시기에 도달하기 전에 과열 표면에 의해 점화되는 현상

- **포스트 이그니션(post-ignition)**

점화시기를 지나서 점화하는 현상

- **최고 유효 압축비**

노킹을 일으키기 직전의 압력비

(4) 가솔린 자발화 3단계

① 과산화물 생성과정

② 냉염(cool flame) 반응

③ 열염(hot flame) 반응

(5) 노크현상

1) 노크의 영향

① 연소실의 온도가 상승한다.

② 열전달 계수가 커져 배기가스 온도가 떨어진다.

③ 최고 압력은 증가하나 평균유효 압력은 감소한다.

④ 프리이그니션 현상을 일으킨다.

⑤ 금속성 타격음이 발생한다.

⑥ 배기가스의 색이 갈색 또는 흑색(심할 경우)으로 변질한다.

2) 노크의 억제방법

① 연료 : 옥탄가가 큰 연료를 사용한다.

② 혼합가스가 정상 연소하도록 한다.

③ 화염 전파 거리를 최소로 한다(회전속도 높게).

④ 연소 말기의 혼합가스 온도를 저하시켜 자연발화를 막는다.

⑤ 냉각수나 흡기의 온도를 낮춘다(열점을 없게함).

⑥ 제동평균 유효압력을 낮춘다.

⑦ 열손실 모양 작게한다.

3) 노크 발생의 원인

① 제동 평균 유효압력이 높을 때

② 흡기 온도가 높을 때

③ 회전 속도의 저하 : 화염속도가 늦어짐

④ 점화시기가 너무 빠를 때

⑤ 혼합비가 12.5 : 1 정도일 때
⑥ 실린더가 과열된 경우나 배기밸브 등이 과열된 경우
⑦ 연소실 모양이 화염전파 거리가 큰 경우

(6) 디이젤 노크

1) 디이젤 노크의 방지책

착화지연을 짧게 해주어야 한다. 착화지연기간에 분사량을 적게 해준다.

2) 착화지연을 짧게 하는 방법

① 발화점이 낮은 연료 즉 세탄가가 높은 연료를 사용한다.
② 압축비를 높인다.
③ 흡기에 와류 또는 난류 유동을 주어 화학적 반응을 촉진시킨다.
④ 연료 분사시기는 상사점을 중심으로 하는 경우가 평균온도 및 압력이 최고로 된다.
⑤ 연료 분사시 관통력이 크도록 한다.

3) 가솔린 기관과 디이젤 기관의 노크 방지법의 비교

기관 \ 항목	연료의 착화점	착화지연	압축비	흡기온도	실린더온도	흡기압력	실린더체적	회전수
가솔린기관	높게	길게	낮게	낮게	낮게	낮게	낮게	높게
디이젤기관	낮게	짧게	높게	높게	높게	높게	크게	낮게

(7) 연료의 분류

1) 액체 연료

① 석유계 : 가솔린, 석유, 경유, 중유 등
② 석탄계 : 벤졸, 석탁액화에 의한 가솔린, 석유, 경유, 중유 등
③ 식물성 : 콩기름, 에틸알코올, 메틸알코올 등

2) 가스체 연료

가솔린 기관의 연료의 조건
① 기화성이 좋을 것
② 안티-노크성이 클 것
③ 발열량이 클 것

$$ON(옥탄가) = \frac{이소옥탄}{이소옥탄 + 정헵탄} \times 100$$

PN(퍼포먼스가)를 사용하며 PN과 ON의 관계식은 $PN = \dfrac{2800}{128 - ON}$

- **안티노크제** : 가솔린의 옥탄가를 향상시키기 위해 섞는 첨가제-벤조올, 에틸 알콜, 키실롤, 에틸이어 다이드, 티탄 페크라폴로라이드, 4메틸납, Pb(C2H5)4

$$CN(세탄가) = \frac{세탄}{(세탄 + a - 메틸나프탈렌)} \times 100$$

- **착화촉진제** : 착화를 빠르게 하기 위해 사용되는 첨가제

  질산에틸 (C_2H_5NO) 질산아밀 ($C_5H_{11}NO_3$)

  아질산 아밀 ($C_5H_{11}NO_2$) 아질산 에틸 ($C_2H_5NO_2$)

  디이젤지수(DI) DI = 아닐린점('F) $\times \dfrac{API \, 비중}{100}$

3) 세탄가와 옥탄가의 범위

보통 디이젤 기관의 세탄가는 45~70을 기준으로 하며, 가솔린의 옥탄가는 보통 80으로 한다.

4) 자동차 배기가스 재순환 장치

배기가스 재순환 장치(exhaust gas recirculation)는 egr밸브라고 하며 연소 중 연소실 내의 온도가 2500℃ 이상 올라가며 질소 산화물(NOx)의 유출이 많아지게 된다. 이러한 현상을 방지하기 위해 흡기시에 배기가스 일부를 돌려보내며 연소 조건을 악화시키면 연소실 내의 온도가 낮아져서 질소 산화물의 증가를 방치하는 장치로서 모든 차량에 부착되는 것은 아님

Section 04 윤 활

(1) 윤활유의 종류

1) S.A.E 분류법

미국 자동차 공학협회(Society of Automotive Engineer)의 분류, 번호가 클수록 점도가 커진다.

- **S.A.E(Society of Automotive Engineer) 분류 점도에 따른 분류**

  #10, #20 : 점도가 묽은 오일(동계용)

  #30 : 춘추용

  #30~40 : 점도가 높은 오일(하계용)

2) A.P.I 분류법과 S.A.E 신분류법

미국석유협회(American Pettoleur Gas Institute)

구분	S.A.E 신분류	A.P.I 구분류	사용도
가솔린	SA	ML	경하중 보통 운전조건
	SB	MM	중하중
	SC.SD	MS	가장 혹한 조건시(중화중 고속회전)
디이젤기관	CA	DG	경부하 조건에 사용 (유황분이 적은 연료)
	CB.CC	DM	중간 부하
	CD	DS	가장 혹한 조건시 사용 (고온, 고부하, 장시간)

※ API 신분류

(가솔린) SJ 〉 SK 〉 SL 〉 SM 〉 SN(최신)

(디 젤) CH-4 〉 CL-4 〉 CJ-4(최신)

  4 = 4 cycle

(2) 윤활유의 기능

1. 윤활작용
2. 냉각작용
3. 밀폐작용
4. 청정작용

(3) 윤활유의 성질

1) 점도(Viscosity)

온도 변화에 따른 점도의 변화가 적어야 좋다.

2) 인화점(flash point)

불꽃을 끌어 당기는 최저온도, 높아야 한다.

3) 유동점

낮은 온도에서 유동을 방지하는 결정체를 만들려고 하는 경향의 온도

4) 안정성(chemical stability)

화학적 안정이 되어 있어야 한다.

5) 유성(oilness)

금속면에 점착하는 힘

6) 점도지수(viscosity index)

윤활유의 점도가 온도에 따라 변화하는 정도를 나타내는 기준 점도지수 ($V.I$)가 높다는 것은 온도변화에 대한 점도의 변화가 작다는 것이다.

점도지수 $VI = \dfrac{L-U}{L-M} \times 100$ (VI는 보통 80 이상)

(4) 윤활유의 방법의 종류

  1) 내연기관의 윤활방법

   1. 비산식

   케넥팅로드 하단에 붙어있는 주걱(oil scoop)으로 뿌려서 실린더 벽이나 각 베어링부에 급유

   2. 압송식

   오일펌프로 가압시켜 기관 각부에 강제 급유

   3. 병용식

   비산식과 압송식을 혼합한 방식

   4. 혼합 급유식

   연료에 20:1 정도의 혼합비로 섞어 급유하는 방식

(5) 윤활유의 여과 공급방법

  1) 분류식

   oil pan → oil pump → 윤활부공급 → oilpan
                    ↳ oil filter ──↑

  2) 전류식

   oil pan → oilpump → oilfilter → 윤활부공급 → oil pan

  3) 샨트식

   oil pan → oil pump → oil filter → 윤활부공급 → oil pan
                    └──────────────────────────────↑

Section 05 흡기·배기 계통과 소기·과급

헤드와 시트의 접촉부분은 보통 45°를 유지하나 흡입효율을 증가시키기 위해서는 30°도 가능하다.

(1) 밸브 스프링의 서어징

밸브 스프링의 자연진동과 캠으로 인한 강제진동이 공진해서 밸브 스프링에 진폭이 큰 과대한 압축력이 가해지게 되는 현상

(2) 서어징 방지법

1) 스프링의 고유 진동수를 높인다.
2) 코일을 부등피치로 하거나 또는 원추형으로 감은 코니컬 스프링을 사용
3) 이중 코일 스프링을 사용한다.

(3) 과급의 목적

기관 회전수를 크게, 공급되는 연료의 양을 증대시키고 공기량을 증대시키기 위하여 급기 공기를 가압하여 공급하는 것을 과급이라 한다. 기관의 출력을 증대시키기 위하여는

1) 평균 유효압력을 크게
2) 행정 체적을 크게

Section 06 가솔린 기관

(1) 혼합기

기관의 운전상태	혼합비
냉태(冷態)기관을 시동할 때	1:5
아이들링(idling) 운전일 때	1:11
최대출력을 내고 싶을 때	1:12~13
이론 혼합비	1:15
경제운전을 희망할 때	1:16~17
급가속시	1:18

(2) 기화기의 구비조건

1) 기관의 회전속도, 출력 등의 변화에 대해 혼합비가 일정할 것

2) 흡입저항이 작을것

3) 분무가 부드럽게 될 것

4) 시동 때의 요구 혼합기에 적응할 수 있을 것

5) 가속에 잘 적응할 것

6) 동결(凍結)하지 않을 것

7) 조절이 쉽고 작동이 정확할 것

8) 혼합기 농후시

    1. 연료 소비량 증가

    2. 불완전 연소 : 배기관 내에서 폭발, 점화플러그의 절연체 암흑색

    3. 엔진오일이 묽어짐

    4. 출력저하

    5. 기관가열

6. 배가가스색 흑색 휘발유 냄새

9) 혼합기 희박시

1. 시동 곤란
2. 마력 저하
3. 가속시 역화
4. 저속회전 곤란
5. 고속시 역화
6. 기관의 온도 증가

Section 07 디젤 기관

(1) 디젤 기관

1) 디젤 기관의 개요

실린더 내에 공기를 흡입·압축해서 고온고압상태로 한 후 액체연료를 분사하여 압축착화시키면 피스톤이 작동하여 동력을 얻는 내연기관이다. 디젤 기관도 가솔린 기관과 같이 4행정 사이클 기관과 2행정 사이클 기관이 있으며, 그 기본적인 구조는 같으나 중유, 경유 등의 저질유를 사용하므로 연료기화기나 전기점화장치는 사용하지 않는다.

2) 디젤 기관의 원리

디젤기관의 연소에는 무기분사식과 유기분사식이 있으며 무기분사식은 흡입 행정에서 공기만을 흡입하여 이를 압축하게 되면 압력은 약 $30 \sim 50 kg/cm^2 (3 \sim 5 MPa)$의 고압이 되며, 온도는 500~700℃까지 올라간다. 이때 연료(경유)를 분사하면 (커먼레일, $200 \sim 800 kg/cm^2$) 점화되어 동력이 발생된다.

3) 디젤 기관의 특징

① 디젤 기관에는 연료 분사 펌프와 연료 분사 노즐이 필요하며, 기화기와 점화장치(배전기, 예열플러그)는 필요없다.

② 디젤 기관은 4행정 사이클식과 2행정 사이클식이 있다. 2행정 사이클식은 대형 저속기관에 사용된다.

③ 압축 압력이 크기 때문에 모든 부품이 튼튼하여야 한다.

4) 연소실

디젤 기관에서는 연료를 안개모양으로 분사하여 공기와 잘 섞여서 짧은 시간에 연소되어야 하므로 여러 형식의 연소실이 사용된다.

① 연소실의 종류

단실식	직접 분사실식	실린더헤드와 피스톤헤드를 요철로 둔 것으로 구조가 간단하고 열효율이 높고 기관시동이 용이하나 분사압력이 높아 수명이 짧으며 노킹현상이 잘 발생한다.
복실식	예연소실식 〈가장 많이 사용〉	주연소실 위쪽에 예연소실을 두어 연료를 분사하는 방식으로 분사압력이 낮아 장치의 수명이 길고 노킹현상 발생이 적어 운전이 정숙하나 냉각손실이 크고 구조가 복잡하며 연료소비율이 크다.
	와류실식	실린더헤드에 와류실을 두어 압축시 강한 와류가 발생하는 방식으로 회전속도 범위가 넓고 연료소비율이 비교적 적으며 운전이 원활하나 저속에서 노킹현상이 잘 발생한다.
	공기실식	실린더헤드에 주연소실과 연결된 공기실을 설치한다.

② 연소과정 4단계

착화지연기간 (A - B)	연료 분사 후 연료와 공기가 혼합하고 착화되는 기간 (연료가 분사되어 압축열을 흡수 불이 붙기까지의 기간으로 1/1000~4/1000sec이다.)
화염전파기간 (폭발연소기간) (B → C)	공기와 혼합된 미세한 연료가 착화되는 기간으로 실린더 내의 온도와 압력이 상승한다(정적연소기간).
직접연소기간 (제어연소기간) (C → D)	분사된 연료가 연소되는 기간으로, 최고 압력이 발생한다 (정압연소기간).
후기연소기간 (D - E)	직접연소기간 중에 미연소된 연료가 연소되는 기간이며, 팽창행정 중에 발생하는 것으로, 후기연소기간이 길어지면 연료소비율이 커지고 배기가스의 온도가 높아진다.

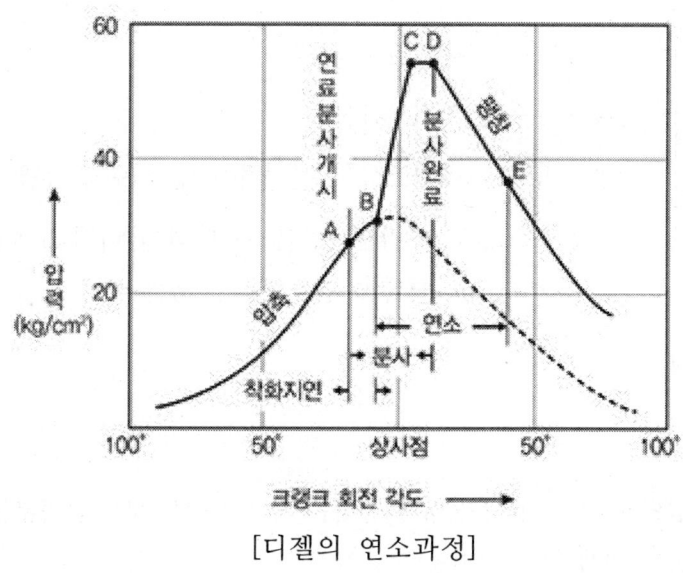

[디젤의 연소과정]

③ **연료 분사 장치** : 연료 탱크, 연료 파이프, 연료 공급 펌프, 연료 여과기, 연료 분사 펌프, 연료 노즐 등으로 구성되었다.

④ **연료 분사의 조건**

㉠ 분무된 연료 입자의 지름이 작고 고를 것(무화)

㉡ 분무된 연료가 고루 분산되고 알맞은 관통력을 가지며 연소실의 구석구석에까지 퍼져서 공기와 혼합이 잘 될 것(관통 및 분포)

㉢ 분사의 시작과 끝이 확실하고 분사시기와 양이 정확하며 자유롭게 제어될 것

(2) 거버너(조속기)

기관의 부하에 따라 자동적으로 분사량을 조절하여 최고 회전속도를 제어하며, 전속 운전을 안정시킨다.

(3) 연료 분사 노즐

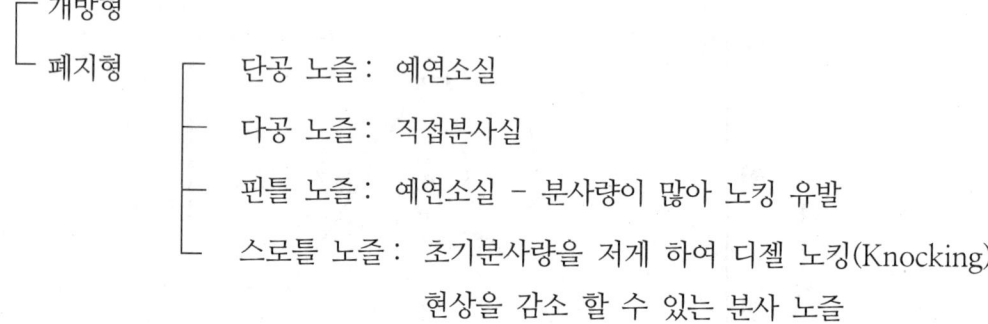

(4) 로우터리 기관

1) 개요

연소가스의 압력을 직접 회전운동에 이용하는 기관 장점은 모든 운동부분이 회전운동을 한다. 기관중량·용적을 적게 할 수 있다.

2) 특징

1. 로우터 1회전시 출력축 3회전

① 진동이 적어 고속 회전에 적합하다.

② 중량은 동일 출력 4행정 사이클 기관의 1/2 정도이다.

③ 연소실 표면적이 커서 열손실이 크고 연료 소비가 많으나, 연소실 온도가 낮으므로 NO_x 생성이 적고, 배기가스에 의한 대기 오염이 왕복 기관보다 적다.

(5) 가스 터어빈

1) 구성

3대 구성요소는 공기 압축기, 연소실(연소기), 터어빈이다.

2) 가스터어빈의 종류

1. 동작 유체 순환 방법에 따라

① 개방 사이클(open cycle) 가스 터어빈 기관

② 밀폐 사이클(closed cycle) 가스 터어빈 기관

③ 반밀폐 사이클(semiclosed cycle) 가스 터어빈 기관

[휘발유 자동차와 디이젤 자동차의 차이]

내용	휘발유 자동차	디이젤 자동차
연료	휘발유, LGP	경유
연소방식	연료를 공기와 혼합시켜 실린더에 흡입, 압축시킨 후 점화 프러그에 의해 강제연소 폭발시킴	공기만을 실린더에 흡입, 압축시킨 후 경유를 분사시켜 점화, 연소, 폭발시킴
연료 공급방식	기화기식 또는 전자제어 분사식	기계적 분사 또는 전자제어 분사식
연소특성	공기과잉율(λ : 공연비를 이론공연비로 나눈값) 0.8~1.5 사이의 혼합가스를 전기 스파크에 의해 연소	압축된 공기 중에 경유를 분사시키므로 균일한 혼합기 형성이 어려워 시간적으로나 공기적으로 공기과잉률이 일정치 않음. 일반적으로 공기가 충분한 상태에서 연소
배출가스 특성	CO, HC, NO_x가 많이 배출, 증발가스 및 부로바이가스에 의해 HC배출	CO, HC의 배출은 적으나, NO_x가 많이 배출. 매연 및 입자상물질이 많이 배출
소음·진동	압축비가 낮아서(8~9) 소음진동이 적음	압축비가 높아(15~20) 소음 진동이 심함
연비	연소효율이 낮아 연료가 많이 소비됨	연소효율이 좋아 연료가 적게 소비, 특히 교통정체가 심한 도심 주행에서는 연비가 좋음

[배출가스 저감기술 개요]

연료개선	엔진 개량	후처리 기술
- 경유 품질 개선 ▷ 황함유량 : 　0.05% 이하 - 대체 연료 ▷ CNG ▷ 메타놀 ▷ CNG + 경유	- 연소실 개선, 스웰촉진방법, 　(Reentrant, Toroidal) - 연료계 개선 ▷ 고압분사(유닛인젝터(UI), 　(커먼레일) ▷ 연료분사량 및 분사시기 　전자조절 - 터보차져/인터쿨러(TC/IC) - 배기가스 재순환 　(Cooled-EGR)	- 입자상물질(PM) 여과장치 　(DPF) - 디이젤 산화촉매장치 　(DOC) - De-NO_x 　(NO_x흡수 촉매)

VGT (Variable Geometry Turbocharger)

EGR (Exhaust Gas Recirculation)

SCR (Selective Catalytic Reduction)

DPF (Diesel Particulate Filter trap)

매연 여과장치(DPF)는 경유엔진에서 배출되는 입자상 물질(PM)을 필터로 포집한 후 이것을 태우고 다시 계속적으로 사용하는 기술

단기영성 가계일람

발행일 2020년 3월 10일 초판 발행
2021년 3월 01일 2판 발행
2023년 8월 30일 재판 발행

저자 한동길

발행처 🍃 도서출판 한필

주소 강원도 원주시 대동로 27,
2동 202호

Tel. 0507. 1308. 8101.

Email hanpil7304@gmail.com

Web www.hanpil.co.kr

· 책이 아닌 파일은 저작권자나 발행인의 승인 없이 무단 복제하여 이용 할 수 없습니다.

· 파본 및 낙장의 경우 구입하신 곳에서 교환하여 드립니다.

정가 : 20,000 원